C++语言程序设计

姚　娟　汪　毅　主编

科　学　出　版　社
北　京

内 容 简 介

本书结合编者多年C++语言程序设计的实践教学经验，按照“C++语言程序设计”课程教学要求编写，较为深入地介绍C++语言程序设计基本理论、基本知识和基本方法，包括结构化程序设计、面向对象程序设计及程序设计算法基础。

本书共13章，主要介绍C++语言程序设计各个方面的知识，包括C++语言概述、基本数据类型和表达式、控制结构、数组、函数、指针、结构体与共用体、类和对象、运算符重载、继承和派生、多态性、输入/输出流、简单数据结构及算法。

本书内容丰富、概念清晰，并有配套的实验和习题指导书《C++语言程序设计习题与实验指导》（姚雅鹃、石礼娟主编，科学出版社出版），可作为高等院校C++语言程序设计课程的教材，也可作为计算机爱好者的自学用书。

图书在版编目（CIP）数据

C++语言程序设计/姚娟，汪毅主编．—北京：科学出版社，2018.8
ISBN 978-7-03-058190-7

Ⅰ．①C… Ⅱ．①姚… ②汪… Ⅲ．①C语言-程序设计 Ⅳ．①TP312.8

中国版本图书馆CIP数据核字（2018）第140774号

责任编辑：戴　薇　王国策　王会明 / 责任校对：陶丽荣
责任印制：吕春珉 / 封面设计：东方人华平面设计部

科学出版社 出版
北京东黄城根北街16号
邮政编码：100717
http://www.sciencep.com
三河市骏杰印刷有限公司印刷
科学出版社发行　　各地新华书店经销
*
2018年8月第　一　版　　开本：787×1092　1/16
2020年10月第三次印刷　　印张：21　1/2
字数：491 000

定价：60.00元

（如有印装质量问题，我社负责调换〈骏杰〉）
销售部电话　010-62136230　　编辑部电话　010-62135397-2008

前言 PREFACE

计算机是人类智慧的结晶，是脑力劳动机械化、自动化的成功典范。在当今及未来，计算机都是科技进步、社会发展不可或缺的得力助手。

计算机是靠人来控制的。人们控制计算机使用的就是计算机程序设计语言。计算机程序设计语言，尤其是高级语言的出现和发展是计算机科学中富有智慧的成就之一。计算机程序设计语言是人为制订的一整套功能近乎完美的算法思想表达体系和计算机行为规范准则。学会一门计算机程序设计语言便掌握了一种掌控计算机的本领。

C++语言既是目前广泛使用的一种程序设计语言，又是众多学习程序设计和从事软件开发人员的首选语言。它既支持面向过程程序设计，又支持面向对象程序设计；既适合作为教学及训练用计算机程序设计语言（适合作为高等院校相关专业第一门程序设计课程的语言进行学习），又能用于大型软件开发，特别是集体开发大型软件。

本书是面向没有程序设计基础的读者而编写的入门教材。通过本书的学习，读者应掌握使用 C++语言设计应用程序的基本技能，了解面向对象和结构化程序设计的方法，能够编写、调试和运行实用、规范、可读性好的 C++语言程序。本书在内容组织上循序渐进，不要求读者学过程序设计方面的先修课程。

全书共 13 章，分为 3 个部分：

第 1 部分为第 1 章～第 7 章，介绍 C++语言编程的基本内容，包括控制结构、基本数据类型、表达式、函数、指针等。

第 2 部分为第 8 章～第 12 章，介绍类与对象、继承和多态性等面向对象程序设计的基础理论，以及 C++语言的输入/输出流。

第 3 部分为第 13 章，介绍基本数据结构和简单算法。

本书中的全部程序源代码均在 CodeBlocks 13.12 集成开发环境中调试通过。本书配有专门的习题及实验指导书。本书内容涵盖 C++语言的基本语法、面向对象的概念和程序设计方法，鉴于课时所限，教师在教学组织上可结合学生特点适当取舍。

本书的编写人员全部是多年从事一线教学的教师，具有丰富的教学经验。本书由姚娟、汪毅担任主编。第 1 章、第 13 章由胡滨编写；第 2 章、第 12 章由郑芳编写；第 3 章、第 4 章由彭明霞编写；第 5 章、第 6 章由杨莉萍编写；第 7 章由邓君丽编写；第 8 章、第 9 章由汪毅编写；第 10 章、第 11 章由姚娟编写。姚娟负责全书的总体策划与统稿、定稿工作。编者在编写本书的过程中得到了科学出版社的大力支持和帮助，许多长期致力于 C++语言教学的教师也对本书提出了许多宝贵的意见和建议，在此表示衷心的感谢。同时，对编写过程中参考的大量文献资料的作者一并致谢。

由于编者水平有限且时间仓促，书中难免有不足之处，敬请专家、读者批评指正，以便使本书不断完善。

编　者

2018年5月

第1部分　结构化程序设计

第 2 部分 面向对象程序设计

第 3 部分 程序设计算法基础

第1部分

结构化程序设计

第1章 C++语言概述

C++语言是在C语言的基础上发展起来的支持面向对象程序设计的语言。本章主要对C++语言的基本概念和编程方法进行介绍。

1.1 C++的产生

20世纪60年代，Martin Richards为计算机软件开发人员开发了记述语言BCPL（basic combined programming language）。1970年，Ken Thompson在继承BCPL优点的基础上发明了实用的B语言。1972年，贝尔实验室的Dennis Ritchie和Brian Kernighan在B语言的基础上进一步充实和完善，设计出了C语言。当时，设计C语言是为了编写UNIX操作系统。之后C语言经过多次改进并开始流行。C++语言是在C语言基础上发展和完善的，而C语言吸收了其他语言的优点逐步成为实用性很强的语言。

C语言的主要特点如下。

1）C语言是一种结构化的程序设计语言，语言简洁且使用灵活方便。它既适用于设计和编写大的系统程序，又适用于编写小的控制程序，还可用于科学计算。

2）它既有高级语言的特点，又具有汇编语言的特点。C语言运算符丰富，除了提供对数据的算术逻辑运算符外，还提供了二进制的位运算符，同时提供了灵活的数据结构。用C语言编写的程序表述灵活方便，功能强大。用C语言开发的程序结构性好，目标程序质量高，程序执行效率高。

3）程序的可移植性好。用C语言在某一种型号的计算机上开发的程序，基本上可以不做修改，而直接移植到其他不同型号和不同档次的计算机上运行。

4）程序的语法结构不够严密，程序设计的自由度大。对于比较精通C语言的程序设计者来说，可以设计出高质量的、通用的程序。但对于初学者来说，要比较熟练运用C语言来编写程序，并不是一件容易的事情。与其他高级语言相比，C语言调试程序比较困难，往往是编好程序输入计算机后，编译时容易通过，但在执行时仍会出错。但只要真正领会C语言的语法规则，编写程序及调试程序还是比较容易掌握的。

随着C语言应用的推广，C语言存在的一些缺陷也开始显露出来，并受到人们的关注。例如，C语言的数据类型检查机制比较弱、缺少支持代码重用的结构，随着软件工程规模的扩大，难以用于开发特大型程序等。

为了克服C语言本身存在的缺点，并保持C语言简洁、高效，与汇编语言接近的特点，1980年，贝尔实验室的Bjarne Stroustrup博士及其同事对C语言进行了改进和扩充，并把Simula 67语言中类的概念引入C语言。1983年，由Rick Maseitti提议将改进的C语言正式命名为C++（C Plus Plus）。研制C++语言的目标是使其既要继承C语言的所有优点，又要根除C语言中存在的问题。后来，人们又把运算符的重载、引用、虚函数等功能引入C++语言中，使C++语言的功能日趋完善。

C++语言是C语言的一个超集，对C语言是兼容的。C++语言对C语言的兼容也使C++语言受到了一定的限制。因为C语言是面向过程的语言，为了保持这种兼容性，C++语言必须支持C语言的面向过程特性，这样，两种不同风格的程序设计技术融于同一种语言中，使C++语言不是一个纯正的面向对象语言，所以C++语言实际上是混合型的面向对象语言。

在一个纯粹的面向对象语言中，强调开发快速原型的能力，而混合型的面向对象语言是在传统过程化语言中加入了各种面向对象的语言机制，它所强调的是开发效率和运行效率。

当前用得较为广泛的C++开发环境有Visual C++、CodeBlocks、Borland C++等。下面简要介绍CodeBlocks。

对于大多数编程人士来说，CodeBlocks是一个很强大的编程工具；对于编程初学者来说，它是一个易学易懂的编程工具。CodeBlocks是一个开放源码的、全功能的跨平台C/C++集成开发环境。CodeBlocks 由 C++语言开发完成，使用了著名的图形界面库wxWidgets。CodeBlocks 自发布开始就成为跨越平台的 C/C++集成开发环境，支持Windows和GNU/Linux。由于它开放源码的特点，因此Windows用户可以不依赖于Visual Studio. NET，编写跨平台的C++程序。CodeBlocks提供了许多工程模板，支持语法醒目显示，支持代码完成，且支持工程管理，以及项目构建、调试，对于初学C语言和C++语言的人来说，是一个不错的运行工具。

1.2 计算机上运行程序的方法

下面以一个简单的程序来进行说明。当输入以下程序，编译运行时，计算机从屏幕输出“Hello World”。

```
1    #include<iostream>
2    using namespace std;
3    int main()
4    {
5      cout<<"Hello World"<<endl;
6      return 0;
7    }
```

1. 信息在计算机中的表示

信息在计算机中都是用0或1表示的。计算机通过这些位信息及上下文来解读这些

0 或 1。输入的 Hello World 程序就是由 0、1 组成的序列，将这些位信息每 8 位组织成 1 字节，每个字节用来表示一个文本字符。ASCII 码表给出了一种字符与数字的对应关系。Hello World 程序以字节方式存放于文件中，其每个字符对应一个数字，具体可参考 ASCII 码表。

2. 将程序翻译成机器可读的格式

因为输入的 Hello World 程序是人可读的，机器并不能直接识别它们，所以需要把这些文字翻译成机器可执行的二进制文件。这个工作是由编译系统完成的。编译系统由预处理器、编译器、汇编器、连接器 4 部分组成。以 Hello World 程序为例，编译系统的各部分共同将源文件编译成二进制可执行文件。各个部分完成的具体工作如下。

1）预处理器：根据以“#”开头的命令，修改源程序。例如，根据#include<iostream>行，预处理器读取系统头文件 iostream 的内容，代替此行内容。源程序经过预处理后，得到另一个 C++程序。

2）编译器：将预处理后的文件转换成汇编程序。编译器将不同的高级语言转换成严格一致的汇编语言格式进行输出。汇编语言以标准的文本格式确切描述每条机器语言指令。

3）汇编器：将汇编程序翻译成机器语言指令，并将这些指令打包成一种可定位的目标程序格式。汇编后得到的文件即为二进制文件。

4）连接器：Hello World 程序中调用 cout 对象，而这个对象必须以适当的方式并入程序中，这个工作由连接器完成。将外部所需的文件并入后，得到一个完整的 Hello World 可执行文件。可执行文件加载到存储器后，由系统负责执行。

1.3 程序设计的基本概念

程序设计中的基本概念介绍如下。

1）程序：人们将需要计算机做的工作写成一定形式的指令，并把它们存储在计算机的内部存储器中，当人们给出命令后，计算机就按指令操作顺序自动进行。这种可以连续执行的一条条指令的集合就是人与机器进行对话的语言。

2）高级语言：用接近人们习惯的自然语言和数学语言作为语言的表达形式，如 C、BASIC、C++、Java、Pascal 等。

3）机器语言：由 0 和 1 构成的二进制指令或数据，贴近硬件。

4）源程序：由高级语言编写的程序。

5）目标程序：由二进制代码表示的程序。

6）编译程序：能够把用户按照规定写出的语句一一翻译成二进制的机器指令，即具有翻译功能的程序。

由C++语言构成的指令序列称为C++语言源程序，按C++语言的语法编写C++程序的过程称为C++语言的代码编写。C++语言源程序的扩展名为cpp，经过C++语言编译程序编译之后生成一个扩展名为o的二进制文件（称为目标文件）。连接程序的软件把此.o文件与C++语言提供的各种库函数连接起来生成一个扩展名为exe的文件（称为可执行文件）。所写的每条C++语句，经过编译最终都将转换成二进制机器指令，编译连接过程如图1-1所示。

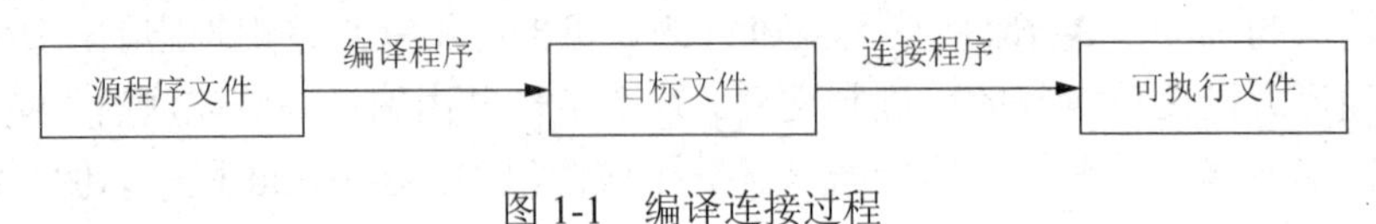

图1-1　编译连接过程

7）对象：具体的实体，由属性和行为组成。例如，一个学生可以是一个对象，那么这个学生的属性有学号、年级、班级等，行为有选课、考试、体测等。

8）类：抽象的概念。类是由所有对象的公有属性和行为抽象出来的。例如，学校学生类，这个类的属性有学号、年级、班级等，行为有选课、考试、体测等。

9）方法：类的行为的实现过程称为类的方法。其实质是类中成员函数的定义，即一个方法包含方法名（函数名）、返回值类型、参数表、方法体（函数体）。

简单的程序设计包括以下几个部分。

1）确定数据结构。

2）确定算法。

3）编码。

4）在计算机上调试程序。

5）整理并写出文档。

瑞士著名计算机科学家Niklaus Wirth提出：算法+数据结构=程序。其中，数据结构指的是数据及其相互关系的表示，包括数据的逻辑结构和存储结构，研究从具体问题中抽象出来的数学模型如何在计算机存储器中表示的问题；算法是数据处理的方法，研究如何在相应的数据结构上施加运算来完成所要求的任务。如果关于问题的数据表示及数据处理都实现了，也就等于完成了相应的程序设计。越是大型的程序，算法和数据结构就越重要。

算法具有以下5个特点：

1）有穷性，一个算法应该包含有限个操作步骤。

2）确定性，算法中每一条指令必须有确定的含义，不能有二义性，对于相同的输入必须有相同的执行结果。

3）可行性，算法中指定的操作可以通过已经实现的基本运算执行有限次后实现。

4）可读性，算法应具备良好的可读性，以有利于算法的查错及对算法的理解。一般算法的逻辑必须清楚、结构简单，所有标识符必须具有实际含义，能见名知意。算法主要是为了人的阅读与交流。因此，算法应该易于人的理解。另外，晦涩难读的程序易于隐藏较多错误而难以调试。

5）健壮性，当输入数据非法时，算法能进行适当的处理并作出反应，而不应死机或输出异常结果。

算法和程序之间的关系：算法着重体现思路和方法，程序着重体现计算机的实现；程序中的指令必须是机器可执行的，算法中的指令无此限制；一个算法若用计算机语言来书写，它就可以是一个程序。

算法可以用各种方法来进行描述，最常用的方法是伪代码和流程图。伪代码是一种近似高级语言但又不受语法约束的语言描述方式。流程图是描述算法的很好工具，流程图分为两种：传统流程图和 N-S 流程图。传统流程图由下面几种基本框和流程线组成，如图 1-2 所示。

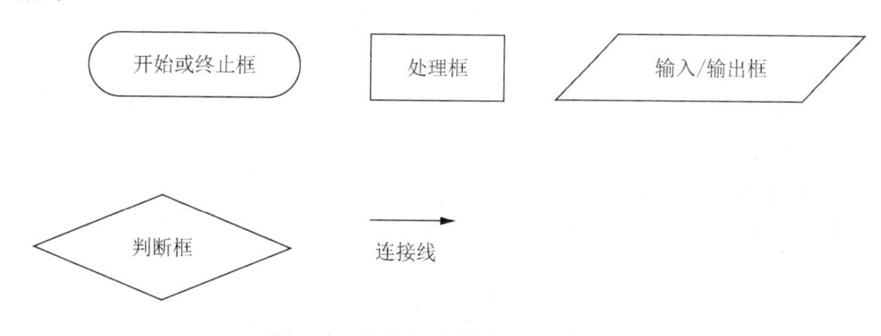

图 1-2　流程图的基本框和流程线

用这些框和流程线组成的流程图来表示算法，形象直观、简单方便，但是这种流程图对于流程线的走向没有任何限制，可以任意转向，在描述复杂的算法时所占篇幅较多，费时费力且不易阅读。随着结构化程序设计方法的出现，1973 年美国学者提出了一种新的流程图形式。这种流程图完全去掉了流程线，算法的每一步都用一个矩形框来描述，把一个个矩形框按执行的次序连接起来就是一个完整的算法描述，这种流程图称为 N-S 流程图。

1.4　C++程序的基本结构

程序是有基本框架的，通过下面示例进行简单分析。

```
1     #include<iostream>
2     using namespace std;
3     int main()
4     {
5        cout<<"I am a student.\n";  //输出字符串
6        return 0;
7     }
```

1）第 1 行中的#include 是一个包含命令，其含义是把 iostream 这个文件中的内容复制到此处。iostream 是 input output stream 的简写，意思为标准的输入/输出流。它包含 cin>>"要输入的内容"和 cout<<"要输出的内容"。这两种输入/输出方法需要#include <iostream>来声明。#include<iostream>是标准的 C++头文件，任何符合标准的 C++开发环境中都有这个头文件。

2）第 2 行是命名空间（namespace），是指标识符的各种可见范围。命名空间是 C++语言的一种机制，用来把单个标识符下的大量有逻辑联系的程序实体组合到一起。C++标准程序库中的所有标识符都被定义于一个名为 std 的命名空间中。当使用<iostream>的时候，该头文件没有定义全局命名空间，必须使用 namespace std;。

3）第 3 行 main( )函数又称主函数，是程序执行的起点，一个 C++程序总是从 main( )函数开始执行的。int 指明了 main( )函数的返回类型，函数名后面的圆括号一般包含传递给函数的信息。

4）第 4 行的"{"符号标志着函数体或某种结构的开始，第 7 行的"}"符号标志着函数体或某种结构的结束。

5）第 5 行的 cout 是输出流，在屏幕上打印双引号内的字符串。与之对应的是输入流 cin，通过键盘输入数据。该行"//"符号起到注释功能，程序不会对其后内容进行编译。

6）第 6 行表示返回值为 0，与 main( )函数前面的 int 对应。相关内容会在函数中进行详细介绍。

1.5 C++程序的基本要素

C++程序的基本要素包含字符集、标识符、关键字、注释、简单的输入与输出 5 部分。

1.5.1 字符集

C++语言基本字符集分为源字符集（书写 C++语言源文件所用的字符集）和执行字符集（C++程序执行期间解释的字符集）。

源字符集包括字母（52 个）、数字（10 个）、格式符（4 个）、特殊字符（29 个）。执行字符集在源字符集的基础上还包括空格符、行末标志符（换行符）、警报符、退格符（BS）和回车符（CR）。

1）字母：小写字母 a～z 共 26 个，大写字母 A～Z 共 26 个。

2）数字：0～9 共 10 个阿拉伯数字。

3）空白符：空格符、制表符、换行符等统称为空白符。空白符只在字符常量和字符串常量中起作用，在其他地方出现时，只起间隔作用，编译程序对它们忽略。因此，在程序中是否使用空白符，对程序的编译不产生影响，但在程序中适当的地方使用空白符将增加程序的清晰性和可读性。

4）特殊字符：特殊字符如表 1-1 所示。

表 1-1　特殊字符

字符	名称	字符	名称	字符	名称
!	感叹号	+	加号	"	引号
#	数字号（井号）	=	等号	{	左花括号
%	百分号	~	波浪号	}	右花括号
^	脱字号	[	左方括号	,	逗号
&	和号	]	右方括号	.	句号
*	星号	'	撇号	<	小于号
(	左括号	|	竖线	>	大于号
_	下划线	/	反斜杠	/	除号
)	右括号	;	分号	?	问号
-	连字符	:	冒号		

此外的其他字符都只能放在注释语句、字符型常量、字符串型常量和文件名中。

1.5.2　标识符

在程序中使用的变量名、函数名、标号等统称为标识符。除库函数的函数名由系统定义外，其余都由用户自定义。C++语言规定，标识符只能是字母（A～Z，a～z）、数字（0～9）、下划线组成的字符串，并且其第一个字符必须是字母或下划线。

以下标识符是合法的：a、x_3、BOOK1、sum5。

以下标识符是非法的：3b（以数字开头）、s*A（出现非法字符*）、-3x（以减号开头）、bowy-1（出现非法字符减号）。

在使用标识符时还必须注意以下几点：

1）标准 C++语言不限制标识符的长度，但它受各种版本的 C++语言编译系统限制，同时也受到具体机器的限制。例如，在某版本中规定标识符前 8 位有效，当两个标识符前 8 位相同时，则被认为是同一个标识符。

2）在标识符中，大小写是有区别的。例如，BOOK 和 book 是两个不同的标识符。

3）标识符虽然可由程序员随意定义，但标识符是用于标识某个量的符号。因此，命名应尽量有相应的意义，以便阅读理解，做到“顾名思义”。

1.5.3　关键字

关键字是由 C++语言规定的具有特定意义的字符串，通常也称为保留字。关键字通常用于构成语句、存储数据、定义数据类型等，是 C++语言中具有特殊含义的英文单词。用户定义的标识符不应与关键字相同。

1.5.4　注释

程序编译时，不对注释做任何处理。注释可出现在程序中的任何位置，用来向用户提示或解释程序的意义。在调试程序过程中，对于暂不使用的语句也可以用注释符括起来，使程序编译时跳过这些语句，待调试结束后再去掉注释符。C++语言中有以下两种注释形式：

1）单行注释。单行注释使用“//”作为标记，在任意一行中，从“//”开始，一直到本行结束的语句，均为注释部分。“//”可以出现在一行的开始或中间。

2）多行注释。多行注释以“/*”作为起始标记，以“*/”作为结尾标记。从“/*”开始，一直到出现的第一个“*/”，中间部分为注释内容。需要注意的是，“/*”和“*/”可以不在同一行，也可以出现在行内的任意位置。但是，“/**/”方式不支持注释嵌套，即/* aaa /*bbb*/ ccc */这样的注释方式是错误的。

1.5.5 简单的输入与输出

输入与输出并不是C++语言中的正式组成成分。C 语言和 C++语言本身都没有为输入与输出提供专门的语句结构。输入与输出不是由 C++语言本身定义的，而是在编译系统提供的输入/输出库中定义的。C++语言的输出与输入是用流（stream）的方式实现的。

有关流对象 cin、cout 和流运算符的定义等信息是存放在 C++语言的输入/输出流库中的，因此如果在程序中使用 cin、cout 和流运算符，则必须使用预处理命令把头文件 stream 包含到本文件中：

```
#include<iostream>
```

尽管 cin 和 cout 不是 C++语言本身提供的语句，但是在不致混淆的情况下，为了叙述方便常常把由 cin 和流提取运算符“>>”实现输入的语句称为输入语句或 cin 语句，把由 cout 和流插入运算符“<<”实现输出的语句称为输出语句或 cout 语句。根据 C++语言的语法，凡是能实现某种操作而且最后以分号结束的都是语句。

1）输入流的基本操作为 cin 语句，其一般格式为

```
cin>>变量 1>>变量 2>>……>>变量 n;
```

2）输出流的基本操作为 cout 语句，其一般格式为

```
cout<<表达式 1<<表达式 2<<……<<表达式 n;
```

在定义流对象时，系统会在内存中开辟一段缓冲区，用来暂存输入/输出流的数据。在执行 cout 语句时，先把插入的数据顺序存放在输出缓冲区中，直到输出缓冲区满或遇到 cout 语句中的 endl（或'\n'、ends、flush）为止，此时将缓冲区中已有的数据一起输出，并清空缓冲区。输出流中的数据在系统默认的设备（一般为显示器）输出。

一条 cout 语句可以分写成若干行，如

```
cout<<"This is a simple C++ program."<<endl;
```

可以写成

```
cout<<"This is " //注意行末尾无分号
<<"a C++ "
<<"program."
<<endl;          //语句最后有分号
```

也可写成多条 cout 语句，即

```
cout<<"This is ";     //语句末尾有分号
cout <<"a C++ ";
cout <<"program.";
cout<<endl;
```

以上 3 种情况的输出均为

```
This is a simple C++ program.
```

需要注意的是，不能用一个插入运算符“<<”插入多个输出项，如：

```
cout<<a,b,c;       //错误,不能一次插入多项
cout<<a+b+c;       //正确,这是一个表达式,作为一项
```

在用 cout 输出时，用户不必通知计算机按何种类型输出，系统会自动判别输出数据的类型，并使输出的数据按相应的类型输出。例如，已定义 a=3 为 int 型，b=4.5 为 float 型，c='a'为 char 型，则

```
cout<<a<<' '<<b<<' '<<c<<endl;
```

会以下面的形式输出：

```
3 4.5 a
```

与 cout 类似，一个 cin 语句可以分写成若干行。例如：

```
cin>>a>>b>>c>>d;
```

可以写成

```
cin>>a                    //注意行末尾无分号
>>b                   //这样写可能看起来清晰些
>>c
>>d;
```

也可以写成

```
cin>>a;
cin>>b;
cin>>c;
```

```
cin>>d;
```

以上 3 种情况均可以从键盘输入“1　3　5　7”，也可以分多行输入数据：

```
1
3  5
7
```

在用 cin 输入时，系统也会根据变量的类型从输入流中提取相应长度的字节。如有

```
char a1,a2;
int b;
float c;
cin>>a1>>a2>>b>>c;
```

则输入“1 2 345 6.78”。

注意：1、2、345 后面应该有空格，以便分隔开。

不能用 cin 语句把空格符和换行符作为字符输入给字符变量，它们将被跳过。如果想将空格符或换行符（或任何其他键盘上的字符）输入给字符变量，可以用后面章节介绍的 getchar( )函数。

在组织输入流数据时，要仔细分析 cin 语句中变量的类型，按照相应的格式输入，否则容易出错。

1.6　计算机的工作原理

计算机的基本原理是存储程序和程序控制。人们预先要把指挥计算机如何进行操作的指令序列（即程序）和原始数据通过输入设备输入计算机内存储器（以下简称内存）中。每一条指令中明确规定了计算机从哪个地址取数、进行什么操作，然后送到什么地址去等步骤。

计算机在运行时，先从内存中取出第一条指令，通过控制器的译码，按指令的要求，从存储器中取出数据进行指定的运算和逻辑操作等加工，然后按地址把结果送到内存中去。接下来，取出第二条指令，在控制器的指挥下完成规定操作。依此循环，直至遇到停止指令。

程序与数据一样存储在存储器中，按程序编排的顺序，一步一步地取出指令，自动地完成指令规定的操作是计算机最基本的工作原理。这一原理最初由美籍匈牙利数学家冯·诺依曼于 1945 年提出，故称为冯·诺依曼原理。冯·诺依曼原理为现代计算机的基本结构奠定了基础，其特点如下：

1）使用单一的处理部件来完成计算、存储及通信工作。

2）存储单元是定长的线性组织。

3）存储空间的单元是直接寻址的。

4）使用低级机器语言，指令通过操作码来完成简单的操作。

5）对计算进行集中的顺序控制。

6）计算机硬件系统由运算器、存储器、控制器、输入设备、输出设备五大部件组成并规定了它们的基本功能。

7）采用二进制形式表示数据和指令。

8）在执行程序和处理数据时必须将程序和数据从外存储器（以下简称外存）装入主存储器（即内存）中，然后才能使计算机在工作时自动地从存储器中取出指令并加以执行。

第 2 章　基本数据类型和表达式

程序的主要功能是对现实世界的模拟，它的主要处理对象就是数据。

人们日常生活中接触的数据有整数、小数、字母等，计算机将具有相同属性的一类数据称为一种数据类型。因此，具有相同特性的一类整数称为整型，具有相同特性的小数称为实型。对于这些简单的数据类型，C++语言通过基本数据类型来构造，由这些基本数据类型构成比较复杂的数据类型，复杂的数据类型由基本数据类型复合而成。例如，结构体、链表、类等可以由用户扩展的自定义数据类型。

本章主要介绍 C++语言的基本数据类型，复杂数据类型结构体和共用体将在第 7 章中介绍，数据与操作封装在一起的类类型将在第 8 章中介绍。

2.1　基本数据类型

C++语言预定义的基本数据类型可以用来表示整数（如 int）、实数（如 float）、字符（如 char）和布尔类型（bool），如图 2-1 所示。

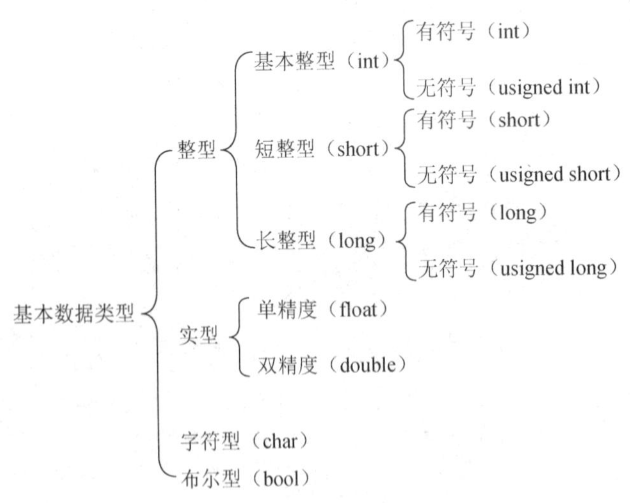

图 2-1　C++中的基本数据类型

2.1.1　整型

C++语言的整型有多种形式，编程人员可以根据程序所处理的数据特点选择合适的形式。C++语言中的整型（integer）通常用人们熟悉的十进制（decimal）数来表示，也可以表示成八进制（octal）数和十六进制（hexadecimal）数。由于计算机本质上处理的是二进制数据，因此整数类型数据无论是用高级语言的十进制、八进制还是十六进制表示，都是以二进制形式存储在计算机中的。不同进制整型常量的表示形式如表 2-1 所示。基本整型是 int 类型，整型按处理数据的取值范围可以分为短整型（short）和长整型（long）两类，按数据的正负可以分为有符号（signed）和无符号（unsigned）两类。

表 2-1　不同进制整型常量的表示形式

进制类型	整数 19 不同进制的表示	整数-19 不同进制的表示	特点
十进制 （decimal）	19	-19	由 0～9 的数字序列组成，以 10 为基的数字系统，可以转换成二进制、八进制或十六进制
二进制（带符号位） （binary）	0 0010011 符号位	1 0010011 符号位	由 0、1 的数字序列组成，以 2 为基的数字系统，可以转换成十进制、八进制或十六进制
八进制 （octal）	023	-023	由 0～7 的数字序列组成，以 8 为基的数字系统，可以转换成十进制、二进制或十六进制
十六进制 （hexadecimal）	0x13	-0x13	由 0～9，A～F（或 a～f）序列组成，以 16 为基的数字系统，可以转换成十进制、八进制或二进制

如表 2-1 所示，-19 和 19 的符号在存储的过程中通过符号位来进行区别，对于有符号的整数，编译器将其最高位解释为符号位，若符号位为 0，则表示该数为正数；若符号位为 1，则表示该数为负数，下面以 16 个二进制位来表示无符号整数和有符号整数。

（1）无符号整数的表示

无符号整数的表示如图 2-2 所示。

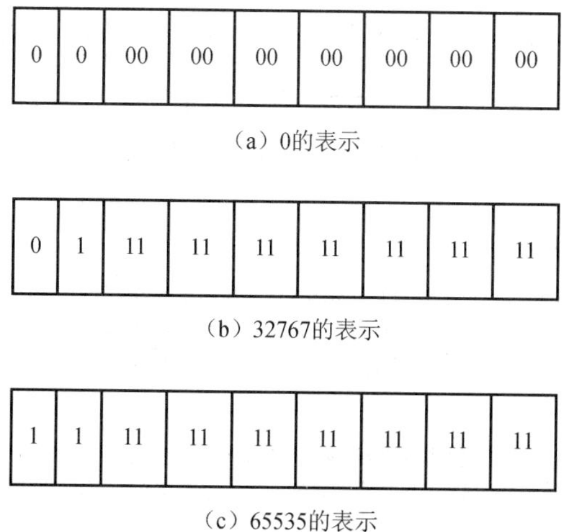

图 2-2　无符号整数的表示

对于无符号具有两个存储字节的整型数据，由于没有符号位，因此其所能表示的数的范围为 0～65535（从每个二进制位均取 0 到每个二进制位均取 1）。它表示的数值范围与其存储字节数相关，字节数越多（二进制位数越多）表示的数值范围越大。

（2）有符号整数的表示

有符号整数的表示如图 2-3 所示。

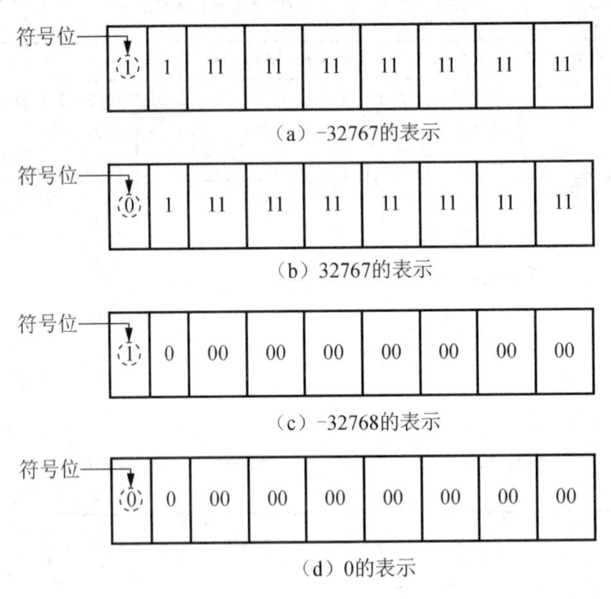

图 2-3　有符号整数的表示

对于有符号整数的表示（以 2 字节存储为例），由于最高位用来表示符号位，因此后面剩下的 7 个二进制位用来表示其取值范围，所能表示的正数范围缩小为无符号整数的$\frac{1}{2}$，其表示的数的范围为-32768～32767。如图 2-3 所示，符号位取 0 表示正数，当其数位全取 1 时表示数值最大，为 32767；符号位取 1 表示负数，当其数位全取 1 时表示数值最小，为-32767。数位全为 0，而符号位可以取 0 或 1，当符号位取 1 时表示-32768，当符号位取 0 时表示 0。

（3）整型修饰

C++语言中整型可以有 4 种修饰：signed（带符号）、unsigned（无符号）、long（长整型）和 short（短整型）。表 2-2 中给出了各种类型整型数据在计算机中的参考存储字节数和取值范围。

表 2-2　各种类型整型数据在计算机中的参考存储字节数和取值范围

类型名	类型描述	存储字节数	取值范围
short（signed short）	短整型	2	-32768～32767
unsigned short	无符号整型	2	0～65535
int（signed）	整型	4	-2147483648～2147483647

续表

类型名	类型描述	存储字节数	取值范围
unsigned int	无符号整型	4	0～4294967295
long（signed）	长整型	4	-2147483648～2147483647
unsigned long	无符号长整型	4	0～4294967295

C++语言中并没有统一规定各类数据的精度、取值范围和在内存中所占的字节数，各编译系统根据自己的情况作出安排，因此可以使用 sizeof 运算符查看当前系统中各种数据类型的字节数，从而计算出其表示数据的范围。

【例 2-1】 使用 sizeof 查看各种数据类型所占据的字节数。

```
1    #include<iostream>
2    using namespace std;
3    int main()
4    {
5      cout<<"short:"<<sizeof (short)<<"bytes.\n";
6      cout<<"int:"<<sizeof (int)<<"bytes.\n";
7      cout<<"long:"<<sizeof (long)<<"bytes.\n";
8      return 0;
9    }
```

程序的运行结果：

```
short:2 bytes.
int:4 bytes.
long:4 bytes.
```

在程序的计算中，需要先考虑处理数据的范围再做类型定义，如果运算过程中计算值超出其定义类型的取值范围，则会发生溢出错误。

【例 2-2】 计算溢出。

```
1    #include<iostream>
2    using namespace std;
3    int main()
4    { short a=12345,b;
5      b=a*3;
6      cout<<"b="<<b<<endl;
7      return 0;
8    }
```

程序的运行结果：

```
b=-28501
```

说明： b 的类型是 short，根据其类型定义，它能存储数据的范围为-32768～32767，在计算过程中将 a=12345 的值乘以 3 得到 37035 赋给 b，超出其取值范围。超出的二进制部分丢失，对应其符号位正好为 1，因此结果出现负值的情况。编译器并不会帮助检查溢出错误，需要程序设计者通过经验或调试解决。

2.1.2 实型

C++语言中实型数有小数和指数两种表示形式，如表 2-3 所示。

表 2-3 实型数的不同表示形式

不同形式的实型常量	示例	特点
小数形式	0.456、−13.45	实型常见的形式，必须带小数点
指数形式	2.13e−5 （等价于 0.0000213）	以 aeb 或 aEb 的形式存在，其中 a 是尾数，b 是指数，指数必须为整数

对于实数，无论是小数形式还是指数形式，在计算机内部都是以二进制浮点形式存储的。浮点形式是相对定点而言的。定点数是指小数点位置是固定的，小数点位于符号位和第一个数位之间，它表示的是纯小数。浮点数是指小数点的位置可以浮动的数，如十进制 1234.56，可以写成

$$1234.56 \quad 0.123456\times10^{4} \quad 1.23456\times10^{3} \quad 123456\times10^{-2}$$

这里，随着指数的变化，小数点的位置也发生变化，因此实数也称为浮点数。通常，将浮点数分为阶码（指数）和尾数两部分来表示，浮点数 X 可以表示为

$$X = a \times r^{b}$$

其中，a 为尾数，正负均可，一般规定用纯小数表示。b 为阶码（指数），可以为正数或负数，但必须是整数。r 为基数，若为十进制表示法，则 r 为 10；若为二进制表示法，则 r 为 2。浮点数在内存中以阶码和尾数的形式存储。例如，对于二进制数 $101.111=0.101111\times2^{1010}$，其格式如图 2-4 所示。

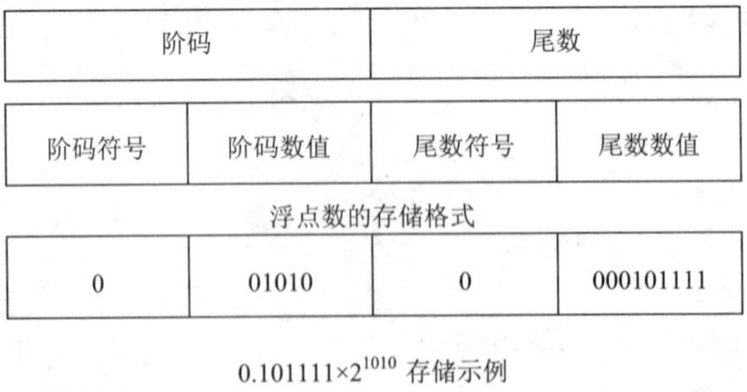

阶码		尾数	
阶码符号	阶码数值	尾数符号	尾数数值

浮点数的存储格式

0	01010	0	000101111

0.101111×2^{1010} 存储示例

图 2-4 浮点数的格式

浮点数在 C++语言中分成单精度（float）和双精度（double）两大类，双精度实型的存储字节数是单精度的两倍，因此其表示的取值范围和数值精度（小数位数）均要比单精度实型大很多。实型的存储字节数和取值范围如表 2-4 所示。

表 2-4　实型的存储字节数和取值范围

数据类型名	数据类型描述	存储字节数	取值范围
float	单精度实型	4	$\pm(3.4\times10^{-38}\sim3.4\times10^{38})$
double	双精度实型	8	$\pm(1.7\times10^{-308}\sim1.7\times10^{308})$
long double	长双精度实型	10	$\pm(3.4\times10^{-4932}\sim3.4\times10^{4932})$

2.1.3　字符型

字符也是程序要处理的一种数据形式，用单引号括起来表示单个字符，如'a'、'B'、'?'、'3'等。字符以其对应的 ASCII 码值存储在计算中，ASCII 码是一个 7 位编码。由于存储的最小单位是 1 字节，因此 7 个二进制位的 ASCII 码字符以 1 字节的大小存储在计算机中，如字符'a'的 ASCII 码值为 97，二进制表示为 01100001。

1. 转义字符

在 C++语言中，有一类特殊的字符常量称为转义字符。它们用来表示特殊符号或键盘上的控制代码，常见的转义字符如表 2-5 所示。

表 2-5　常见的转义字符

转义字符	意义	转义字符	意义
\n	换行符	\a	响铃
\t	水平制表符	\"	双引号
\v	垂直制表符	\'	单引号
\b	左退一格	\\	反斜杠
\r	回车符	\ddd	1～3 位八进制数 ddd 对应的字符
\f	换页符	\xhh	1～2 位十六进制数 hh 对应的字符

2. 字符串

C++语言对字符串的定义保留了 C 语言的定义风格。另外，在 C++标准类库中的 string 类中也定义了对字符串的使用风格。C++语言中字符串用双引号括起来表示，如"hello!"。

字符串与字符不同，以"hello!"为例，它在内存中按串中字符的顺序存放，每个字符占用 1 字节，并在末尾添加'\0'作为字符串的结束标记，其字符串长度为 7，由于存储需要添加'\0'，因此需要 8 字节的存储空间。字符串的存储如图 2-5 所示。

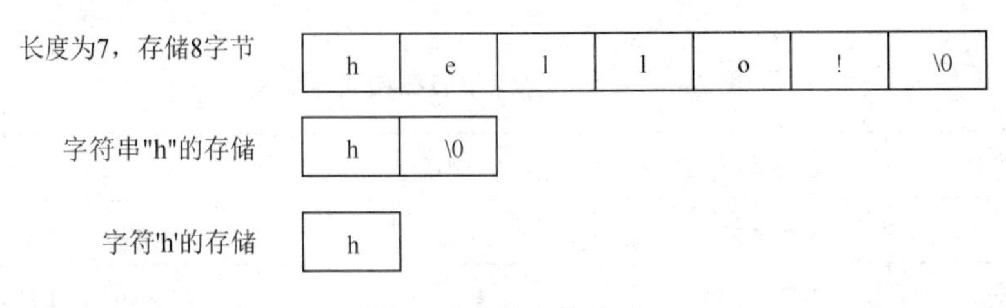

图 2-5　字符串的存储

【例 2-3】 字符串的使用。

```
1    #include<iostream>
2    using namespace std;
3    int main()
4    {  cout<<'H'<<' '<<'h'<<endl;          //使用普通字符
5       cout<<"one\ttwo\t\threen\n";        //使用水平制表符
6       cout<<"123\b\b45\n";                //使用退格符
7       cout<<"Alert\a\n";                  //使用响铃符
8       return 0;
9    }
```

程序的运行结果：

```
H h
one        two        three
145
Alert
```

2.1.4　布尔型

布尔型数据只有两个值：true（真）和 false（假），它们也称为逻辑值。在一般的编译系统中，用 1 字节来存放布尔型数据，用整数 0 表示 false，用整数 1 表示 true，实际应用中编译系统将所有非 0 的值都认为是 true。

2.2　常量和变量

程序所处理的数据不仅可以为不同的类型，而且每种类型有常量和变量之分。

1. 常量

常量是指在程序运行过程中其值始终不可改变的量。例如，圆周率 3.1415926 就是一个常量。根据 C++语言基本数据类型的定义，C++语言中有 5 种类型的常量：整型常量、实型常量、字符型常量、字符串常量和布尔型常量，其数据长度及取值范围与变量的规定相同。下面是 5 种类型常量示例：

1） -123、0x20、1000000、123L、123l（整型和长整型常量）。
2） 21.345、-7.98F、3.14e23、413e-12（实型常量）。
3） 'a'、'@'、' '（字符型常量）。
4） "hello"、"how are you！"（字符串常量）。
5） true、false（布尔型常量）。

2. 变量

与常量相反，变量是指在程序运行期间其值可以改变的量。每个变量都要有一个名称，即变量名。变量在内存中占据一定的存储单元，并在该存储单元中存放变量的值。变量也分不同的类型，如整型变量、双精度变量、字符型变量等。根据变量类型不同，其占用存储单元的字节数也不同，如一个 int 类型变量，占用 4 字节内存单元；一个 double 类型变量，占用 8 字节内存单元；一个 char 类型变量，占用 1 字节内存单元。

2.3　变量的定义和初始化

2.3.1　变量的定义

如果要在程序中使用变量，则必须先使用变量定义语句对变量进行定义，C++语言变量定义语句如下。

```
类型标识符 变量名;
```

1. 类型标识符

类型标识符说明了变量的数据类型，该类型决定了变量的存储空间格式和对变量所能进行的操作，类型标识符可以是 int、long、float、char、bool 等基本数据类型符号或自定义数据类型。

2. 变量名

和人取名类似，使用的每个变量也有一个名称即变量名。C++语言中变量命名遵循标识符的命名规则。

3. 变量的含义

变量代表一段被定义了名称和属性的存储单元，用来存放变量的值。例如，定义整型 sum 变量的语句如下所示。

```
int sum;
```

定义 sum 后，在程序执行过程中，编译器会为 sum 分配 int 类型大小的存储空间（即

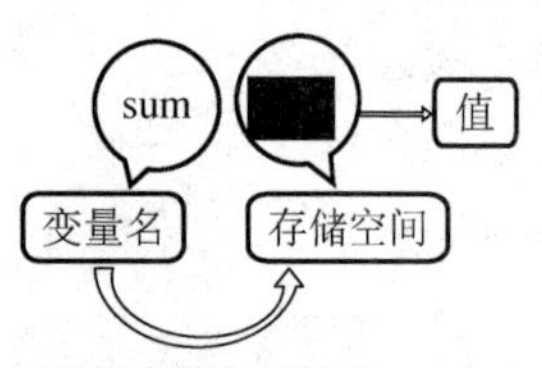

图 2-6　变量示意图

4 字节），通过变量名 sum 可以方便地访问该存储空间，对存储空间进行读或写操作，如图 2-6 所示。

下面是一些变量定义语句：

```
int m,n,sum;
float f;
char c;
bool b;
```

2.3.2　变量的初始化

当一个变量被定义后，空间的值是不确定的，为了程序计算结果正确或有意义，需要在变量使用之前给它一个确定的值，即变量的初始化。

变量的初始化是给变量赋初值的一种方法，是指在变量定义时就给变量赋予初始值。变量初始化的方法很简单，在变量定义的语句中，在变量名后加一个等号和初值即可。例如：

```
int sum=100;
```

则变量 sum 所对应的值就是 100。

下面是一些变量定义并初始化的语句：

```
int m=0,n=5;
float f=12.12;
char c='a';
bool b=true;
```

注意：一般情况下，如果变量在程序中没有初始化，在赋值之前，它的值是不确定的（其值可能和用户的操作系统、编译系统、运行时间等因素相关）。为了程序运行结果正确且具有良好的移植性，对变量的使用应遵循“先赋值再使用”的原则。

下面是一个变量使用之前未被初始化的例子，其运行结果为其中一次执行的值，多次运行结果均不相同。

【例 2-4】 变量初始化。

```
1    #include<iostream>
2    using namespace std;
3    int main()
4    {  int sum;
5       sum=sum+3;
6       cout<<"sum="<<sum;
7       return 0;
8    }
```

程序的运行结果：

```
sum=4285809
```

2.4　运算符与表达式

程序的主要工作是对数据进行处理和分析，得到所需要的计算结果，正如数学中对数据有加、减、乘和除这几种常用处理方法一样，C++程序中也会对数据进行加、减、乘和除等计算，其基本形式会以表达式存在。

例如，表达式 x+y，其中，x、y 是操作数，“+”是运算符，x+y 构成了 C++程序中的表达式。由此可知，表达式是由运算符将运算对象连接起来的具有合法语义的式子。

只需要一个操作数的运算符称为一元运算符（或单目运算符）；需要两个操作数的运算符称为二元运算符（或双目运算符）；需要 3 个操作数的运算符称为三元运算符（或三目运算符），条件运算符是 C++语言中唯一的一个三元运算符。

2.4.1　算术运算符及其表达式

算术运算是程序对数据进行处理的基本形式，C++语言中用于算术运算的运算符包括加（+）、减（-）、乘（*）、除（/）、取余（%）、取负（-）。除取负是一元运算符外，其余运算符均为二元运算符。算术运算符的运算规则和数学中的算术运算基本相同，算术运算的结果与参与运算的操作数类型相关，特别需要注意的是除法（/）和取余（%）运算。

1. 除法运算

例如：

5/2=2，1/2=0，5.0/2=2.5，1/2.0=0.5

小结：两个整型数做除法运算的结果仍为整型；被除数或除数有一个为实型，结果就为实型。

2. 取余运算

取余运算符的左操作数作为被除数，右操作数作为除数，两者整除后的余数即为求余运算的结果。例如：

11%5=1，11%-5=1，-11%5=-1，-11%-5=-1

小结：

1）取余运算结果的符号与被除数符号相同。

2）取余运算限定参与运算的两个操作数必须为整型，不能对两个实型数据进行取余运算。

【例 2-5】 计算并输出一个 4 位整数的千位、百位、十位和个位数字的和。

分析：计算一个 4 位整数的各位数字之和，首先需要将其各位即千位、百位、十位和个位上的数字从整数中分离出来，然后求和。以 1234 为例分析，如图 2-7 所示。

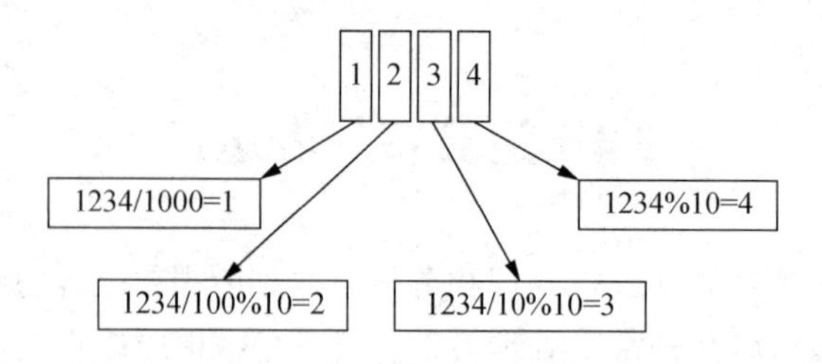

图 2-7　4 位整数各位的分离

源代码如下。

```
1    #include<iostream>
2    using namespace std;
3    int main()
4    { int n=1234,b0,b1,b2,b3,sum;
5       b0=n%10;
6       b1=n/10%10;
7       b2=n/100%10;
8       b3=n/1000;
9       sum=b0+b1+b2+b3;
10      cout<<"sum="<<sum;
11      return 0;
12   }
```

程序的运行结果：

```
sum=10
```

2.4.2 赋值运算符及其表达式

赋值运算符用于给变量赋值，C++语言提供了几种赋值运算符，其基本赋值运算符为“=”。

表达式形式：

```
a=b;
```

功能：将赋值运算符“=”左边的表达式 b 的值赋给右边的变量 a。

例如：

```
Int n;n=2;
char ch;ch='a';
```

1. 赋值运算符的优先级和结合性

赋值运算符的优先级仅比逗号运算符高，低于其他运算符；运算符的结合顺序为自右向左。例如：

```
int a,b,c=7;
a=b=c+5 ;
```

其执行步骤如下。

1）计算 c+5 得到 12。

2）计算 b=12，b 的值为 12。

3）计算 a=b，a 的值为 12。

2. 复合赋值运算符

和算术运算符结合的复合赋值运算符有+=、-=、*=、/=和%=，以+=为例。

表达式形式：

```
            等价于
a+=b;      <==>      a=a+b;
```

功能：将赋值运算符“=”左边的表达式 b 和右边的变量 a 先做“+”运算，再将计算结果赋值给右边的变量 a。

例如：

```
int  n=10,m=5;  等价于   n=n* (m+1);
n*=m+1;          <==>
```

其执行步骤如下。

1）计算 m+1，得到 6。

2）计算 n*6，得到 60。

3）计算 n=60，n 的值为 60。

2.4.3 关系运算符及其表达式

C++语言提供 6 种关系运算，它们相应的运算符为<、<=、>、>=、==、!=。其中<、<=、>、>=的优先级高于==、!=。关系运算符用于表达条件，从而能够给出判断。例如：

1）期末成绩高于 50。

2）气温高于 35℃。

3）*x* 是正数。

表达式形式：

```
exp1 关系运算符 exp2;
```

表达式的值：bool 类型，true（1）或 false（0）。

例如：设 int a=3,b=5,c=4;

1）a>b 结果为 false（0）。

2）a+b>b+c 结果为 false（0）。

3）(a==3)>(b==5)结果为 false（0）。

4）'a'<'b'结果为 true（1）。

5）(a>b)>(b<c)结果为 false（0）。

2.4.4 逻辑运算符及其表达式

C++语言提供 3 种逻辑运算符：&&、||、!，分别称为逻辑与、逻辑或、逻辑非。&&、||是二元运算符，! 是一元运算符，优先级顺序为！>&&>||。其对应的操作数都取其逻辑值，即 0 为 false，非 0 为 true，逻辑运算符的运算结果也为 bool 类型。

1. 逻辑与运算规则

逻辑与运算规则如表 2-6 所示。

表 2-6 逻辑与运算规则

a	b	a&&b
false（0）	false（0）	0
false（0）	true（1）	0
true（1）	false（0）	0
true（1）	true（1）	1

小结：只有 a、b 均为 true 时，a&&b 才为 true。

2. 逻辑或运算规则

逻辑或运算规则如表 2-7 所示。

表 2-7 逻辑或运算规则

a	b	a||b
false（0）	false（0）	0
false（0）	true（1）	1
true（1）	false（0）	1
true（1）	true（1）	1

小结：只要 a、b 有一个为 true，a||b 就为 true。

3. 逻辑非运算规则

逻辑非运算规则如表 2-8 所示。

表 2-8　逻辑非运算规则

a	!a
false（0）	1
true（1）	0

4. &&或||运算

根据&&或||运算的运算规则，在 a&&b 表达式中，如果确定 a 的值为 false（0），那么整个 a&&b 表达式的值可以确定为 false（0），因此不需要计算右边表达式 b 的值。同理，在||运算中，以 a||b 表达式为例，如果确定 a 的值为 true（1），那么整个 a||b 表达式的值就为 true（1），不需要对右边 b 的值进行计算。这两种计算均只需要计算左边表达式的值，右边的计算可以省略，这种计算特性称为&&或||运算的“短路”特性。

【例 2-6】 设 a=1，执行完((b=4)==0)&&((a=6)==6)后，a 的值为多少？

a 的值为 1。其执行步骤如下。

1）计算 b=4，得到赋值表达式的值为 4。

2）计算 4==0，得到逻辑值 0。

3）计算 0&&((a=6)==6)，根据&&的运算特点，左边操作数的值为 0，可以确定整个表达式的值为 0。因此，不需要计算&&右边的表达式，所以 a 的值还是初始值 1。

综上，表达式计算完后，整个表达式的值为 0，同时 a 的值为 1。

【例 2-7】 设 a=1，则执行完((b=4)==0)||((a=6)==6) 后，a 的值为多少？

a 的值为 6。其执行步骤如下。

1）计算 b=4，得到赋值表达式的值为 4。

2）计算 4==0，得到逻辑值 0。

3）计算 0||((a=6)==6)，根据||的运算特点，左边操作数的值为 0，需要计算右边的表达式((a=6)==6)。

4）计算 a=6，a 的值为 6，整个赋值表达式的值为 6。

5）计算 6==6，结果为逻辑值 1。

6）计算 0||1，整个表达式的值为 1。

综上，表达式计算完后，整个表达式的值为 1，同时 a 的值为 6。

2.4.5 自增和自减运算符及其表达式

C++语言中有两个很有特色的运算符：自增运算符++和自减运算符--。++和--运算符都是一元运算符，功能是使变量的值加 1 或减 1，只能用于变量，可以是整型变量或指针变量。例如，int x;x=6;x--后 x 为 5，char c;c='a';++c 后 c 为'b'。

又如：

```
(i-j)++   //错误,++或--不能用于表达式
7--       //错误,++或--不能用于常量
```

1. 前缀与后缀

1）前缀：++a,--b。++或--写在变量前面即作为前缀运算符。

2）后缀：a++,b--。++或--写在变量后面即作为后缀运算符。

前缀或后缀运算作用于单个变量，不参与其他运算时，它们的功能是一样的，都是让变量本身的值增加 1 或减少 1。例如：

```
int a=1
a++;//a 的值为 2
```

```
int a=1
++a;//a 的值为 2
```

2. 前缀与后缀的区别

当自增或自减运算参与其他运算时，前缀和后缀功能性的差异就体现出来了。

（1）后缀 a++运算参与其他运算

a++参与其他运算时：

1）取 a 的值作为表达式的值参与运算。

2）对 a 进行加 1 运算。a++参与其他运算如图 2-8 所示。

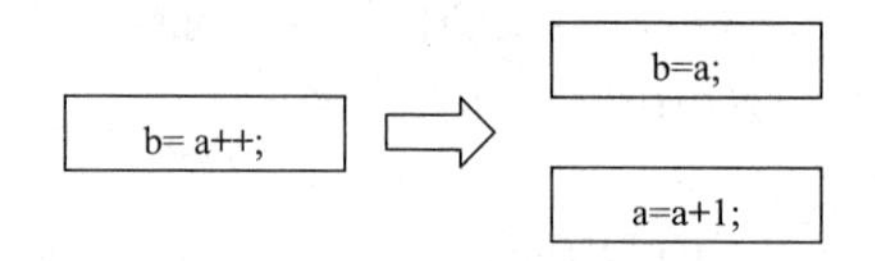

图 2-8　a++参与其他运算

【例 2-8】 int a=10，则执行 b=a++后，a、b 的值为多少？

其执行步骤如下。

1）计算 b=a，b 的值为 10。

2）计算 a=a+1，a 的值为 11。

（2）前缀++a 运算参与其他运算

++a 参与其他运算时：

1）对 a 进行加 1 运算。

2）取 a 的值作为表达式的值参与运算。++a 参与其他运算如图 2-9 所示。

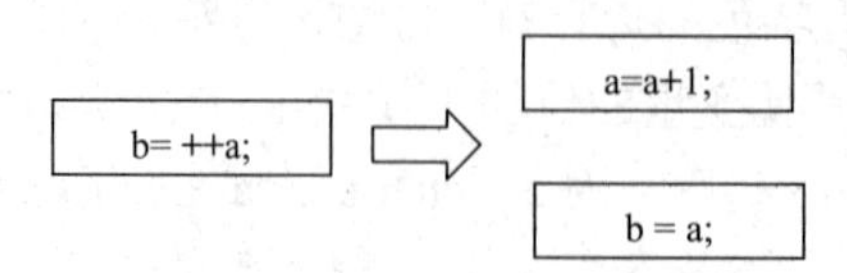

图 2-9　++a 参与其他运算

【例 2-9】 int a=10，则执行 b=a++后，a、b 的值为多少？

其执行步骤如下。

1）计算 a=a+1，a 的值为 11。

2）计算 b=a，b 的值为 11。

【例 2-10】 以下表达式执行之后，a 和 b 的值分别为多少？

```
int a=3,b=4;
a+=b++;
```

其执行步骤如下。

1）计算 a=a+b，a 的值为 7。

2）计算 b=b+1，b 的值为 5。

2.4.6　位运算

位运算符是高级语言中的“低级”运算符，其操作数的类型是整型或字符型，要对机器内部的二进制表示的每一个位（bit）进行运算。C++语言提供如下 6 种位运算符，如表 2-9 所示。其形式和功能与逻辑运算符相似，但也存在不同之处，读者应注意区分。

表 2-9　位运算操作规则

x	y	~x	x&y	x|y	x^y
0	0	1	0	0	0
0	1	1	0	1	1
1	0	0	0	1	1
1	1	0	1	1	0

1. 按位取反（~）

按位取反（~）是一元运算符，只需要一个操作数。其功能是将运算对象的整型中的二进制位做“求反”运算。例如：

```
short int x=3;
~x;
```

其执行步骤如下。

1）计算 x 的二进制数为 0000000000000011。

2）将每一位取反，即 0 变成 1，1 变成 0，得到 1111111111111100。

2. 按位与（&）

按位与（&）的功能是将两个整型数据中的二进制位做“与”运算。“与”运算规则为如果参加运算的两个二进制数位均为 1，则结果为 1，否则结果为 0。例如：

```
short int x=3,y=5;
x&y;
```

其执行步骤如下。

1）计算 x 和 y 的二进制数位。x 为 0000000000000011，y 为 0000000000000101。

2）将 x 与 y 按位与操作，得到 0000000000000001。

3. 按位或（|）

按位或（|）的功能是将两个整型数据中的二进制位做“或”运算。“或”运算规则为如果参加运算的两个二进制数位有一个为 1，则结果为 1；如果两个二进制数位都为 0，则结果为 0。例如：

```
short int x=3,y=5;
x|y;
```

其执行步骤如下。

1）计算 x 和 y 的二进制数位。x 为 0000000000000011，y 为 0000000000000101。

2）将 x 与 y 按位或操作，得到 0000000000000111。

4. 按位异或（^）

按位异或（^）的功能是将两个整型数据中的二进制位做“异或”运算。“异或”运算规则为如果参加运算的两个二进制数位不同，则结果为 1；如果两个二进制数位相同，则结果为 0。例如：

```
short int x=3,y=5;
x^y;
```

其执行步骤如下。

1）计算 x 和 y 的二进制数位。x 为 0000000000000011，y 为 0000000000000101。

2）将 x 与 y 按位或操作，得到 0000000000000110。

5. 右移位运算（>>）

右移位运算（>>）的功能是将整型数据中的各个二进制位全部右移若干位，并在该数据的左端添加相同个数的 0。例如：

```
short int x=255;
x=x>>4;
```

其执行步骤如下。

1）计算 x 二进制数位。x 为 0000000011111111。

2）将 x 二进制位全部向右移动 4 位，得到 0000000000001111。

3）将移动后的值赋值给 x，x 的值为十进制的 15。

右移位运算常和按位运算一起使用，用于从一个数据中分离某些位。

6. 左移位运算（<<）

左移位运算（<<）的功能是将整型数据中的各个二进制位全部左移若干位，并在该数据的右端添加相同个数的 0。例如：

```
short int x=3;
x=x<<3;
```

其执行步骤如下。

1）计算 x 二进制数位。x 为 0000000000000011。

2）将 x 二进制位全部向左边移动 3 位，得到 0000000000011000。

3）将移动后的值赋值给 x，x 的值为十进制的 24。

左移位运算常和按位运算一起使用，用于将两个数据内容拼在一起。

2.4.7 其他运算符

1. 条件运算符及其表达式

条件运算符是 C++语言中唯一一个三目运算符，需要 3 个操作数。由操作数和条件运算符构成的表达式是条件表达式。表达式形式：

```
表达式 1?表达式 2:表达式 3
```

功能：若表达式 1 的值非 0，则该条件表达式的值是表达式 2 的值，否则为表达式 3 的值。

例如：求以下程序段执行后 c 的值。

```
int a=3,b=2,c;
c=(a>b? a:b);
```

其执行步骤如下。

1）计算 a>b，值为 true。

2）取 a 的值作为整个条件表达式的值，即表达式的值为 3。

3）将 3 赋值给 c，c 的值 3。

用条件表达式完成：

1）求 a、b 中的最大值。表达式为

```
a>b?a:b
```

2）求变量 t 的绝对值。表达式为

```
t>0?t:-t
```

2. 逗号运算符及其表达式

C++语言中把逗号（,）也列为一种运算符，用“,”将两个表达式连接起来进行顺序运算。表达式形式：

```
表达式1,表达式2
```

表达式 1 和表达式 2 为任意表达式，先运算表达式 1 再运算表达式 2，表达式 2 的值是整个逗号表达式的值。

【例 2-11】 执行完下列程序段后，求变量 a、b、c、d 的值。

```
int a,b,c,d;
d=(a=1,b=a+2,c=b+3);
```

其执行步骤如下。

1）计算 a=1，a 的值为 1。

2）计算 b=a+2，b 的值为 3。

3）计算 c=b+3，c 的值为 6。

4）整个逗号表达式的值为 c 的值，即为 6。

5）计算 d=6，d 的值为 6。

综上，计算完成后，a 的值为 1，b 的值为 3，c 的值为 6，d 的值为 6。

2.5 表达式中运算符的运算顺序

在四则运算中，运算顺序可以由“先乘除后加减”规则决定，即乘、除法的优先级高于加、减法。C++语言中有几十种运算符，仅用一句“先乘除后加减”无法决定各个运算符之间的优先顺序，因此 C++语言严格规定了各个运算符的优先级别和同级别优先级运算符的运算顺序（即结合方向），如表 2-10 所示。

表 2-10 运算符的优先级和结合方向

优先级别	运算符	运算形式	结合方向	含义
1	() [] -> .	(e) a[e] p->x x.y	自左向右	圆括号 数组下标 用指针访问结构体或对象成员 结构体或对象成员
2	! * & sizeof ~ -、+ ++、-- (t)	!e *p &x sizeof(t) ~e -e ++x 或 x++ (t)e	自右向左	逻辑非 由地址求内容 求变量地址 求某类型变量的存储长度 按位取反 负号或正号 自增或自减运算 强制类型转换
3	*、/、%	e1*e2	自左向右	乘、除、取余
4	+、-	e1+e2	自左向右	加、减

续表

<table>
<tr><th>优先级别</th><th>运算符</th><th>运算形式</th><th>结合方向</th><th>含义</th></tr>
<tr><td>5</td><td><<、>></td><td>e1<<e2</td><td>自左向右</td><td>左移和右移</td></tr>
<tr><td>6</td><td><、<=、>、>=</td><td>e1<e2</td><td>自左向右</td><td>关系运算（比较）</td></tr>
<tr><td>7</td><td>==、!=</td><td>e1==e2</td><td>自左向右</td><td>等于或不等于</td></tr>
<tr><td>8</td><td>&</td><td>e1&e2</td><td>自左向右</td><td>按位与</td></tr>
<tr><td>9</td><td>^</td><td>e1^e2</td><td>自左向右</td><td>按位异或</td></tr>
<tr><td>10</td><td>|</td><td>e1|e2</td><td>自左向右</td><td>按位或</td></tr>
<tr><td>11</td><td>&&</td><td>e1&&e2</td><td>自左向右</td><td>逻辑与（并且）</td></tr>
<tr><td>12</td><td>||</td><td>e1||e2</td><td>自左向右</td><td>逻辑或（或）</td></tr>
<tr><td>13</td><td>?:</td><td>e1?e2:e3</td><td>自右向左</td><td>条件运算</td></tr>
<tr><td>14</td><td>=
+=、-=、*=
/=、%=、>>=
<<=、&=、^=、|=</td><td></td><td>自右向左</td><td>赋值运算
复合赋值运算</td></tr>
<tr><td>15</td><td>,</td><td>e1,e2</td><td>自左向右</td><td>顺序求值运算</td></tr>
</table>

注：运算形式一栏中各字母的含义为 e—表达式，x、y—变量，p—指针，t—类型，a—数组。

在表 2-10 中，运算符优先级的数字越大，优先级别越低。优先级别最高的是括号运算符，所以如果要改变混合运算中的运算次序，或对运算次序把握不准确，可以使用括号来明确规定运算的顺序。

2.6　类型转换

C++语言规定，不同类型的数据在参加运算之前会自动转换成相同的类型，再进行运算，运算结果的类型也就是转换后的类型，类型的转换有以下 3 种实现方式。

1. 自动类型转换

在程序的计算类型转换过程中，为了保证转换结果的正确性，规定了一个类型转换的优先级别，如图 2-10 所示。

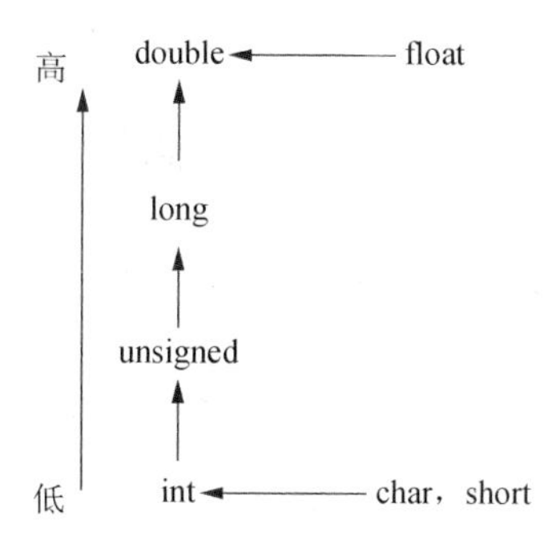

图 2-10　类型转换的优先级别

转换原则：

1）由占用内存字节少向内存字节多的数据类型转换。

2）不同类型数据运算取两种类型中取值范围大的类型作为结果类型。

2. 强制类型转换

使用强制类型转换操作符可以明确地控制类型转换，强制类型转换有两种形式，形式1是C++语言保留C语言中的形式，形式2是C++语言新增加的形式，两种形式均可进行强制类型转换。

形式1：

```
(类型名) 表达式;
```

形式2：

```
类型名(表达式);
```

例如：

```
int i=5,j=2;
double d=i/j;
```

在以上计算中，根据除法（/）运算规则，两个操作数如果都为整型，则除法运算的结果仍为整型，所以d的值为舍掉小数后的结果2，导致计算错误。

为了防止这种错误，在除法计算时将其中一个操作数的类型强制转换成double即可。

```
d=double(i)/j;
```

在这种情况下，变量i被强制转换成了double类型，最后计算的结果也是double类型，结果的小数部分就会保留下来。

需要注意的是，强制类型转换只是让本次计算过程中的i值变成了double类型，并不影响i本身的类型，i还是整型。

3. 赋值类型转换

在赋值运算（=）的计算过程中，存在自动类型转换，其转换规则为赋值运算符（=）右边的数据类型向左边的数据类型转换。

【例2-12】 下列程序段执行完成后，求x的值。

```
Char ch='A';
Double f=2.7;
int x,y=3;
x=ch+f+y;
```

其执行步骤如下。

1）计算 ch+f，ch 的 char 类型向 f 的 double 类型转换，结果的类型为 double，值为 67.7。

2）计算 67.7+y，y 的 int 类型向 67.7 的 double 类型转换，值为 70.7。

3）计算 x=70.7，执行赋值运算的自动类型转换，右边的 double 类型 70.7 向左边的 x 的 int 类型转换，结果为 int 类型，x 值为 70。

2.7 语　　句

程序的执行流程是由语句来控制的，执行语句便会产生相应的效果。C++语言的语句包括标号语句、表达式语句、复合语句、选择语句、循环语句、跳转语句、声明语句几类。这里主要介绍声明语句、表达式语句和复合语句，其他语句用于流程控制，将在第 3 章中介绍。

（1）声明语句

在 C++语句中，对变量名、函数原型、类名、对象名等进行声明的语句称为声明语句。例如：

```
int a=5;
```

声明语句只是声明一个名称，一般不涉及内存分配和代码实现。但是，在 C++语言中，大多数时候变量和对象的声明也是定义，会分配相应的内存空间。

（2）表达式语句

在 C++语句中，如果在表达式末尾加上分号（;）就构成了表达式语句。例如：

```
a=b*2;
```

便是一个表达式语句，它实现的功能与赋值表达式相同。

表达式与表达式语句的不同点在于：一个表达式可以作为另一个更为复杂表达式的一部分，继续参与运算，而语句则不能。

（3）复合语句

在实际程序的编制过程中，经常需要执行两条或两条以上的语句序列。在这种情况下，我们用一条复合语句来代替单条语句。

复合语句是用一对花括号“{ }”括起来的语句序列，复合语句是一个独立的单元，它可以出现在程序任何单条语句出现的地方，复合语句不需要分号结束。

第3章　控制结构

通过第 1、2 章的学习，利用数据类型、表达式、赋值语句和数据的输入/输出知识可以编写一些简单的应用程序。到目前为止，写的程序仅仅是一些顺序执行的语句序列。在实际生活应用中，用户需要处理的问题绝不是那么简单，解决问题的方法也不是用简单的顺序步骤就可以描述清楚的。

例如，有一个分段函数如下，要求输入变量 x 值，求出输出 y 值。

$$y=\begin{cases}5 & x\geqslant 0\\0 & x=0\\-5 & x<0\end{cases}$$

如何将这样一个简单分段函数用编程语言来描述，使计算机能够计算呢？这个例子可以用两次条件运算符（?:）表示，写法是 x>0? 5:(x==0? 0:−5)。这种写法的缺点是，当分支变多，每种分支所需进行的操作变得复杂时，程序容易混乱。事实上，条件运算符只适合执行简单的选择判断，对于复杂的分支情况，需要用到选择结构。

又如，将一个班的某门课程成绩进行排序。这个问题当数据规模比较小时，每一个用户都会做。当数据规模比较大时，用户不得不借助计算机。计算机的优势在于运算速度快，只需准确描述排序方法就可以了。算法中的一个主要部分就是比较和交换，这种大量重复的相同动作，显然不适合用顺序语句来描述，这就需要用到循环结构。

C++语言的控制流由 3 种基本结构组成：顺序结构、选择结构、循环结构。程序设计人员经过长期研究发现，任何复杂的算法，都可以由顺序结构、选择结构和循环结构这 3 种基本结构组成。因为整个算法都是由 3 种基本结构组成的，所以结构清晰。本章将详细介绍 C++语言中的顺序、选择和循环控制语句。

3.1　顺序结构

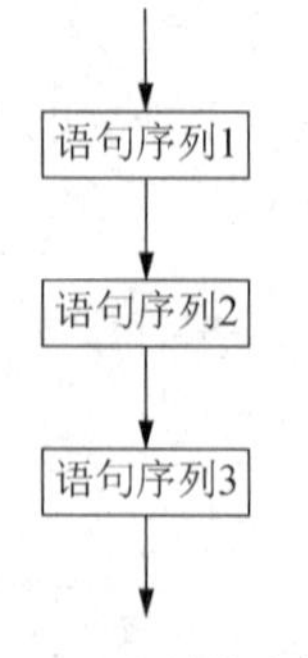

图 3-1　顺序结构流程图的基本形态

顺序结构是简单的线性结构，按顺序执行。其流程图的基本形态如图 3-1 所示，语句的执行顺序为语句序列 1→语句序列 2→语句序列 3。

【例 3-1】 假如去美国旅游，美国使用的是华氏温度，而在国内大多数人习惯使用摄氏温度，需要利用相关的物理学知识将华氏温度转换为摄氏温度。将华氏温度转换为摄氏温度的公式是 C=1.8×(F−32)，其中，C 为摄氏温度；F 为华氏温度。

顺序结构中，按语句的自然顺序依次执行。华氏温度转摄氏温度的流程图如图 3-2 所示。

根据流程图编写的代码如下。

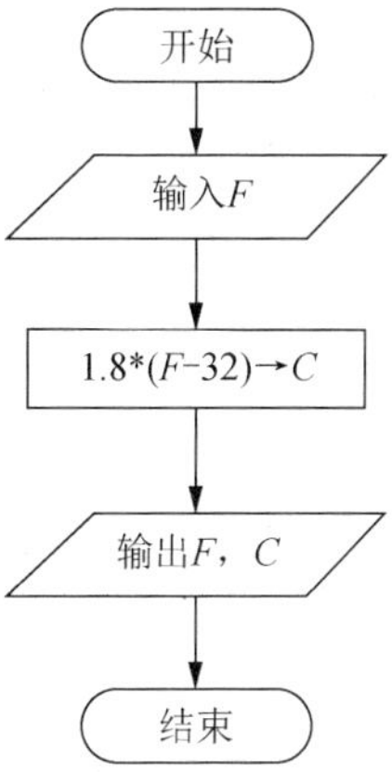

```
1     //3-1.cpp
2     #include<iostream>
3     #include<iomanip>
4     using namespace std;
5     int main()
6     {
7        double f,c,b;
8        cout<<"请输入华氏温度:"<<endl;
9        cin>>f;
10       cout<<"对应的摄氏温度为:"<<endl;
11       c=f-32;
12       b=5.00/9;
13       c=b*c;
14       cout<<setiosflags(ios::fixed)<<setprecision(2)<<"c="<<c<<endl;
15       return 0;
16    }
```

开始

输入F

$1.8*(F-32)\to C$

输出F，C

结束

图 3-2　华氏温度转摄氏温度的流程图

程序的运行结果：

```
请输入华氏温度:
180
对应的摄氏温度为:
c=82.22
```

3.2　选择结构

选择结构可以根据条件来控制代码的执行分支，因此也称为分支结构。C++语言使用 if 语句和 switch 语句来实现选择结构。

3.2.1　if 语句

if 语句也称为条件语句，它可以根据某种条件来有选择地执行某些语句，即根据给定的条件进行判断，以决定执行哪个分支。C++语言的 if 语句有 3 种基本形式，即单分支结构、双分支结构和多分支结构，如图 3-3 所示。

1. 单分支结构

单分支结构 if 语句的语法格式为

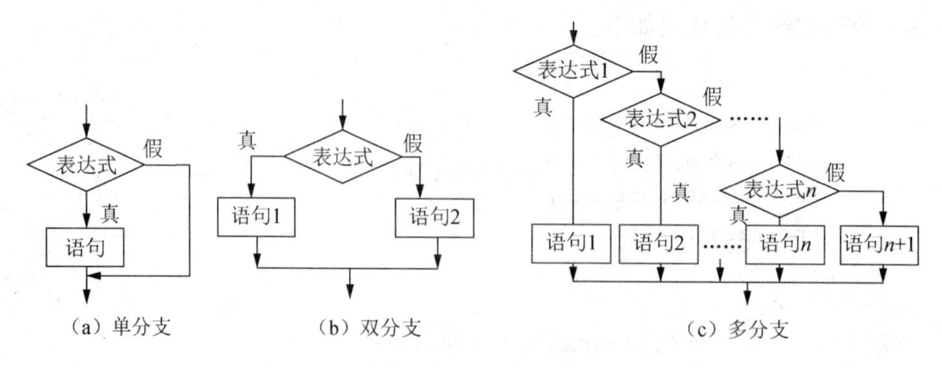

（a）单分支　　（b）双分支　　（c）多分支

图 3-3　if 语句的选择结构

```
if(表达式) 子语句;
```

功能：如果表达式的值为真，则执行其子语句，否则不执行该语句。这里的表达式实际上是一个判断条件，它通常是一个关系表达式或逻辑表达式，也可以是一个算术表达式。

【例 3-2】 输入两个整数，求其中较大的数。

分析：将两个数 a 和 b 进行比较求较大的数，结果只有两种可能性，即 max=a 或 max=b。因此，只需要一次比较判断，选用单分支结构 if 语句。

源程序如下。

```
1     //3-2.cpp
2     #include<iostream>
3     using namespace std;
4     int main()
5     {
6        int a,b,max;
7        cout<<"input two numbers: ";
8        cin>>a>>b;
9        max=a;
10       if(max<b) max=b;
11       cout<<"max="<<max;
12       return 0;
13    }
```

程序的运行结果:

```
input two numbers: 5 6
max=6
```

2. 双分支结构

双分支结构 if 语句的语法格式为

```
if(表达式) 子语句1;
else   子语句2;
```

功能：如果表达式的值为真，则执行子语句1，否则执行子语句2。

【例3-3】 计算 x 的绝对值：

$$y=\begin{cases}x & x\geqslant 0\\ -x & x<0\end{cases}$$

源程序如下。

```
1     //3-3.cpp
2     #include<iostream>
3     using namespace std;
4     int main()
5     {
6        int x,y;
7        cout<<"input x=";
8        cin>>x;
9        if(x<0)  y=-x;
10       else  y=x;
11       cout<<"x="<<x<<",y="<<y;
12       return 0;
13    }
```

程序的运行结果：

```
input x=-5
x=-5,y=5
```

【例3-4】 判断某年是否为闰年。

分析：根据历法，闰年规则如下。

1）如果某年号 x 不能被4整除，则它不是闰年。

2）如果 x 能被100整除但不能被400整除，则它不是闰年。

3）如果 x 能被4整除但不能被100整除，则它是闰年。

4）如果 x 能被400整除，则它是闰年。

综上所述，可以将闰年规则归纳为，若某年号能被4整除但不被100整除，或能被400整除则它是闰年，否则不是闰年。

源程序如下。

```
1     //3-4.cpp
2     #include<iostream>
3     using namespace std;
4     int main()
```

```
5     {
6        int x,leap;
7        cout<<"input a year:";
8        cin>>x;
9        leap=0;
10       if(x%4==0 && x%100!=0 || x%400==0)  leap=1;
11       if(leap)  cout<<x<<"is a  leap year.";
12       else  cout<<x<<"isn't a  leap year.";
13       return 0;
14    }
```

程序的运行结果：

```
input a year:2018
2018 isn't a  leap year.
```

程序中，用变量 leap 来表示是否为闰年，首先将它赋初值 0，即先认为 x 不是闰年，然后根据闰年规则进行条件判断，如果为闰年，则将其值改为 1。语句 if(leap)…中的条件 leap 实际上是关系表达式 leap!=0 的等价形式，关系表达式 a==0 的等价形式是!a。

使用 if 语句时应注意以下问题：

1）在 if 语句中，条件判断表达式必须用括号括起来，在每条子语句之后必须加分号。

2）在两种形式的 if 语句中，所有的语句应为单条语句，如果想在满足条件时执行一组（多条）语句，则必须把这一组语句用“{}”括起来组成一条复合语句，在右括号“}”之后不必再加分号。

【例 3-5】 求一元二次方程 $ax^2+bx+c=0$ 的根。

分析：在复数范围内求解，先计算出根的判别式 d、实部及虚部，再根据 d 的符号求方程的实数根或复数根。

源程序如下。

```
1     //3-5.cpp
2     #include<iostream>
3     #include<cmath>
4     using namespace std;
5     int main()
6     {
7        float a,b,c,d,re,im;
8        float x1,x2;
9        cout<<"input a,b,c:";
10       cin>>a>>b>>c;
11       d=b*b-4*a*c;                    //计算根的判别式
```

```
12      re=-b/(2*a);                //计算实部
13      im=sqrt(fabs(d))/(2*a);     //计算虚部
14      if(d<0)                     //判别式小于0时输出复数根
15      {
16        cout<<"the two complex roots are:\n";
17        cout<<"x1="<<re<<"+i"<<im<<endl;
18        cout<<"x2="<<re<<"-i"<<im<<endl;
19      }
20      else
21      {
22        cout<<"the real roots are:\n";
23        cout<<"x1="<<re+im<<endl;
24        cout<<"x2="<<re-im<<endl;
25      }
26      return 0;
27    }
```

程序的运行结果：

```
input a,b,c:1  5  6
the real roots are:
x1=-2
x2=-3
```

思考：该程序中，假设 *a* 不为零，因此，它不能完全求解任何蜕化的二元一次方程。请修改程序，使其能够对任何一组常量 *a*、*b*、*c* 给出其解。

3. 多分支结构

多分支结构 if 语句的语法格式为

```
if(表达式1) 语句1;
else  if(表达式2) 语句2;
else  if(表达式3) 语句3;
…
else  if(表达式n) 语句n;
else  语句n+1;
```

【例 3-6】 从键盘中任意输入一个字符，判断它的类别。

分析：根据字符的 ASCII 码，可以将所有字符分为如下 5 类。

1）控制字符，其 ASCII 码取值范围是 0～31。

2）数字字符（0～9），其 ASCII 码取值范围是 48～57。

3）大写英文字母（A～Z），其 ASCII 码取值范围是 65～90。

4）小写英文字母（a～z），其 ASCII 码取值范围是 97～122。

5）其他字符。

源程序如下。

```
1     //3-6.cpp
2     #include<iostream>
3     using namespace std;
4     int main()
5     {
6        char c;
7        cout<<"input a character:";
8        cin>>c;
9        if(c<32)
10          cout<<"This is a control character\n";
11       else if(c>='0' && c<='9')
12          cout<<"This is a digit\n";
13       else if(c>='A' && c<='Z')
14          cout<<"This is a capital letter\n";
15       else if(c>='a' && c<='z')
16          cout<<"This is a small letter\n";
17       else cout<<"This is an other character\n";
18       return 0;
19    }
```

程序的运行结果：

```
input a character:&
This is an other character
```

4. if 语句的嵌套

当 if 语句中的子语句又是 if 语句时就形成了多分支结构的 if 语句，称为嵌套 if 语句结构。嵌套 if 语句用于处理多个分支的选择结构，其语法格式为

```
if(表达式)
  if 语句;
```

或

```
if(表达式)  if 语句 1;
else  if 语句 2;
```

【例 3-7】 输入 3 个整数，求其中最大的数和最小的数。

分析： 先将 *a*、*b* 中较大的赋给变量 max，较小的赋给变量 min，然后将它们与 *c*

比较大小。若 max<*c*，说明 *c* 是最大的，从而最小的一定在 *a*、*b* 之中，因此，只需改变 max 的值；若 max≥*c*，说明最大的一定在 *a*、*b* 之中，且 *c* 有可能是最小的，因此，不需改变 max 的值，但要将当前最小值与 *c* 进行比较。

源程序如下。

```
1     //3-7.cpp
2     #include<iostream>
3     using namespace std;
4     int main()
5     {
6        int a,b,c,max,min;
7        cout<<"input three numbers(a b c):";
8        cin>>a>>b>>c;
9        if(a>b) {max=a; min=b;}  //将a,b之中的最大值赋给max,最小值赋给b
10       else {max=b; min=a;}
11         if(max<c) max=c;
12         else if(min>c) min=c;
13         cout<<"max="<<max<<",min="<<min;
14         return 0;
15    }
```

程序的运行结果：

```
input three numbers(a b c):9  1  -4
max=9,min=-4
```

思考：第二个条件语句能否改为两个并列的条件语句呢？

使用 if 语句嵌套应当注意以下问题：

1）嵌套内的 if 语句可能又是 if-else 型的，因此将会出现多个 if 和多个 else 匹配的情况，这时要特别注意 if 和 else 的配对问题。例如：

```
if(表达式1)
    if(表达式2)
        语句1;
         else
        语句2;
```

其中，else 究竟应当与哪一个 if 配对呢？可以理解为

```
if(表达式1)
{
    if(表达式2)
     语句1;
    else
```

```
    语句 2;
}
```

还可以理解为

```
if(表达式 1)
{
   if(表达式 2)
     语句 1;
}
else
     语句 2;
```

为了避免这种二义性，C++语言规定，对于多条 if 语句嵌套，从最里面的 if 语句开始进行配对，else 总是与它前面最近且未配对的 if 配对。

因此，对上述例子应按前一种情况理解，即 else 应与第二个 if 语句配对。又如：

```
if(表达式 1)
     if(表达式 2)
       语句 1;
     else
       语句 2;
else 语句 3;
```

第一个 else 应与离它最近的第二个 if 语句配对，对于第二个 else，因为离它最近的第二个 if 语句已经配对，因此离它最近且未配对的 if 语句是第一个 if，故第二个 else 应与第一个 if 语句配对。

2）嵌套语句的嵌套层次不要太深，否则程序难以理解。

3.2.2 switch 语句

C++语言还提供了另一种用于多分支选择的 switch 语句，其语法格式为

```
switch(表达式)
{
    case  常量表达式 1:
          语句组 1;
    case  常量表达式 2:
          语句组 2;
     …
    case  常量表达式 n:
          语句组 n;
    default:
          语句组 n+1;
}
```

功能：当表达式的值与第 i 个常量相等时，执行第 i 组语句。

说明：

1）对任何 $i \neq j$，常量 $i \neq$ 常量 j，即每个常量互不相同。

2）每个语句组一般应含有一条 break 语句，以便退出 switch。

3）每个语句组可以含有多条语句，且不必使用复合语句。

4）若没有常量值与表达式的值相等，则执行语句组 n+1，若无语句组 n+1，则退出 switch 语句。

5）可以多个 case 共用同一组语句。

6）若某组语句不含 break 语句，则本组语句执行完毕后将继续执行下一组语句。

7）各 case 和 default 子句没有先后顺序之分（但一般应把 default 子句放到最后），它们的顺序不会影响程序执行结果。

8）default 子句可以省略。

9）常量表达式的值必须是整数或字符。

【例 3-8】 键盘输入 1～7，输出对应星期一至星期天的英文单词。

分析：如果输入的值在 1～7 中，则通过 case 子句将其翻译成英文单词，对于输入的不在此范围内的数据，通过 default 子句报告错误。

源程序如下。

```
1     //3-8.cpp
2     #include<iostream>
3     using namespace std;
4     int main()
5     {
6        int a;
7        cout<<"input a number:";
8        cin>>a;
9        switch(a)
10       {
11           case 1:
12                   cout<<"Monday\n";
13                   break;
14           case 2:
15                   cout<<"Tuesday\n";
16                   break;
17           case 3:
18                   cout<<"Wednesday\n";
19                   break;
20           case 4:
21                   cout<<"Thursday\n";
```

```
22                  break;
23          case 5:
24                  cout<<"Friday\n";
25                  break;
26          case 6:
27                  cout<<"Saturday\n";
28                  break;
29          case 7:
30                  cout<<"Sunday\n";
31                  break;
32          default:
33                  cout<<"error\n";
34                  break;
35        }
36        return 0;
37    }
```

程序的运行结果：

```
Input  a  number: 3
Wednesday
```

【例 3-9】 输入 y 或 Y 时输出“OK”，输入 n 或 N 时输出“NO”。

分析：程序中要注意处理字母大小写，输入大写字母 Y 和小写字母 y 都应输出“OK”，因此，可以使用两个 case 子句组成一组语句来处理。

源程序如下。

```
1     //3-9.cpp
2     #include<iostream>
3     using namespace std;
4     int main()
5     {
6        char ch;
7        cout<<"input a character:";
8        cin>>ch;
9        switch(ch)
10       {
11           case 'y':
12           case 'Y':
13                   cout<<"ok!";
14                   break;
15           case 'n':
16           case 'N':
```

```
17                  cout<<"No!";
18                  break;
19        }
20        return 0;
21    }
```

程序的运行结果：

```
input a character:n
No!
```

【例 3-10】 输入两个实数和四则运算符，输出这两个实数的四则运算结果。

分析：switch 语句中表达式设置为运算符，根据输入的运算符种类进行各种运算。源程序如下。

```
1     //3-10.cpp
2     #include<iostream>
3     #include<cmath>
4     using namespace std;
5     int main()
6     {
7        float num1,num2;
8        char op;
9        cout<<"input expression:num1+(-,*,/)num2\n";
10       cin>>num1>>op>>num2;
11       switch(op)
12       {
13           case '+':
14                   cout<<num1+num2<<endl;
15                   break;
16           case '-':
17                   cout<<num1-num2<<endl;
18                   break;
19           case '*':
20                   cout<<num1*num2<<endl;
21                   break;
22           case '/':
23                   if(num2<fabs(1e-6))
24                      cout<<"除数为0"<<endl;
25                   else
26                      cout<<num1/num2<<endl;
27                   break;
28           default:
```

```
29                    cout<<"input error\n";
30                    break;
31         }
32         return 0;
33     }
```

程序的运行结果：

```
input expression:num1+(-,*,/)num2
1/0
除数为0
```

3.3 循环结构

在学习循环语句之前，先来看一个小故事：愚公移山。愚公家门前有两座大山挡着路，他决心把山移平，智叟笑他太傻，认为不可能将山移平。愚公说："我死了有儿子，儿子死了还有孙子，子子孙孙无穷无尽，又何必担心挖不平呢？"在程序设计领域，可以利用计算机强大的计算能力去反复迭代实现某种算法，如可以求高次方程的根。用计算机的思维来梳理这个故事，可以描述为

1）当山没有变平，全家需要反复做的事情是搬山、生娃。

2）如果山还是没有变平又回到搬山。

实际生活中的循环应用例子很多，控制循环的条件也是多变的。例如，学校的环湖跑步，可以让学生每天环湖跑6圈，也可以选择让学生每天跑2000米，前者通过计数控制循环次数，后者是满足一定的条件就终止循环，条件是跑到2000米或老师喊停就不再跑，从而终止循环。这一点与前面愚公移山的循环终止类似，用于未知循环次数的控制。前面介绍的程序结构中的语句不能重复执行，但在实际应用中，经常需要重复执行某些语句，C++语言提供了专门用于处理循环结构的语句。循环语句有两种形式，如图3-4所示。

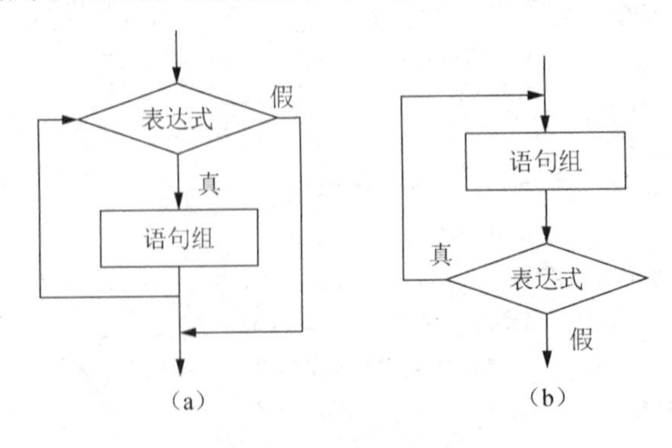

图3-4　循环结构框图

3.3.1 while 语句

while 语句的语法格式为

```
while(表达式)
   循环体
```

其中，表达式是循环条件，通常是一个关系表达式或逻辑表达式，也可以是一个算术表达式。循环体既可以是一条语句，也可以是一组语句（此时必须用花括号括起来，即应使用复合语句的格式），还可以不含任何语句，即空循环体。

while 语句的功能：先计算表达式的值，当值为真（任何非 0 的数都表示为真）时，执行循环体语句，再重新计算表达式的值，若为真则继续执行循环体，如此反复一直循环执行到表达式的值为假（即循环控制条件不成立）时退出循环，然后执行循环体下面的语句。

【例 3-11】 统计从键盘输入一行字符的个数。

分析：在 while 语句中，首先调用函数 getchar( )接收一个字符输入，然后判断它是不是换行符'\n'（通过按 Enter 键产生），如果是，则结束循环过程，否则，进行计数。

源程序如下。

```
1    //3-11.cpp
2    #include<iostream>
3    #include<cstdio>
4    using namespace std;
5    int main()
6    {
7       int n=0;
8       cout<<"Input a string:\n";
9       while(getchar()!='\n') n++;
10      cout<<"The total number of characters:"<<n;
11      return 0;
12   }
```

程序的运行结果：

```
Input a string:
eweettertrt
The total number of characters:11
```

使用 while 语句应当注意以下问题：

1）while 语句中的表达式一般是关系表达式或逻辑表达式，只要表达式的值不为 0 即继续执行循环体。

2）若循环体包括一条以上的语句，则必须用“{}”括起来，组成复合语句。

3）一般在循环体内应含有改变循环条件中某些变量的语句，以避免出现死循环。

【例 3-12】 用牛顿迭代法计算 $\sqrt{a}$（$a \geqslant 0$）。

分析： 求 a 的算术平方根的牛顿迭代公式为

$$x_{n+1} = \left(x_n + \frac{a}{x_n}\right) / 2$$

程序中用 x0 和 x1 表示相邻的两个近似根，每循环一次，就根据 x0（它是上一次循环时计算出的 x1）通过迭代计算出新的 x1，然后判断相邻两次近似值的误差，当达到一定精度时就结束迭代计算工作。源程序如下。

```
1    //3-12.cpp
2    #include<iostream>
3    #include<cmath>
4    #include<cstdlib>
5    using namespace std;
6    int main()
7    {
8      double a,x0,x1;
9      cin>>a;
10     if(a<0) exit(0);
11       x0=0;
12       x1=1;
13     while(fabs(x0-x1)>1e-6)
14     {
15         x0=x1;
16         x1=(x0+a/x0)/2;    /*计算新的 x1*/
17     }
18     cout<<a<<"的算术平方根:"<<x0;
19     return 0;
20   }
```

程序的运行结果：

```
2
2 的算术平方根：1.41421
```

3.3.2 do-while 语句

do-while 语句的语法格式为

```
do
    循环体
    while(表达式);
```

这里的表达式和 while 语句中表达式的作用相同，即起着循环控制条件的作用。

do-while 语句的功能：先无条件执行循环体语句一次，再判别表达式的值，若为真则继续执行循环体，否则，终止循环。

【例 3-13】 从键盘输入一个非负实数 *a*，求它的算术平方根。

分析：因为在实数范围内负数不能开平方，所以要求程序具有错误检测能力，当用户输入的数据为负数时要求重新输入。因为数据至少要输入一次，所以用 do-while 结构比较好。

源程序如下。

```
1     //3-13.cpp
2     #include<iostream>
3     #include<cmath>
4     using namespace std;
5     int main()
6     {
7        double a,x;
8        do
9        {
10           cout<<"Input a positive integer please:";
11           cin>>a;
12       } while(a<0);
13       x=sqrt(a);
14       cout<<a<<"的算术平方根:"<<x;
15       return 0;
16    }
```

程序的运行结果：

```
Input a positive integer please:7
7的算术平方根:2.64575
```

该程序也可以使用 while 语句来设计，即先给 *a* 赋一个小于 0 的初值，实现非负数平方根的求取，源程序如下。

```
1     #include<iostream>
2     #include<cmath>
3     using namespace std;
4     int main()
5     {
6        double a=-1,x;
7        while(a<0)
8        {
```

```
9          cout<<"Input a positive integer please:";
10         cin>>a;
11       }
12       x=sqrt(a);
13       cout<<a<<"的算术平方根:"<<x;
14       return 0;
15   }
```

do-while 语句和 while 语句的唯一区别在于，do-while 语句是先执行后判断的，因此 do-while 语句至少要执行一次循环体；而 while 语句是先判断后执行的，如果条件不满足，则循环体语句一次也不执行。

使用 do-while 语句时应当注意以下问题：

1）在 if 语句、while 语句中，表达式后面不能加分号（除非需要空语句），而在 do-while 语句的表达式后面必须加分号。

2）当 do 和 while 之间的循环体由多条语句组成时，必须使用复合语句。

3）do-while 语句和 while 语句可以相互替换，但要注意修改循环控制条件。

3.3.3 for 语句

1. for 语句的语法

for 语句是 C++语言所提供的功能强、使用广泛的一种循环语句。它同时具有 while 语句及 do-while 语句的功能。其语法格式为

```
for(表达式 1;表达式 2;表达式 3)
  循环体
```

这里的循环体既可以是一条语句，又可以是一组语句（此时必须用花括号“{}”括起来），还可以不含任何语句。for 语句的执行过程如图 3-5 所示。

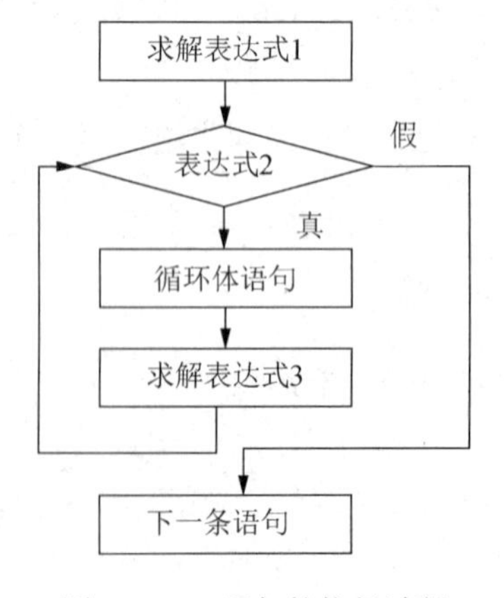

图 3-5　for 语句的执行过程

2. for语句的功能

for 语句的功能如下。

1）执行表达式 1。

2）计算表达式 2 的值，若值为真（非 0），则执行一次循环体；否则，跳出循环（执行循环体后面的语句）。

3）执行表达式 3，再转回步骤 2）重复执行。

在整个 for 循环过程中，表达式 1 只执行一次，表达式 2 和表达式 3 可能多次执行。循环体可能多次执行，也可能一次都不执行。for 语句执行的代码用相同功能的 while 语句代码替换为

```
表达式 1;
while(表达式 2)
{ 循环体;
   表达式 3;
}
```

【例 3-14】 用 for 语句计算 $s=1+2+3+\cdots+(n-1)+n$。

分析：可以引入两个变量 i、s，变量 i 依次取 1，2，…，n，不断将 i 加入 s 中即可求出最终的和。通常，将 i 称为循环控制变量。

源程序如下。

```
1     //3-14.cpp
2     #include<iostream>
3     using namespace std;
4     int main()
5     {
6        int i,s,n;
7        cout<<"input n:";
8        cin>>n;
9        for(i=1,s=0;i<n+1;i++)
10          s+=i;
11       cout<<"1-"<<n<<" 的和 s="<<s;
12       return 0;
13    }
```

程序的运行结果：

```
input n:100
1-100 的和 s=5050
```

程序中，必须要先给变量 s 赋初值 0，为此，既可以在 for 语句之前给它赋值，也

可以在 for 语句的第一个表达式区域给它赋值，这里采用的是第二种方法。

使用 for 语句应当注意以下问题：

1）表达式 1 通常用来给循环变量赋初值，一般是赋值语句，也允许在 for 语句外给循环变量赋初值，此时可以省略该表达式。

2）表达式 2 通常是循环条件，一般为关系表达式或逻辑表达式。

3）表达式 3 通常用来修改循环变量的值，一般是赋值语句。

4）第一个和第三个表达式都可以是逗号表达式，即它们都可由多个表达式组成。3 个表达式都是任选项，都可以省略，但表达式之间的分号不可省略。

5）for 语句中的各表达式都可省略，但分号间隔符不能少。例如，for(;表达式;表达式)省去了表达式 1。for(表达式;;表达式)省去了表达式 2，当省略表达式 2 时，表示其值为 true，循环体内应有语句能够在一定条件下跳出循环。for(表达式;表达式;)省去了表达式 3。for(;;)省去了全部表达式。

6）循环变量已赋初值时，可省去表达式 1，如省去表达式 2 或表达式 3，则将造成无限循环，这时应在循环体内设法结束循环。

7）循环体可以是空语句。

思考：

1）如果序列变为 $s=1+1/3+1/5+1/7+1/9+\cdots+1/n$，求前 n 项的和。

分析：首先循环控制变量 i 每次递增的值不再是 1，而是 2，所以改为 i+=2；分数相加计算的结果不再是整数，所以 s 的数据类型必须为 float 或 double，将 s=s+i 改为 s=s+1.0/i，C++语言中“/”运算符的被除数和除数如果都是整数，则商为整数。因为程序变量 i 声明为整型，所以需要把分子设置为 1.0，这样分子就是浮点数了，1.0/i 的结果不再是一个整数，而是其实际进行除法后的值。源程序如下。

```
1     #include<iostream>
2     using namespace std;
3     int main()
4     {
5        int i,n;
6        float s;
7        cout<<"input n:";
8        cin>>n;
9        for(i=1,s=0;i<n+1;i+=2)
10          s+=1.0/i;
11       cout<<"1-1/n"<<" 的和 s="<<s;
12       return 0;
13    }
```

2）如果序列变为 $s=1-1/3+1/5-1/7+1/9-\cdots+1/n$，程序该如何修改呢？

分析：可以引入一个整型标志变量 flag，以控制循环的正负交替。源程序如下。

```
1     #include<iostream>
2     using namespace std;
3     int main()
4     {
5        int i,n,flag=1;
6        float s=0;
7        cout<<"input n:";
8        cin>>n;
9        for(i=1;i<n;i+=2)
10       {
11          s=s+flag*1.0/i;
12          flag=-flag;
13       }
14       cout<<"s="<<s<<endl;
15       return 0;
16    }
```

整型变量进入循环前 flag 的初值为 1，当执行完 s=s+flag*1.0/i 后，flag=-flag 保证序列正负交替。

3）如果序列变为 $s=1-1/3!+1/5!-1/7!+1/9!-\cdots+1/n!$，程序该如何修改呢？请读者自行分析。

【例 3-15】 计算 $s=\sum_{i=1}^{n}a_i$，如 $n=4$，$a=3$ 时，$s=3+33+333+3333$。

分析： 显然有递推关系 $a_i=10a_{i-1}+a$，用变量 t 来表示通项 a_i，则可将递推关系写为 $t=10t+a$。

源程序如下。

```
1     //3-15.cpp
2     #include<iostream>
3     #include<cstdlib>
4     using namespace std;
5     int main()
6     {
7        double s,t;
8        int n,i,a;
9        cout<<"input a,n:";
10       cin>>a>>n;
11       if(a<1 || a>9) exit(0);
12       if(n<1) exit(0);
13       s=0;
14       t=0;
```

```
15      for(i=1;i<n+1;i++)
16      {
17          t=10*t+a;
18          s+=t;
19      }
20      cout<<"数列的和为:"<<s;
21      return 0;
22  }
```

程序的运行结果：

```
input a,n:2 3
数列的和为：246
```

3.3.4 break 和 continue 语句

1. break 语句

（1）break 语句的语法

假如愚公在移山时，出现塌方，这个时候无论山有没有移平，都应停止，整个移山过程中断，在 C++语言的循环结构中也有与之对应的语句：break。

适用范围：用于循环体或 switch 语句中。通常，只有当循环语句的循环控制条件不满足时才自动结束循环过程，但有时（甚至经常）在循环过程中，某些事件发生后应当立即结束循环工作，此时，应使用如下格式的语句来退出循环：

```
if(…)
{
    …;
    break;
}
```

（2）break 语句的功能

break 语句的功能如下：

1）switch 语句中，执行到 break 语句时，程序流程转移到 switch 的后继语句执行。

2）循环语句中，强制终止本层循环，若是多重循环，则仅使流程跳出离 break 最近的一层。

【例 3-16】 判断 n 是否为质数。

分析：根据数学定义，对于一个正整数 $n>1$，如果 $2\sim n-1$ 范围内的任一个整数都不是 n 的约数，则 n 是质数（又称为素数，英文为 prime），否则不是质数。显然，需要使用一个循环变量（如 i），使它的取值范围为 $2\sim n-1$，在循环过程中，如果某个 i 是 n 的约数，则已经说明 n 不是质数，此时，没必要再验证后面的数是否为其约数了，应当立即结束循环。此时，因为并没有验证完所有的约数，所以 i 的值一定小于 n，反之，判断完所有约数后，i 的值为 n。

源程序如下。

```
1    //3-16.cpp
2    #include<iostream>
3    #include<cstdlib>
4    using namespace std;
5    int main()
6    {
7       int i,n;
8       cout<<"input a number(n):";
9       cin>>n;
10      if(n<2) exit(0);
11      for(i=2;i<n;i++)
12         if(n%i==0) break;  //已找到约数,退出循环
13      if(i<n) cout<<n<<"不是质数";
14      else  cout<<n<<"是质数";
15      return 0;
16   }
```

程序的运行结果：

```
input a number(n):53
53是质数
```

思考：为什么退出循环后还要继续对 i 与 n 的关系进行判断才能决定 n 是否为质数呢？能否将程序改为下面的形式呢？

```
1    …
2         for(i=2;i<n;i++)
3            if(n%i==0)
4            {
5                 cout<<n<<"不是质数";
6                 break;
7            }
8         cout<<n<<"是质数";
9    }
```

还有没有什么办法既可以提高算法的效率，减少循环次数，又可以判断该数是否为质数？

2. continue 语句

continue 语句的功能：结束本次循环，立即跳转到循环开始处继续执行下一轮循环。

通常，当循环条件满足时，将执行循环体内的所有语句，但有时，当某种条件满足时不能再执行当前语句后面的循环体语句，而需要立即终止后续语句的执行，开始下一轮循环工作，此时，可以使用如下形式的条件语句来进行处理：

```
if(…)
{
  …
  continue;
}
```

【例 3-17】 求正整数 *n* 的所有约数及约数个数。

分析： 使用 continue 语句编写该程序，观察循环体的变化。

源程序如下。

```
1     //3-17.cpp
2     #include<iostream>
3     #include<cstdlib>
4     using namespace std;
5     int main()
6     {
7        int i=0,n,count=0;
8        cout<<"Input a positive integer please:";
9        cin>>n;
10       if(n<1) exit(0);
11       for(i=1;i<n+1;i++)
12       {
13          if(n%i) continue;
14          //若 i 不是 n 的约数,执行 for 语句的表达式 3(i++)
15          cout<<i;
16          if(i<n) cout<<",";
17          count++;
18       }
19       cout<<"\nFind"<<count<<"factors";
20       return 0;
21    }
```

程序的运行结果：

```
Input a positive integer please:30
1,2,3,5,6,10,15,30
Find 8 factors
```

在循环体中，当 n%i 为真时，i 不是 n 的约数，不能执行后续语句来输出结果，所以，需要使用 continue 语句来终止后续语句的执行，直接跳到循环开始处执行下一轮循环。

3.3.5 双重循环

在 C++语言编程中，通常把循环体内不含有循环语句的循环称为单层循环，而把循环体内含有循环语句的循环称为多重循环。根据嵌套循环的层数，多重循环可分为双重循环、三重循环等。

例如，下面的程序段，外循环控制变量 a 控制外层循环体执行 10 次，而每执行一次外循环，里层 for 语句中的循环体执行 5 次。

```
for(a=1;a<=10;a++)              //外循环
{
   for(b=0;b<=5;b++)            //内循环
   …
}
```

【例 3-18】 求出 100 以内的所有质数及其个数。

分析： 要求出 100 以内的所有质数，应使循环变量 i 的取值范围为 2～99，每给定一个 i，都要对它进行质数判断，因为判断一个整数 i 是否为质数需要使用一个循环结构，所以解决此问题需要使用双重循环。

因为偶数集合中只有 2 是质数，所以只需对 3～100 中的奇数进行判断，找出其中的质数。对于一个奇数而言，只需要判断它是否存在奇约数，如果不存在奇约数（也就一定不存在偶约数），则它是质数。对于任何一个正整数 n，如果在区间$[2,\sqrt{n}]$内无约数，则在区间$[2,n]$内也无约数。因此，若在区间$[2,\sqrt{n}]$内无约数，则 n 一定是质数。

源程序如下。

```
1     //3-18.cpp
2     #include<iostream>
3     #include<cmath>
4     #include<cstdlib>
5     using namespace std;
6     int main()
7     {
8        int i,j,m,count;
9        count=1;
10       cout<<"2";                  //单独输出唯一的偶质数
11       for(i=3;i<100;i+=2)
12       {
13           m=sqrt(i);
14           for(j=3;j<m+1;j+=2)
15               if(i%j==0) break;
```

```
16          if(j<m+1) continue;  //从循环体退出循环时 i 不是质数
17          count++;
18          cout<<i<<" ";
19      }
20      cout<<"\n 共有"<<count<<"个质数";
21      return 0;
22  }
```

程序的运行结果：

```
2 3 5 7 11 13 17 19 23 29 31 37 41 43 47 53 59 61 67 71 73 79 83 89 97
共有 25 个质数
```

【例 3-19】 输出如图 3-6 所示的图形（要求行数可以变化）。

```
   *
  * * *
 * * * * *
* * * * * * *
```

图 3-6　例 3-19 图形

分析：因为要求输出的行数可以变化，所以应当使用一个循环来控制输出的行数，每循环一次就输出一行。由于每行“*”号的个数在变化并且很有规律，因此需要使用一个循环来输出具体的某一行。显然，第 i 行的星号个数为 $2i-1$ 个。

源程序如下。

```
1   //3-19.cpp
2   #include<iostream>
3   using namespace std;
4   int main()
5   {
6     int n,i,j;
7     cout<<"n=?:";
8     cin>>n;
9     for(i=1;i<n+1;i++)
10    {  for(j=1;j<n+1-i;j++)
11          cout<<" ";
12       for(j=1;j<=2*i-1;j++)  //输出一行
13          cout<<"*";
14       cout<<endl;
15    }
```

```
16      return 0;
17    }
```

程序的运行结果:

```
n=?:5
            *
          * * *
        * * * * *
      * * * * * * *
    * * * * * * * * *
```

for 语句、while 语句及 do-while 语句之间也可相互嵌套，构成多重循环。常见的嵌套形式如下。

1. 形式 1

```
for()
{…
   while()
   {…}
       …
}
```

2. 形式 2

```
do{
    …
    for()
       {…}
    …
  }while();
```

3. 形式 3

```
while()
{
    …
    for()
       {…}
    …
}
```

4. 形式4

```
for()
{
    …
    for(){…}
}
```

3.3.6 循环和选择结构的嵌套

程序设计过程中，有时不仅仅是单一控制结构的应用，选择结构语句与循环结构语句互相嵌套使用也是相当常见的。下面给出几个例题来说明使用3种基本流程控制结构进行程序设计的方法。

【例3-20】 输入若干个数，统计其中正数、负数的个数。

分析： 引入两个变量 zs 和 fs，分别用来存储正数和负数的个数，每输入一个数据就进行统计。

源程序如下。

```
1    //3-20.cpp
2    #include<iostream>
3    using namespace std;
4    int main()
5    {
6       int num;
7       int zs=0,fs=0;
8       while(1)
9       {
10         cin>>num;
11         if (!num) break;      //输入0时结束输入
12         if (num>0) zs++;
13         else fs++;
14      }
15      cout<<"正数个数为:"<<zs<<"\n负数个数为:"<<fs;
16      return 0;
17   }
```

程序的运行结果：

```
5
-6
8
```

```
9
0
正数个数为：3
负数个数为：1
```

【例 3-21】 求 m、n 的最大公约数。

分析： 求最大公约数的典型算法有"辗转相减法"及"辗转相除法"。"辗转相除法"比"辗转相减法"的执行效率要快得多。

"辗转相减法"的基本思想：

1）如果 $m=n$，则 n 即为所求。

2）如果 $m>n$，则令 $m=m-n$。

3）如果 $n>m$，则令 $n=n-m$。

4）转步骤 1）。

"辗转相除法"的基本思想：

1）求 m 除以 n 的余数，令 $r=m\%n$。

2）如果 $r=0$，则 n 即为所求。

3）否则，令 $m=n$，$n=r$。

4）转步骤 1）。

下面根据"辗转相除法"来设计程序。源程序如下。

```
1    //3-21.cpp
2    #include<iostream>
3    #include<cstdlib>
4    using namespace std;
5    int main()
6    {
7       int m,n,r;
8       cout<<"input m,n=?:";
9       cin>>m>>n;
10      if(!m || !n) exit(0);      //m,n 应当都不为 0
11      r=m%n;                     //先预求一次余数
12      while(r)                   //余数不为 0 时进入循环
13      {
14         m=n;
15         n=r;
16         r=m%n;                  //重新求余数
17      }
18      cout<<"GCD="<<n;
19      return 0;
20   }
```

程序的运行结果：

```
input m,n=?:9 24
GCD=3
```

【例 3-22】 求出离正整数 n 最近的质数。例如，当 n=8 时，所求质数是 7；当 n=11 时，结果为 13。

分析：先在 n 的左边求离 n 最近的质数 n_1，再在 n 的右边求离 n 最近的质数 n_2。因为 n 的左边不一定存在质数，所以将 n_1 的初值设为 0，表示左边不存在质数，如果存在质数，则将该质数赋给 n_1。在 n 的右边，找到质数时才结束循环。

源程序如下。

```
1    //3-22.cpp
2    #include<iostream>
3    #include<cstdlib>
4    #include<cmath>
5    using namespace std;
6    int main()
7    {
8       int i,j,m,n,n1,n2;
9       while(1)
10      {  cout<<"input a number(n):";
11         cin>>n;
12         if(n>0) break;
13            cout<<"You input invalid data. input again,please!";
14      }
15      n1=0;
16      for(j=n-1;j>1;j--)
17      {
18         m=sqrt(j);
19         for(i=2;i<m+1;i++)
20            if(j%i==0) break;
21         if(i>m) { n1=j;break; }//左边找到质数时将它存储到 n1 中
22      }
23      for(j=n+1;;j++)             //循环条件永远为真,找到质数时才结束循环
24      {
25         m=sqrt(j);
26         for(i=2;i<m+1;i++)
27            if(j%i==0) break;
28         if(i>m){n2=j;break;}    //右边找到质数,将它存储到 n2 中,结束循环
29      }
30      if(!n1 || n-n1!=n2-n)
```

```
31      {
32          if(!n1) m=n2;
33          else  m=n-n1<n2-n?n1:n2;
34          cout<<"The nearest prime from"<<n<<"is"<<m;
35      }
36      else cout<<"The nearest prime from"<<n<<"is"<<n1<<"and"<<n2;
37      return 0;
38  }
```

程序的运行结果：

```
input a number(n):27
The nearest prime from 27 is 29
```

【例 3-23】 求正整数 m（$m \geq 2$）的所有素数因子。

分析： 先判断某个整数 i 是否为 m 的因子，若不是，则检验下一个整数；若是，则再判断它是否为素数，若是素数，则将它输出。无论是否为素数，判断完毕后都将循环检查下一个整数。由此得到算法如下。

1）置整数 i 的初值为 2（因为最小素数是 2）。

2）若 $i>m$，则求解过程结束；否则，判断 i 是否为 m 的因子；若不是，则转步骤 4）。

3）判断 i 是否为素数：

① 置整数 j 初值为 2。

② 若 $j<i$，判断 j 是否为 i 的因子；若是，则转步骤④；否则，转步骤③。若 $j \geq i$，转步骤④。

③ j++，再转步骤②。

④ 若 $j<i$，则 i 不是素数，转步骤 4）；否则，i 是素数，输出素数因子 i，再转步骤 4）。

4）i++，再转步骤 2）。

源程序如下。

```
1   //3-23.cpp
2   #include<iostream>
3   #include<cstdlib>
4   #include<cmath>
5   using namespace std;
6   int main()
7   {
8     int m,i,j;
9     cout<<"input an integer m(m>=2):";
10    cin>>m;
11    for(i=2;i<=m;i++)
```

```
12      {
13         if(m%i!=0) continue;
14         for(j=2;j<i;j++)    //判断因子 i 是否为素数
15            if(i%j==0) break;
16         if(j==i) cout<<i<<" ";
17      }
18      return 0;
19   }
```

程序的运行结果：

```
input an integer m(m>=2):20
2 5
```

该程序中，外循环求解 *m* 的因子，内循环检查因子 *i* 是否为素数。

【例 3-24】 从键盘中任意输入一个正整数 *n*，逆序后将其各位数字转换为英文单词后输出。如设 *n*=3904，则输出“four zero nine three”。

分析：如果能够自动分离出 *n* 的每一位数字，就很容易将其翻译成英文单词。因为不知道 *n* 的数据位数，所以用循环结构来处理比较方便。为此，可以先分离出个位（如 4），将其进行翻译，然后将 *n* 除以 10，则原来的十位移到了个位，如此循环处理。

源程序如下。

```
1    //3-24.cpp
2    #include<iostream>
3    #include<cstdlib>
4    #include<cmath>
5    using namespace std;
6    int main()
7    {
8       int c,p,x,y;
9       long n;
10      cout<<"n=?:";
11      cin>>n;
12      if (n<1) exit(0);
13      c=0;                      //c 表示分离出的第几个数字
14      while(n)
15      {
16         p=(int)(n%10);      //分离出个位数字
17         c++;
18         y=4;
19         switch(p)             //将 p 翻译成英文单词
20         {
```

```
21            case 0:
22                cout<<"zero";
23                break;
24            case 1:
25                cout<<"one";
26                break;
27            case 2:
28                cout<<"two";
29                break;
30            case 3:
31                cout<<"three";
32                break;
33            case 4:
34                cout<<"four";
35                break;
36            case 5:
37                cout<<"five";
38                break;
39            case 6:
40                cout<<"six";
41                break;
42            case 7:
43                cout<<"seven";
44                break;
45            case 8:
46                cout<<"eight";
47                break;
48            case 9:
49                cout<<"nine";
50                break;
51            }
52            n/=10;          //将高位向低位移动一位
53        }
54        return 0;
55    }
```

程序的运行结果：

```
n=?:3456
sixfivefourthree
```

该程序中，通过 switch 语句来处理一位数的翻译工作。

C++语言提供了一批语句，其中大多数会影响程序的控制流：

1）while、for 及 do-while 语句，实现反复循环。

2）if 和 switch 语句，提供条件分支结构。

3）continue 语句，终止当次循环。

4）break 语句，退出一个循环或 switch 语句。

第4章　数　　组

学习了C++语言基本的控制结构和应用，很多问题都可以描述和解决了。但是，要对大规模的数据，尤其是具有相同类型的若干数据，或大量相似而又有一定联系的对象进行批量处理，怎样描述和组织才能提高效率呢？C++语言中的数组类型为同类型对象的组织提供了一种有效的形式。

在程序设计中，将相同类型数据的集合称为数组。在C++语言中，数组属于构造数据类型。一个数组可以分解为多个数组元素，这些数组元素可以是基本数据类型或构造类型。因此，按数组元素类型的不同，数组又可分为数值数组、字符数组、指针数组、结构数组等各种类别。

本章主要介绍一维数组、二维数组和字符数组的存储与处理。

4.1　数组的基本概念

为了理解数组的作用，考虑这样一个问题：输入 n 个学生某门课程的成绩，打印出低于平均分的学生序号与成绩。

在解决这个问题时，可以通过一个变量来累加读入 n 个成绩，求出学生的总分，进而求出平均分。但是，这种方法只有读入最后一个学生的分数后才能求得平均分，并且要求打印出低于平均分的学生序号和成绩，故先必须把 n 个学生的成绩都保留起来，然后逐个和平均分比较，把低于平均分的成绩打印出来。如果 n 很小，如 n 等于 4，则简单声明 4 个 int 变量就可以了。如果 n 为 100，则用简单变量 a_1、a_2、…、a_{100} 存储这些数据，要用 100 个变量保存输入的数据，程序片断如下。

```
cin>>a1>>a2>>…>>a10;
…
cin>>a41>>a42>>…>>a100;
```

如果像上面这样编写程序，则上面的所有省略号必须用完整的语句写出来。可以看出，这样的程序比较烦琐。如果处理的数据规模成千上万，则上面的例子仅读入就会异常复杂。

从以上的讨论可以看出，如果只使用简单变量处理大量数据，则必须使用大量只能单独处理的变量，即使是简单问题也需要编写冗长的程序。

如果能像数学中使用下标变量 a_i 形式表示这 100 个数，则问题就比较容易解决。在C++语言中，数组就是针对这样的问题设计的，用于存储和处理同类型数据的数据结构。

数组是用一定顺序关系描述的若干对象集合体，组成数组的对象称为该数组的元素

(element)。数组元素用数组名与带括号的下标表示，同一数组的各元素具有相同的类型。数组可以由除void类型以外的任何一种类型构成，构成数组的类型和数组之间的元素，可以想象成数学上数与向量或矩阵的关系。按照数据间的空间排列结构，可将数组分为一维数组、二维数组及多维数组等。一维数组能够处理数学中的一维向量问题。

每个元素有n个下标（subscript）的数组称为n维数组。如果用array来命名一个一维数组，下标从0开始，则数组元素依次可表示为array[0]、array[1]、…、array[N]。这样，一个数组可以顺序存储N+1个数据，数组array的元素个数为N+1，数组的下标下界为0，下标上界为N。

4.2 一 维 数 组

数组定义的语法格式为

```
元素类型说明符 数组名[常量表达式1][常量表达式2]…[常量表达式n];
```

其中，类型说明符可以是任意一种数据类型；数组名是用户定义的数组标识符；方括号中的常量表达式表示数据元素的个数，也称为数组的长度。每个元素只带有一个下标的数组称为一维数组。

4.2.1 一维数组的声明和初始化

1. 一维数组的声明

一维数组的声明格式为

```
类型标识符  数组名[常量表达式];
```

例如，int a[6];定义了一个整型数组a，a是一维数组的数组名，该数组有6个元素，依次表示为a[0]、a[1]、a[2]、a[3]、a[4]、a[5]。需要注意的是，a[6]不属于该数组的空间范围。

数组a在内存中的存储结构如图4-1所示。

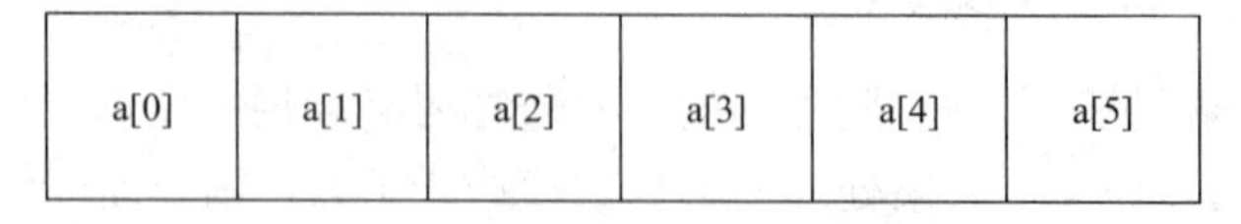

图4-1 数组a在内存中的存储结构

数组a共有6个元素组成，在内存中6个数组元素共占6×sizeof(int)个连续存储单元。数组a最小下标为0，最大下标为5。按定义数组a所有元素都是整型变量。

注意：类型和变量是两个不同的概念，不能混淆。就数组而言，程序执行时使用的不是数组类型而是数组元素。

float b[10],c[20]; 定义了实型数组b和实型数组c，其分别有10个和20个数组元素，每个元素都可以表示一个实型变量。

char p[20]; 定义了字符数组 p，有 20 个数组元素。

对于数组类型应注意以下几点：

1）数组的类型实际上是指数组元素的数据类型。对于同一个数组，其所有元素的数据类型都是相同的。

2）数组名的取名规则与变量名的取名规则相同。

3）数组名不能与其他变量名相同。

4）方括号中常量表达式表示数组元素的个数，如 a[5]表示数组 a 有 5 个元素。其下标从 0 开始计算，因此，5 个元素分别为 a[0]、a[1]、a[2]、a[3]、a[4]。

5）不能在方括号中用变量来表示元素的个数，但是方括号中可以是符号常量或常量表达式。

6）应用数组元素时下标可以是整型变量，如数组 a 的第 i 个元素，用 a[i]表示，但在定义数组时不能使用变量定义数组的大小，即下面的定义是非法的。

```
int a[n];      //不正确的定义方式
```

即使在此之前变量 n 已被赋值，也不允许这样定义。数组一旦定义，就不能改变它的大小，只能用整型常量定义数组的大小。

7）下标越界是绝对不允许的。程序访问下标越界的数组元素时，编译程序不检查其是否越界。下标越界时，将访问数组以外的空间，那里的数据是未知的，不受掌控，可能带来严重后果。

2. 一维数组的初始化

（1）数组元素

数组元素是组成数组的基本单元。每个数组元素是一个变量，引用数组元素的语法格式为

```
数组名[下标]
```

其中，下标只能为整型常量或整型表达式，下标是元素在数组中的顺序号，若下标为小数，则系统将自动取整。例如，a[5]、a[i+j]、a[i+b[j]]都是合法的数组元素。数组元素通常也称为下标变量。必须先定义数组，才能使用下标变量。在 C++语言中，只能逐个使用下标变量，不能一次引用整个数组。例如，输出有 10 个元素的整型数组必须使用循环语句逐个输出各下标变量：

```
int a[10]
for(i=0;i<10;i++)
cout<<a[i];
```

而不能用一条语句输出整个数值类型数组，下面的写法是错误的：

```
cout<<a;
```

（2）数组元素的初始化

数组初始化是指在数组声明时给数组元素赋予初值。数组初始化是在编译阶段进行的。这样将减少运行时间，提高效率。

初始化赋值的语法格式为

```
类型说明符 数组名[常量表达式]={初值 1,初值 2,…,初值 n};
```

在“{ }”中的各数据值即为各元素的初值，各值之间用逗号分隔。例如，int a[10]={0,1,2,3,4,5,6,7,8,9};相当于 a[0]=0;a[1]=1;…;a[9]=9;。

（3）注意事项

1）可以只给部分元素赋初值。当初值的个数少于元素个数时，只给前面部分元素赋值。例如，int a[10]={0,1,2,3,4};表示只给 a[0]～a[4]这 5 个元素赋值，而后 5 个元素未被赋值。

2）只能给元素逐个赋值，不能给数组整体赋值。例如，给 10 个元素全部赋值 1，只能写为 int a[10]={1,1,1,1,1,1,1,1,1,1};，而不能写为 int a[10]=1;。

3）如给全部元素赋值，则在数组声明中，可以不给出数组元素的个数。例如，int a[5]={1,2,3,4,5};可写为 int a[]={1,2,3,4,5};。

4）如果数组元素的初值相同（或基本相同），而数组元素较多，则可在程序正文中用循环语句来逐个对数组元素赋值。例如：

```
for(i=0;i<100;i++)
    a[i]=0;
```

4.2.2 一维数组的使用

C++语言规定：数组必须先定义，后使用。只能逐个引用数组元素，而不能一次引用整个数组。例如：

```
int a[10]={0,1,2,3,4,5,6,7,8,9};
a[0]=a[5]+a[7]+a[2*3];
```

【例 4-1】 输入 10 个数，求出其中的最大值。

分析：用变量 max 表示最大值，先将 a[0]赋给 max，然后将后面的每一个元素依次与 max 比较，发现某个元素大于 max 时刷新 max。

源程序如下。

```
1    //4-1.cpp
2    #include<iostream>
3    using namespace std;
4    int main()
5    {
```

```
6        int i,max,a[10];
7        cout<<"input 10 numbers:\n";
8        for(i=0;i<10;i++)              //输入 10 个数据,给数组赋值
9           cin>>a[i];
10       max=a[0];
11       for(i=1;i<10;i++)
12          if(a[i]>max) max=a[i];      //当前元素更大时刷新 max
13       cout<<"max="<<max<<endl;
14       return 0;
15    }
```

程序的运行结果：

```
input 10 numbers:
2 3 4 5 6 90 43 8 32 11
max=90
```

思考： 如果要求出最大值及最大值对应的下标，该如何去修改程序呢？

【例 4-2】 输入 *n* 个数，要求程序按输入时的逆序把这 *n* 个数输出，已知整数不超过 100 个。也就是说，按输入相反顺序输出这 *n* 个数。

分析： 可定义一个数组 a 用以存放输入的 *n* 个数，然后将数组 a 中的内容逆序输出。

```
1     //4-2.cpp
2     #include<iostream>
3     using namespace std;
4     int main()
5     {  int a[100];
6        int x,n=0,i;
7        cout<<"input a number(n):";
8        cin>>n;
9        for(i=0;i<n;i++)
10       {
11          cin>>x;
12          a[i]=x;
13       }
14       for(i=n-1;i>=0;i--)
15          cout<<a[i]<<" ";
16       return 0;
17    }
```

程序的运行结果：

```
input a number(n):3
11 22 33
```

```
33 22 11
```

4.2.3 一维数组的程序实例

【例 4-3】 著名意大利数学家斐波那契（Fibonacci）1202 年提出了一个有趣的问题。某人想知道一年内一对兔子可以生几对兔子。他筑了一道围墙，把一对大兔关在其中。已知每对大兔每个月可以生一对小兔，而每对小兔出生后第 3 个月即可成为大兔再生小兔。问一对大兔一年能繁殖几对小兔？

分析： 将每月新增的兔子数用表 4-1 表示。

表 4-1 每月新增兔子对数

开始	新增对数
1 月	1
2 月	1
3 月	2
4 月	3
5 月	5
…	…

从表 4-1 中可以看出，从第 3 个月开始，每月新增兔子对数等于前两个月新增兔子对数之和。若定义一个 int f[20]={0,1}，假设第 0 个月新增兔子对数为 0，第 1 个月新增兔子对数为 1，第 2 个月新增兔子对数为 f[2]=f[0]+f[1]，则用代码可以表示如下。

```
1     //4-3.cpp
2     #include<iostream>
3     using namespace std;
4     int main()
5     {
6        int i,f[20]={0,1},sum=0;
7        for(i=2;i<=12;i++)
8            f[i]=f[i-1]+f[i-2];
9        cout<<"1-12 月新增的兔子对数:";
10       for(i=1;i<=12;i++)
11           sum=sum+f[i];
12       cout<<sum;
13       return 0;
14    }
```

程序的运行结果：

```
1-12 月新增的兔子对数：376
```

【例 4-4】 从键盘上输入一个正整数，判断其是否为回文数。回文数是指一个像这样“对称”的数，即将这个数的数字按相反的顺序重新排列后，所得到的数和原来的数一样。

分析：将整数翻转，之后比较，若跟原来的数相等，则为回文数字。例如，16461，倒转之后数字为16461，与原来的数相等，说明其为回文数。

```
1    //4-4.cpp
2    #include<iostream>
3    using namespace std;
4    int main()
5    {
6       long num,temp;
7       cout<<"input a number(num):";
8       int n=0;
9       cin>>num;
10      temp=num;
11      while(temp!=0)
12      {
13         n=n*10+temp%10;
14         temp/=10;
15      }
16      if(num==n)
17      {
18         cout<<num<<"是一个回文数\n";
19      }
20      else
21      {
22         cout<<num<<" 不是一个回文数\n";
23      }
24      return 0;
25   }
```

程序的运行结果：

```
input a number(num):23432
23432 是一个回文数
```

思考：还有没有别的方法可以判断一个数是回文数？如果数字超过整数的表示范围，则应如何判断呢？

【例4-5】 随机产生10个整数存放到数组中（下标0的位置不放，从下标1开始），输入待查找的整数 x，查找 x 是否存在于这10个数中。若存在，则输出 x（最初）出现在这批数中的位置序号（如1、2…）；若不存在 x，则输出“不存在”。

分析：从数组的第一个元素开始，顺序扫描数组中的每一个元素，将它与要查找

的值 *x* 相比较，若相等，则查找成功；若扫描结束后，仍未找到等于 *x* 的元素，则查找失败。

源程序如下。

```
1     //4-5.cpp
2     #include<iostream>
3     #include<cstdlib>
4     using namespace std;
5     int main()
6     {
7        int a[101],k,x;
8        for(k=1;k<=10;k++)     //从数组中下标 1 的元素开始存放数据
9        {   a[k]=rand()%101;  //产生 0～100 中的整数
10           cout<<a[k]<<"  ";
11       }
12       cout<<endl;
13       cin>>x;                //输入待查找数 x
14       for(k=1;k<=10;k++)
15          if(a[k]==x) break; //若发现 x,则不用继续循环,继续查找
16       if(k<11)
17          cout<<"x 存在,它的位置序号是:"<<k<<endl;
18       else
19          cout<<"不存在!"<<endl;
20       return 0;
21    }
```

程序的运行结果：

```
41 85 72 38 80 69 65 68 96 22
85
x 存在,它的位置序号是:2
```

程序中使用了函数 rand( )，它的函数原型在 cstdlib 中，因此，程序中必须包含该头文件。顺序查找法的最大优点是算法简单，其缺点是查找效率低，当 *n* 较大且需要反复查找时，不宜采用顺序查找法。

4.3 二 维 数 组

只有一个下标的数组称为一维数组，其数组元素也称为单下标变量。在实际问题中有很多量是二维的或多维的，因此 C++语言允许构造多维数组。多维数组元素有多个下标，以标记它在数组中的位置，所以也称为多下标变量。下面以二维数组为例介绍多维

数组的使用方法。

4.3.1 二维数组的声明和初始化

1. 二维数组的声明

二维数组的声明格式为

```
类型说明符 数组名[常量表达式 1][常量表达式 2];
```

其中，常量表达式 1 表示第一维下标的长度，常量表达式 2 表示第二维下标的长度。例如，int a[3][4]; 说明了一个三行四列的数组，数组名为 a，其下标变量的类型为整型。该数组的下标变量共有 3×4 个，数组 a 的逻辑存储结构如图 4-2 所示。

	第 0 列	第 1 列	第 2 列	第 3 列
第 0 行	a[0][0]	a[0][1]	a[0][2]	a[0][3]
第 1 行	a[1][0]	a[1][1]	a[1][2]	a[1][3]
第 2 行	a[2][0]	a[2][1]	a[2][2]	a[2][3]

图 4-2 数组 a 的逻辑存储结构

2. 二维数组的初始化

二维数组初始化是指在定义数组时给各下标变量赋初值。二维数组可按行分段赋值，也可按行连续赋值。

1）按行分段赋值可写为

```
int a[5][3]={{80,75,92},{61,65,71},{59,63,70},{85,87,90},{76,77,85}};
```

2）按行连续赋值可写为

```
int b[5][3]={80,75,92,61,65,71,59,63,70,85,87,90,76,77,85};
```

这两种赋初值的结果是完全相同的，但下面的两种赋值方式其意义就不一样了：

```
int c[5][3]={{80,75},{61,65,71},{59},{85,87},{76,77,85}};
int d[5][3]={80,75,61,65,71,59,85,87,76,77,85};
```

第 1 条语句给数组 c 中每一行的部分元素赋值，而第 2 条语句给数组 d 的前 3 行的所有元素赋值，第 4 行的前两个元素赋值。

3）需要注意的是，可以只对部分元素赋初值，未赋初值的元素其值不确定，因此不可使用。例如：

```
int a[3][3]={{1},{2},{3}};
```

是对每一行的第一列元素赋值，赋值后各元素的值为 1 ？？2 ？？3 ？？。

```
int a[3][3]={{0,1},{0,0,2},{3}};
```

赋值后的元素值为 0 1 ？0 0 2 3 ？？。如对全部元素赋初值，则第一维的长度可以不给出。

例如：

```
int a[3][3]={1,2,3,4,5,6};
```

可以写为

```
int a[][3]={1,2,3,4,5,6};
```

数组是一种构造类型的数据。二维数组可以看作由若干一维数组构成。例如，二维数组 a[3][4]可分解为 3 个一维数组，其数组名分别为 a[0]、a[1]、a[2]。对这 3 个一维数组不需另作说明即可使用。这 3 个一维数组都有 4 个元素，如一维数组 a[0]的元素为 a[0][0]、a[0][1]、a[0][2]、a[0][3]。必须强调的是，a[0]、a[1]、a[2]不能当作下标变量使用，它们是数组名，不是一个具体的下标变量。

4.3.2 二维数组的使用

二维数组的元素相当于数学中的双下标变量，其语法格式为

```
数组名[下标 1][下标 2]
```

其中，下标应为整型常量或整型表达式。例如，a[3][4]表示数组 a 第三行第四列的元素。下标变量和数组定义在形式上有些相似，但两者具有完全不同的含义。数组定义的方括号中给出的是某一维的长度，即该维所含元素个数，而数组元素中的下标是该元素在数组中的位置标志。前者只能是常量，后者可以是常量、变量或表达式。

4.3.3 二维数组的程序实例

【例 4-6】 一个兴趣小组有 5 个人，每个人有三门课的考试成绩。求全组各科的平均成绩和各科总平均成绩。

分析：将考试成绩存放到二维数组 a 中，a[i][j]表示第 i 个学生的第 j 门课程成绩。按照课程顺序输入各学生的考试成绩。

源程序如下。

```
1    //4-6.cpp
2    #include<iostream>
3    using namespace std;
4    int main()
5    {
6       int i,j,s,l,v[3],a[5][3];
```

```
7       cout<<"input score:\n";
8       for(i=0;i<3;i++)
9       {
10          s=0;
11          for(j=0;j<5;j++)        //输入每个学生第 i 门课程的成绩
12          {
13             cin>>a[j][i];
14             s=s+a[j][i];
15          }
16             v[i]=s/5;            //求第 i 门课程的平均成绩
17      }
18      l=(v[0]+v[1]+v[2])/3;      //求总平均成绩
19      cout<<"Average:"<<v[0]<<" "<<v[1]<<" "<<v[2]<<endl;
20      cout<<"Total average:"<<l;
21      return 0;
22   }
```

程序的运行结果：

```
input score:
78 89 66 45 86
66 77 88 99 100
100 71 63 90 69
Average: 72 86 78
Total average: 78
```

说明：变量 s 的初始化必须放到外循环的循环体内，如果放到外循环的外面，则只有第 1 门课程的平均成绩是正确的（读者可上机调试验证）。

【例 4-7】 找出一个矩阵中的最大元素及其位置。

分析：因为数据位于一个矩阵中，所以需要使用两个变量表示其最大值的位置（即行号和列号），程序中使用变量（row、col）来记忆最大值的位置。将矩阵中的每一个元素依次与当前最大值进行比较，若该元素更大一些，则刷新变量（row、col）的值。

源程序如下。

```
1    //4-7.cpp
2    #include<iostream>
3    #include<iomanip>
4    #include<cstdlib>
5    using namespace std;
6    int main()
7    {
8       int i,j,m,n,row,col,d[101][101];
```

```
9       m=6;
10      n=6;
11      for(i=1;i<m+1;i++)
12      {
13         for(j=1;j<n+1;j++)
14         {
15             d[i][j]=rand()%100;
16             cout<<setw(4)<<d[i][j];
17         }
18         cout<<endl;
19      }
20      row=1;    //首先假设矩阵左上角的元素是最大的
21      col=1;
22      for(i=1;i<m+1;i++)
23        for(j=1;j<n+1;j++)
24           if(d[i][j]>d[row][col]){row=i;col=j;}
25                //该元素更大些时刷新（row,col）的值
26         cout<<"row="<<row<<","<<"col="<<col<<","<<"max="<<d[row]
             [col];
27        return 0;
28      }
```

程序的运行结果：

```
41  67  34  0   69  24
78  58  62  64  5   45
81  27  61  91  95  42
27  36  91  4   2   53
92  82  21  16  18  98
47  26  71  38  69  12
row=5,col=6,max=98
```

在C++语言中函数setw(int n)用来控制输出间隔。例如：

```
cout<<'s'<<setw(8)<<'a'<<endl;
```

则在屏幕显示：

```
s       a
```

说明：s与a之间有7个空格，setw( )只对其后面紧跟的输出产生作用，如上例中，表示'a'共占8个位置，不足的用空格填充。若输入的内容超过setw( )设置的长度，则按实际长度输出。setw( )默认填充的内容为空格，可与setfill( )配合使用设置其他字符填充。例如：

```
cout<<setfill('*')<<setw(5)<<'a'<<endl;
```

则输出：

```
****a    //4个*和字符a共占5个位置
```

域宽就是输出的内容（数值或字符等）需要占据多少个字符的位置，如果位置有空余，则会自动补足。例如，要设置域宽为2，那么当输出一位数1的时候输出的就是“ 1”，即在1前面加了一个空格。空格和数字1正好一共占用了两个字符的位置。

设置域宽和填充字符的时候要注意几点：

1）设置域宽的时候应该填入整数，设置填充字符的时候应该填入字符。

2）对一个要输出的内容同时设置域宽和填充字符，但是设置好的属性仅对下一个输出的内容有效，之后的输出要再次设置，即 cout<<setw(2)<<a<<b;语句中域宽设置仅对a有效，对b无效。

3）setw和setfill称为输出控制符，使用时需要在程序开头写上#include<iomanip>，否则无法使用。

思考：例4-7中的程序如果为最大值的元素有多个，则其是否只能求出第一个最大值？如何求出矩阵的其他并列最大值呢？

【例4-8】 输出10行以内的杨辉三角，其输出效果如图4-3所示。

```
1
1  1
1  2  1
1  3  3  1
1  4  6  4  1
1  5  10  10  5  1
1  6  15  20  15  6  1
1  7  21  35  35  21  7  1
1  8  28  56  70  56  28  8  1
1  9  36  84  126  126  84  36  9  1
```

图4-3 杨辉三角形的输出效果

分析：先将杨辉三角形中的数据存储到二维数组中，再输出数组的值。第i行有i个数，每行首尾两个数都是1，即d[i][1]=d[i][i]=1。每行中间的元素是上一行对应位置元素及其左边元素之和，即d[i][j]=d[i-1][j-1]+d[i-1][j]。

1）每行数字左右对称，由1开始逐渐变大，然后变小，回到1。

2）第n行的数字个数为n个。

3）对角线上和首列元素的值为1。

4）从第3行第2列元素开始每个数字等于上一行的左右两个数字之和。

源程序如下。

```
1     //4-8.cpp
2     #include<iostream>
3     #include<iomanip>
4     using namespace std;
5     #define N 10                      //本程序中输出杨辉三角的前10行
6     int main()
7     {
8        int a[N+1][N+1]={0};
9        int i,j;
10       for(i=1;i<=N;i++)
11          for(j=1;j<=N;j++)
12          {
13             a[i][1]=1;
14             if(j>1&&j<i)
15               a[i][j]=a[i-1][j-1]+a[i-1][j];
16             else if(i==j)
17               a[i][j]=1;
18          }
19       for(i=1;i<=N;i++)               //输出杨辉三角
20          for(j=1;j<=i;j++)
21          {
22             cout<<setw(4)<<a[i][j];
23             if(i==j)
24               cout<<'\n';
25          }
26       return 0;
27    }
```

说明：在该程序中，舍弃了0行和0列元素，这样处理更自然一些，因为在生活、工作中都是从1开始计数的。

4.4 字符数组

字符数组是指用来存放字符数据的数组。字符数组中一个元素存放一个字符，它在内存中占用1字节。C++语言中没有字符串类型，字符串是存放在字符型数组中的。

4.4.1 字符数组的声明和初始化

1. 字符数组的声明

字符数组类型说明的形式与前面介绍的数值型数组相同。例如：

```
char c[10];              //声明了一个可以存放 10 个字符的字符数组 c
char s1[2][6];           //声明了一个可以存放 2×6 个字符的二维字符数组 S1
```

2. 字符数组的初始化

字符数组也允许在类型说明时进行初始化赋值。例如：

```
char c[10]={'C',' ','p','r','o','g','r','a','m'};
```

赋值后各元素的值为 c[0]='C', c[1]=' ', c[2]='p', c[3]='r', c[4]='o', c [5]='g', c[6]='r', c[7]='a', c[8]='m'，其中 c[9]未赋值。当对全体元素赋初值时也可以省去长度说明。例如：

```
char c[]={'C',' ','p','r','o','g','r','a','m'};
```

这时，数组 c 的长度自动定为 9。

C++语言允许用字符串的方式对数组进行初始化赋值。例如：

```
char a[]={"C program"};
```

或更简单地写为

```
char a[]="C program";
```

C++语言规定，字符串末尾要有一个结束标志字符'\0'，该字符的 ASCII 码为 0，因此，用字符串方式赋值比用字符逐个赋值要多占 1 字节，用于存放字符串结束标志'\0'。上面的数组 a 在内存中的实际存放情况为“C program\0”，'\0'是由 C++编译系统自动加上的。因此，数组 a 与数组 c 并不完全相同。如果将数组 c 的定义改为

```
char c[10]={'c',' ','p','r','o','g','r','a','m','\0'};
```

则 a 与 c 完全相同。

注意，不要出现下述错误：

```
char s[10]={"This is a book"};//超出数组长度
char s[10];
s="I am fine";
//错误,数组名表示数组元素在内存中的起始地址,是常量,不能被赋值
```

4.4.2 字符串的输入与输出

（1）逐个数组元素的输入/输出

同一般数值型数组一样，字符数组可以使用循环，依次输入或输出字符数组中的每个字符。例如：

```
char s1[10];
for(i=0;i<10;i++)
```

```
    cin>>s1[i];
char s2[10]={'C',' ','p','r','o','g','r','a','m','\0'};
for(i=0;i<10;i++)
    cout<<s2[i];
```

注意：输入时各输入项之间不需加空格分隔。

（2）字符串整体的输入/输出

当字符数组中存放字符串时，可以直接用字符数组名整体地进行字符串的输入和输出。例如：

```
char s1[10],s2[10];
cin>>s1;
cout<<s1;
gets(s2);
puts(s2);
```

1）cin 输入字符串时，遇空白符（包括空格符、回车符、制表符）表示一个输入的结束，连续的空白符会被忽略。

2）cout<<s：s 为字符串（存放字符串的字符数组名或字符串指针）。如果是字符数组名或字符串指针，它会沿着这个地址，一直输出这个字符串，直到遇到'\0'。

3）gets(s)：s 为字符串变量（字符串数组名或字符串指针），从流中读取字符串，直至接收换行符或 EOF 时为止，并将读取结果存放在 buffer 指针所指向的字符数组中。换行符不作为读取串的内容，读取的换行符被转换为'\0'字符，并由此来结束字符串。

4）puts(s)：把字符串输出到标准输出设备。其中，s 为字符串字符（字符串数组名或字符串指针），遇到第一个'\0'结束，自动加入换行符。

注意：

1）gets( )能够接收含有空格的字符串，以回车符作为字符串输入的结束标志；而 cin>> 接收输入的字符串是以空格符、制表符（键盘上的 Tab 键）或回车符作为结束的。

2）当要输入的字符串本身含有空格时，要用 gets( )不用 cin>>。

3）使用 puts( )和 gets( )函数时，需要加入头文件#include<cstdio>。

【例 4-9】 熟悉字符串的输入/输出。

```
1    //4-9.cpp
2    #include<cstdio>
3    #include<iostream>
4    using namespace std;
5    int main()
6    {
7       char a[100],b[100];
8       cout<<"输入一个字符串(gets 方式):";
```

```
9       gets (a);
10      puts (a);
11      cout<<"输入一个字符串(cin 方式):";
12      cin>>b;
13      cout<<b;
14      cout<<endl;
15      return 0;
16  }
```

程序的运行结果：

```
输入一个字符串（gets 方式）：Hello,world!China!
Hello,world!China!
输入一个字符串（cin 方式）：Hello,world!China!
Hello,world!
```

4.4.3 字符串处理函数

1. 常用的字符串处理函数

（1）strcpy

原型：char *strcpy(char dest[],char scr[])。

功能：将字符串 scr 复制到字符串 dest 中，dest 不能是字符串常量。

（2）strcat

原型：char *strcat(char dest[],char scr[])。

功能：将字符串 scr 连接到字符串 dest 的末尾，dest 不能是字符串常量。

（3）atoi

原型：int atoi(char s[])。

功能：将字符串 s 转换为整数。

（4）itoa

原型：char *itoa(int n,char s[],int radix)。

功能：将整数 n 转换为字符串 s（数制为 radix）。

（5）strcmp

原型：int strcmp(char s1[],char s2[])。

格式：strcmp(字符数组名 1，字符数组名 2)。

功能：按照 ASCII 码顺序比较两个数组中的字符串，并由函数返回值返回比较结果。也可用于比较两个字符串常量，或比较数组和字符串常量。

字符串 1=字符串 2，返回值 0。

字符串 2>字符串 2，返回值 1。

字符串 1<字符串 2，返回值-1。

（6）strlen

原型：int strlen(char s[])。

功能：求字符串 s 的长度。字符串中所含的字符个数称为字符串的长度，结束标志字符'\0'不参与计数。

（7）strupr

原型：char *strupr(char s[])。

功能：将字符串 s 中的所有小写字母转换为大写字母。

（8）gets

原型：char *gets(char s[])。

功能：函数 gets(s)从键盘中读入一个字符串赋给字符串变量 s。

（9）puts

原型：int puts(char s[])。

功能：函数 puts(s)将字符串变量 s 的值显示到屏幕上。

2. 字符串函数应用举例

【例 4-10】 在键盘上输入一批字符串，直至输入空串或超长串（串的长度超过指定值）时结束输入。

分析：如果程序中用来存储字符串的字符数组第二维长度为 11，它所接收的字符串最大长度为 10，而从键盘输入的字符串很可能会超过 10 个字符，因此，不能直接把键盘输入的字符串存储到数组中。先定义一个较大的字符数组 s，将键盘输入的字符串放入该数组中，当其未超长时再将其复制到二维字符数组 name 中。用一个循环来控制输入过程，每循环一次输入一个字符串。输入一个字符串后立即检查它的长度是否超过规定值或其长度是否为 0（长度为 0 时输入的是空串），若其长度超过了规定值或为 0，则退出循环，结束程序。

源程序如下。

```
1     //4-10.cpp
2     #include<iostream>
3     #include<cstring>
4     #include<cstdio>
5     using namespace std;
6     int main()
7     {
8        int n;
9        char s[41],name[100][11];
10       n=0;
11       while(n<99)
12       {
13          gets(s);
```

```
14          if(!s[0] || strlen(s)>10) break;
15          //其长度超过了规定值 10 或为空串,退出
16          strcpy(name[n],s);
17          n++;
18        }
19        for(int i=0;i<n;i++)
20          puts(name[i]);
21        return 0;
22    }
```

程序的运行结果:

```
wuhan
hello
world,china
wuhan
hello
```

【例 4-11】 从键盘中输入阿拉伯数字 1～7，将其转换为 Monday～Sunday 后输出。

分析：先将星期一至星期天所对应的英文单词存放到二维字符数组中，然后输出数组的值。

源程序如下。

```
1     //4-11.cpp
2     #include<iostream>
3     #include<cstring>
4     #include<cstdio>
5     using namespace std;
6     int main()
7     {
8       char week[ ][10]={"","Monday","Tuesday","Wednesday",
9               "Thursday","Friday","Saturday","Sunday"};
10      int no;
11      while(1)
12      {
13        cout<<"Enter week No:";
14        cin>>no;
15        if  (no<1 || no>7) break;
16        puts(week[no]);
17      }
18      return 0;
19    }
```

程序的运行结果：

```
Enter week No:4
Thursday
Enter week No:12
```

【例 4-12】 输入一个字符串，统计各个字符重复出现的次数（按出现的次数从小到大排列）。

分析：将字符串存放到字符数组 s 中，引入一个计数器数组 d，d[i]表示字符 s[i]出现的次数，其初值为 1，表示该字符出现了 1 次。依次扫描数组中的每个字符，如果发现 s[i]在前面出现过，则将其 d[i]置为 0，并在前面的相同字符处增加 1 个计数值。例如，设字符串为

a B a t a B 6

数组 d 为

1 1 1 1 1 1 1

第 1 趟扫描：从 s[1]开始向后查找与 s[0]（即字符 a）相同的字符，s[2]、s[4]均与之相同，置 d[2]=d[4]=0，d[0]=3，数组 d 为

3 1 0 1 0 1 1

第 2 趟扫描：从 s[2]开始向后查找与 s[1]（即字符 B）相同的字符，s[5]为 B，置 d[5]=0，d[1]=2，数组 d 为

3 2 0 1 0 0 1

第 3 趟扫描：因为 d[2]=0，它所对应的字符已经处理过了，直接跳过。

第 4 趟扫描：从 s[4]开始向后查找与 s[3]（即字符 t）相同的字符，不存在与其相同的字符，数组 d 仍为

3 2 0 1 0 0 1

第 5 趟扫描：因为 d[5]=0，它们所对应的字符已经处理过了，直接跳过。

至此扫描完毕，将数组 d 中非 0 元素对应的字符复制到字符数组 s1 中，并将 d 中的非 0 元素去掉，最后对数组 d 排序。

源程序如下。

```
1     //4-12.cpp
2     #include<iostream>
3     #include<cstring>
4     #include<cstdio>
5     using namespace std;
6     int main()
7     {
8        int i,j,n,x,length,d[101];
9        char s[101],s1[101];
10       cout<<"Input a string please!:";
```

```
11      gets(s);
12      length=strlen(s);
13      for(i=0;i<length;i++)
14        d[i]=1;                    //置初值,每个字符出现1次
15        n=0;                       //n表示不同字符的个数
16      for(i=0;i<length-1;i++)
17      {
18        if(!d[i]) continue;        //字符s[i]已经处理过了
19        x=1;
20        for(j=i+1;j<length;j++)    //在后面查找相同的字符
21        {
22           if(s[j]!=s[i]) continue;
23           x++;                    //找到相同的字符，计数器加1
24           d[j]=0;                 //将后面相同字符的计数值置0
25        }
26        d[i]=x;
27        n++;
28        }
29        for(x=0,i=0;i<length;i++) //收集剩余的字符
30        {
31           if(!d[i]) continue;
32           s1[x]=s[i];
33           d[x]=d[i];
34           x++;
35        }
36        for(i=0;i<n-1;i++)         //对数组d进行排序
37        {
38           x=i;
39           for(j=i+1;j<n;j++)
40           if(d[j]<d[x]) x=j;
41           if(x!=i)
42           {
43               int t;
44               t=d[x];
45               d[x]=d[i];
46               d[i]=t;
47               t=s1[x];
48               s1[x]=s1[i];
49               s1[i]=t;
50           }
51        }
```

```
52        for(i=0;i<n;i++)
53            cout<<s1[i]<<"-----"<<d[i]<<endl;
54        return 0;
55    }
```

程序的运行结果：

```
Input a string please!:Hello,world!
H-----1
e-----1
,-----1
w-----1
r-----1
d-----1
o-----2
l-----3
```

【例 4-13】 求一个字符串的最长回文串。例如，123212345432122 的回文串有 232、12321、32123、123454321、212、454、34543 等。其中，123454321 是最长的回文串。

分析：使用 start 和 end 记忆当前最长回文串的起、止位置，算法如下。

1）变量 i 从左向右扫描各个字符，如第 1 次（即 i=1）扫描的字符为 s[i]='1'。

2）变量 j（j≥i）从右端开始向左寻找字符 s[i]（如'1'），显然在右边第 3 个位置处（即 j=12）找到了字符'1'。

3）判断 j-i>end-start 是否成立，即可能的回文串长度是否大于当前回文串的长度，如果不成立，则转回步骤 1）扫描下一个字符 s[i]。如果条件成立则转步骤 4)。

4）判断两个字符 s[i]与 s[j]之间所夹的字符串（如"1232123454321"）是否为回文串，若不是，转回步骤 2）继续向左寻找下一个相同的字符。若是，则转步骤 5)。

5）刷新 start 和 end 的值，转步骤 1)。

源程序如下。

```
1     //4-13.cpp
2     #include<iostream>
3     #include<cstring>
4     #include<cstdio>
5     using namespace std;
6     int main()
7     {
8        char s[41];
9        int i,j,start,end,kl,kr,length;
10       cout<<"input a string:";
11       gets(s);
12       length=strlen(s);
```

```
13      start=end=0;           //第 1 个字符是最短回文串,记忆其起止位置
14      for(i=0;i<length;i++)//从左向右扫描各个字符
15      {
16         j=length-1;         //从最右端开始向左寻找与字符 s[i]相同的字符
17         while(j-i>end-start)
18         {
19            for(;j>=i;j--)
20               if(s[j]==s[i]) break;    //找到相同字符，退出
21            if(j-i<=end-start) break;
22            //可能的回文串长度不大于当前回文串长度,直接跳过
23            for(kl=i,kr=j;kl<kr;kl++,kr--)
24            //判断 s[i]~s[j]能否构成回文
25               if(s[kl]!=s[kr]) break;
26               if(kl>=kr) //记忆新回文串的起止位置
27               {
28                   start=i;
29                   end=j;
30                   break;
31               }
32            j--;              //不能构成回文串,回去继续扫描下一个配对的字符
33         }
34      }
35      for(i=start;i<=end;i++)
36         cout<<s[i];
37      return 0;
38   }
```

程序的运行结果：

```
input a string: 123212345432122
21234543212
```

【例 4-14】 输入一行字符，统计单词数，单词间用空格分隔。

分析：

1）利用字符串输入函数 gets( )输入一行字符串，单词个数初始值 num=0。

2）单词开始和结束以空格分隔，用变量 word 记录字符前是否是空格，如果有空格 word=0。

3）如果 string[i]!='\0'且 word=0，则表示新单词开始，统计单词个数变量：num=num+1，如果 string[i]!='\0'且 word=1，则表示此时在单词内部，变量 num 的值不变。如果 string[i]!='\0'且 string[i]==' '，word=0。

4）输出单词个数 num。

源程序如下。

```
1    //4-14.cpp
2    #include<cstdio>
3    #include<cstring>
4    #include<iostream>
5    using namespace std;
6    int main()
7    {  char s[81];
8       int i,n=0,w=0;
9       char c;
10      cout<<"请输入一行英文字符串：";
11      gets(s);
12      for(i=0;(c=s[i])!='\0';i++)
13         if(c==' ')  w=0;
14         else if(w==0)
15         {
16            w=1;
17            n++;
18         }
19      cout<<"There are"<<n<<"words";
20      return 0;
21   }
```

程序的运行结果：

```
请输入一行英文字符串：I am a student.
There are 4 words
```

【例 4-15】 循环从键盘读入若干组选择题答案，计算并输出每组答案的正确率，直到按 Ctrl+Z 组合键程序结束。每组连续输入 5 个答案，每个答案可以是 A～E。

分析：

1）定义一个字符数组 char key[5]存放选择题的正确答案，正确率初始化为 numcorrect=0，问题个数初始化为 numques=5，问题答案个数为 ques=0。

2）当输入为 Ctrl+Z 时，控制循环结束。

3）当输入字符 c 不是结束符且不是换行符时，比较用户输入答案和字符数组中预先存放的标准答案是否相同，如果相同，numcorrect 变量加 1，输出空格；如果不同，输出“*”；然后执行 ques++。

4）当输入字符 c 不是结束符，但是换行符时，输出每组答案的正确率，重置 ques=0，numcorrect=0。

源程序如下。

```
1    //4-15.cpp
2    #include<iostream>
3    using namespace std;
4    int main()
5    {
6      char key[5]={'A','B','C','D','E'};
7      char c;
8      int ques=0,numques=5,numcorrect=0;
9      while(cin.get(c))
10     {
11       if(c!='\n')
12          if(c==key[ques])
13          {
14               numcorrect++;
15               cout<<" ";
16          }
17          else cout<<"*";
18       else
19       {
20          cout<<"Score"<<float(numcorrect)/numques*100<<"%";
21          ques=0;
22          numcorrect=0;
23          cout<<endl;
24          continue;
25       }
26       ques++;
27     }
28     return 0;
29   }
```

程序的运行结果：

```
ABBCD
  ***  Score 40%
```

按 Ctrl+Z 组合键程序结束。

第5章　函　　数

函数在C++语言中占有重要的地位，它是C++源程序的基本构成单位。本章重点介绍函数的基础知识及C++语言在函数方面的扩充内容，如函数的默认参数值、函数重载及函数模板等。

5.1　函数的定义和使用

任何一个C++程序都是由一个或多个函数组成的，其中有一个称为主函数的函数很重要，它的函数名为main。一个C++程序中有且仅有一个主函数。主函数是C++程序的主控函数。操作系统执行程序时，首先执行主函数，主函数可以调用其他函数（若该程序由多个函数组成），其他函数（称为子函数）又可以调用子函数。当主函数执行结束时，该程序的执行也就结束了。因此，C++程序是一个函数的集合体，每一个函数都可以看作相互独立、功能单一而彼此有机联系的一个模块。

5.1.1　函数的定义

如果用户的程序中需要使用除main( )函数以外的函数，并且该函数又不是标准库函数，那么用户必须自己先编写、定义该函数。这种用户自己定义的函数称为用户自定义函数。一般程序对函数的应用遵循“先定义，后调用（即使用）”的原则。

以下先介绍定义函数的语法格式。

函数定义的基本语法格式为

```
函数值类型  函数名(形参1类型 形参1,形参2类型 形参2,…,形参n类型 形参n)
{
  函数体
}
```

说明：

1）“函数值类型”即函数返回值的类型。函数的返回值是执行完函数后返回给主调函数（即调用该函数的函数，如main( )函数）的值。大多数函数执行完后会返回一个值，“函数值类型”表明函数返回值的数据类型，如int、float类型等。

有些函数也可以没有返回值，若函数无返回值，则函数定义中需要将函数值类型声明为void类型（即空类型），表示函数无返回值。若因为函数无返回值，而在定义中省略函数值类型，那么系统会默认函数值为int型。

2）“函数名”与变量名一样，也是一个标识符，应遵循标识符的命名规则。

3）“形参”全称为形式参数，它相当于一个变量（形参名与变量名一样，也是一个标识符)。形参是用来在主调函数和被调用函数（以下简称为被调函数）之间传递数据的，函数不通过它们接收来自调用者的数据。因此，必须在函数定义中声明形参的数据类型，其形式为“形参类型 形参名”。

函数可以有多个形参，只是必须在形参列表中将各个形参的声明用逗号隔开。函数也可以无参数，表示被调函数不需要接收来自调用者的任何数据，但此时函数名后的圆括号并不能省略。

4）以上 3 点介绍的都是函数定义中的第一行，常将这一行称为函数的首部。函数的首部下方由一对花括号（{}）括起来的部分称为函数体。函数体由声明部分和语句部分共同组成。声明部分主要用于对函数内部使用的变量或调用的其他函数进行声明。语句部分可以使用 C++语言的各种语句，它们是实现函数功能的具体代码。函数体也可以为空，若“{}”中无内容，则称这种函数为空函数。

5）C++语言规定，在一个函数定义的内部不能同时定义其他函数，即函数不能嵌套定义。

【例 5-1】 编写一个 printstar( )函数，用来在屏幕上输出一行星号图案。

源程序如下。

```
1     #include<iostream>
2     using namespace std;
3     //在屏幕上输出一行星号图案
4     void printstar()
5     {
6        cout<<"**********";
7     }
8     int main()
9     {
10       printstar();          //调用 printstar 函数
11       cout<<endl;
12       return  0;
13    }
```

程序的运行结果：

```
**********
```

说明：该函数 printstar( )的功能只是在屏幕上输出一行星号图案，所以定义该函数时既无参数也无返回值。

5.1.2 函数的返回值

多数函数调用完后都会返回一个值，即函数的返回值。那么，函数如何返回一个值给主调函数呢？实际上，若函数要返回一个值，则需要在函数定义的函数体中使用 return 语句。return 语句的语法格式为

```
return(表达式);
```

或

```
return 表达式;
```

该语句的功能是将“表达式”的值传递给被调函数，并立即结束函数的执行，使控制流程返回主调函数中。其中表达式值的类型应该与函数定义中“函数值类型”一致，否则，系统将进行类型转换，先将表达式的值转换成与函数值类型一致的值后再返回。

若函数无返回值，则可以使用不带表达式的 return 语句实现返回。函数中也可以完全不用 return 语句，那么执行完函数体的最后一条语句后，执行流程也会自动返回主调函数中。

【例 5-2】 编写一个 max2( )函数，用来求两个整数中的最大值。

源程序如下。

```
1     #include<iostream>
2     using namespace std;
3     //求两个整数中的最大值
4     int max2(int a,int b)
5     {
6        int result;           //定义函数中除参数以外的变量
7        if(a>b) result=a;
8          else result=b;
9        return result;
10    }
11    int main()
12    {
13       int x,y,m;
14       cout<<"input 2 integers:";
15       cin>>x>>y;
16       m=max2(x,y);
17       cout<<"max:"<<m<<endl;
18       return 0;
19    }
```

程序的运行结果：

```
input 2 integers:100  101
max:101
```

说明：先分析函数 max2( )是如何定义的。首先，它有两个参数 a 和 b，类型都是 int 型。max2( )的函数值类型 int 表示该函数返回一个整数。由“{”和“}”括起来的部分称为函数体，它的结构与 main( )函数的结构相同，只是最后有一条返回语句 return result;，即把 result 的值作为函数值返回给 main( )函数，然后继续执行 main( )函数中的后继语句。

5.1.3 函数原型

上述的例题程序中，自定义的函数都是定义在先，调用在后的。实际上，常常把函数的定义写在 main( )之后的。也就是说，可以先调用函数，再具体定义这个函数。此时，应该在主调函数中首先声明将要调用的函数，然后去调用它。这种对函数的声明称为函数原型。例如：

```
int main()
{
     void f();          //声明函数 f 的函数原型
     …
     f();               //调用函数 f
     …
  }
//函数 f 的定义
void f()
{
     …
}
```

因为函数调用在先、定义在后，所以在调用函数之前，应该通过声明函数的原型通知编译系统将要调用的函数的名称、参数的数目及各个参数的类型，以便于系统在编译阶段能检查出函数调用中实参与形参是否匹配，从而保证函数调用的正确性。

函数原型声明的语法格式为

```
函数值类型  函数名(形参 1 类型  形参 1, … ,形参 n 类型  形参 n);
```

函数原型声明与函数定义的首部应该是一致的。但是应注意，函数原型声明以声明语句的形式出现，因此，必须以分号结束，而函数定义的首部末尾不能加分号。

【例 5-3】 编写函数来判断某个整数是否为质数(素数)，并求 100 以内的所有质数。

分析： 设计一个判断 n 是否为质数的函数，若 n 是质数，则该函数返回布尔值 true；否则返回 false。主函数中反复调用该函数，以逐个判断并输出 2～100 内的质数。

源程序如下。

```
1    #include<iostream>
2    #include<cmath>
3    using namespace std;
4    int main()
5    {
6       bool IsPrime(int n);          //声明 IsPrime 函数的原型
```

```
7        int i;
8        for(i=2;i<100;i++)
9          if(IsPrime(i)==true)  cout<<i<<"  ";
10       cout<<endl;
11       return 0;
12     }
13     //判断 n 是否为素数,若 n 是素数,则该函数返回布尔值 true;否则返回 false
14     bool IsPrime(int n)
15     {
16         int j;
17         for(j=2;j<=sqrt(n);j++)
18         {
19            if(n%j==0)  return    false;
20         }
21          return true;
22     }
```

另外，在函数原型声明中，可以省略所有的参数名。这是因为函数原型声明的主要目的只是告诉编译系统被调函数的参数个数及其各自的类型，而参数的名称是无关紧要的。例如，在例 5-3 的 main( )函数中，函数原型声明可以改为

```
bool IsPrime(int);
```

应注意的是，函数定义首部中的参数名是不能省略的，否则编译系统会不清楚参数的名称及相应的类型。

如果程序中函数的定义在前，而函数的调用出现在后，则可以在主调函数中省略对被调函数的原型声明。但是，提倡在进行函数调用之前都对函数进行原型声明，以便编译系统对函数的调用进行错误检查。

5.1.4 函数的调用

定义好一个函数后，就可以使用该函数了。程序中对函数的使用称为函数调用。

一个 C++程序可以由一个主函数和若干个其他函数组成。其中，主函数调用其他函数，其他函数之间也可以互相调用。以下首先介绍函数调用的语法形式。

函数调用的基本语法格式为

```
函数名(实参表)
```

其中，“函数名”是指被调函数的名称；“实参表”是实际参数（简称为实参）的列表。实参是调用者传递给被调函数的数据；调用函数时，主调函数会将各实参的值一一对应地依次传递给被调函数中的各形参。

【例 5-4】 分析下列程序的运行结果，熟悉函数调用的形式。

源程序如下。

```
1    #include<iostream>
2    using namespace std;
3    int main()
4    {
5      double f(double x,double y);
6      double a=2.3,b=4.56,c;
7      c=f(3*a, b);
8      cout<<"c:"<<c<<endl;
9      return 0;
10   }
11   double f(double x,double y)
12   {
13     cout<<"x:"<<x<<",y:"<<y<<endl;
14     x*=2;
15     y*=2;
16     return x+y;
17   }
```

程序的运行结果:

```
x: 6.9, y: 4.56
c: 22.92
```

说明：该程序中调用函数 f( )时，首先第一个实参为表达式 a*3，程序将它的值 6.9 传递给函数 f( )的第一个形参 x；同样地，第二个实参 b 的值被传递给第二个形参 y。然后程序的执行流程转到函数 f( )的定义处继续执行。在 f( )的函数体中，首先输出的 x、y 的值，证明形参 x、y 确实得到了由实参传递来的值。最后函数将 x、y 扩大 2 倍后的和作为函数值，返回给主调函数 main( )，流程也转回到 main( )中原调用代码处，继续向下执行语句。

关于函数调用的形式，还有几点需要说明:

1）实参可以是常量、变量或表达式。实参和形参在个数、数据类型上应该一一对应。如果存在实参和形参类型不一致，则编译系统会自动对实参进行类型转换，将实参的值转换为形参类型，因此可能会损失数据的精度。例如，在例 5-4 中，若将实参 b 改成整型常量 4，则编译系统在调用时，会将实参 4 转换成对应形参的类型 double 型，即转换成浮点数 4.0。

2）如果被调函数无参数，则调用它时不用写实参表，但函数名后的圆括号不能省略。例如，例 5-1 中对无参函数 printstar( )的调用为

```
printstar();
```

3）函数调用式常常出现在一个表达式中间，此时将函数调用的返回值加入该表达式的运算中。例如，例 5-4 中用到的表达式 c=f(a*3,b)。但是，对于无返回值的函数（即函数值类型为 void 的函数），一般以单独的语句形式来调用它。例如，例 5-1 中调用无返回值的函数 printstar( )的语句为

```
printstar();
```

4）实参本身也可以是一个函数调用式。例如，例 5-4 的程序可使用如下的调用：

```
f(f(a,b),5);
```

其中，首先调用 f(a,b)，并将其函数值作为第二次调用函数 f( )的一个实参。

5.2 函数的参数传递

函数是程序的基本模块，一个程序中的各个函数又是互相联系的，这种联系体现为函数间的信息传递。没有函数间的数据传递，程序不能成为一个有机整体，也就不能工作。函数间的信息传递主要通过函数的参数传递来实现。

5.2.1 传递参数值

在 C++程序中，若以整型变量、实型变量等基本变量作为函数参数，则调用中的实参与形参之间的数据传递采用单向的值传递方式，即实参只能将其值单向地传给形参，即使函数中形参的值改变了，也不能传回给实参。

【例 5-5】 编写函数求两个整数的最大公约数。

分析：这里使用“辗转相除法”求两个数 *m*、*n* 的最大公约数：不断地将 *m* 除以 *n*，每除完一次，就把 *n* 赋给 *m*，除得的余数 *r* 赋给 *n*，直到 *m*、*n* 除尽为止。除尽时的除数即所求的最大公约数。

源程序如下。

```
1     #include<iostream>
2     using namespace std;
3     //求 m、n 的最大公约数
4     Int divisor(int m,int n)
5     {
6        int r;
7        do
8        {
9           r=m%n;
10          m=n;
11          n=r;
12       } while(r!=0);
```

```
13      return m;
14    }
15    int main()
16    {
17      int a=12,b=18,c;
18      c=divisor(a,b);
19      cout<<"("<<a<<","<<b<<")="<<c<<endl;
20      return 0;
21    }
```

程序的运行结果:

```
(12 , 18)=6
```

说明：本程序在调用 divisor( )函数时，将实参 a、b 的值分别传给了形参 m、n，即开始执行该函数时形参 m、n 的值与 a、b 值相等。但在执行到函数中的 return 语句之前，m、n 值都已经改变了，由最初的 12、18 分别变成了 6 和 0。函数执行完返回 main( )函数，在 main( )中输出 a、b 的值及求得的最大公约数，显然此时 a、b 还是保持了原来的值 12 和 18。这表明形参值的改变并没有传回给实参，也就是说，参数的值传递是单向的过程。那么，C++语言为什么不像某些高级语言的程序那样，实参会随形参的值同时发生改变呢？

原因在于，在 C++程序中，函数的形参与实参各自占有不同的内存空间（引用作参数除外）。当调用函数时，程序为其形参分配自己的内存空间，并将实参的值复制到相应形参的内存空间中。在执行函数的过程中，形参值的改变仅发生在形参所占的内存空间中，而实参内存空间中的值不会发生任何改变。因此，函数调用结束时，实参仍保持原值。这就是所谓的函数调用中传参数值的单向值传递过程。

在学习了本章的 5.6 节，了解了变量存储类型的知识后，相信读者会对函数调用的单向值传递过程有更深入的理解。

5.2.2 引用作为函数参数

1. 引用的概念

引用是某个变量（或对象）的别称。声明一个引用的语法格式为

```
类型说明符 &引用名=已定义的变量名
```

C++语言是通过引用运算符（&）来声明一个引用的，在声明时，必须进行初始化。例如:

```
int i=5;
int &j=i;
```

这里，j 是一个整数类型的引用，用整型变量 i 对它进行初始化，这时 j 就可看作变

量i的别名，也就是说，变量i和引用j占用内存的同一位置。当i变化时，j也随之变化，反之亦然。

【例 5-6】 分析下列程序的运行结果。

源程序如下。

```
1     #include<iostream>
2     using namespace std;
3     int main()
4     {
5        int i;
6        int &j=i;
7        i=30;
8        cout<<"i="<<i<<",j="<<j<<endl;
9        j=80;
10       cout<<"i="<<i<<",j="<<j<<endl;
11       cout<<"Address of i:"<<&i<<endl;
         //&是取地址运算符(详见 6.3.1 节),&i 得到 i 的地址
12       cout<<"Address of j:"<<&j<<endl;
13    }
```

程序的运行结果：

```
i=30, j=30
i=80, j=80
Address of i: 0x68fee8
Address of j: 0x68fee8
```

说明：由运行结果可以看出，变量i和它的引用j是同步更新的，且内存地址相同，此例中地址为0x68fee8（注意，此地址视实际系统的运行而有所不同）。

在使用引用时，还需要注意以下问题：

1）除了引用作为函数的参数或返回值类型外，通常声明引用时要立即对它进行初始化，不能声明完后再赋值。例如，以下用法是错误的。

```
int i;
int &j;
j=i;                                          //错误
```

为引用提供的初始值，可以是一个变量或另一个引用。例如：

```
int i=5;
int &j1=i;
int &j2=j1;
```

这样声明后，变量i将有两个别名：j1和j2。

2）引用只能被赋值一次，不能让它同时作为两个变量的别名。例如：

```
int i,k;
int &j=i;
j=&k;                                    //错误
```

3）并不是任何类型的数据都可以引用，下列情况的引用声明都是非法的。

① 不能建立引用的数组。例如：

```
int a[10];
int &ra[10]=a;                           //错误,不能建立引用数组
```

② 不能建立引用的引用。引用本身不是一种数据类型，所以没有引用的引用。例如：

```
int n;
int &&r=n;                               //错误,不能建立引用的引用
```

③ 引用不能用类型来初始化。例如：

```
int &ri=int;                             //错误
```

2. 作为函数的参数

C++语言提供引用，其主要的一个用途就是将引用作为函数的参数。它和5.2.1节介绍的单向值传递的效果完全不同，可以实现双向信息传递。

【例5-7】 采用“引用参数”来交换两个变量的值。

源程序如下。

```
1     #include<iostream>
2     using namespace std;
3     int main()
4     {
5        int a=5,b=10;
6        void swap(int &m,int &n);
7        cout<<"a="<<a<<",b="<<b<<endl;
8        swap(a,b);          //使参数m,n成为a,b的引用（即别名）
9        cout<<"a="<<a<<",b="<<b<<endl;
10    }
11    //交换m,n引用的变量的值
12    void swap(int &m,int &n)
13    {
14       int temp;
15       temp=m;
16       m=n;
```

```
17        n=temp;
18    }
```

程序的运行结果：

```
a=5,b=10
a=10,b=5
```

说明：当程序中调用函数 swap( )时，实参 a 和 b 分别引用 m 和 n，所以对 m 和 n 的访问就是对 a 和 b 的访问。初始调用 swap( )函数时的情况及变量 a、b 和它们的引用 m、n 之间的关系，如图 5-1（a）所示；swap( )函数执行结束前的情况如图 5-1（b）所示。函数 swap( )执行完后，改变了 main( )函数中变量 a 和 b 的值。

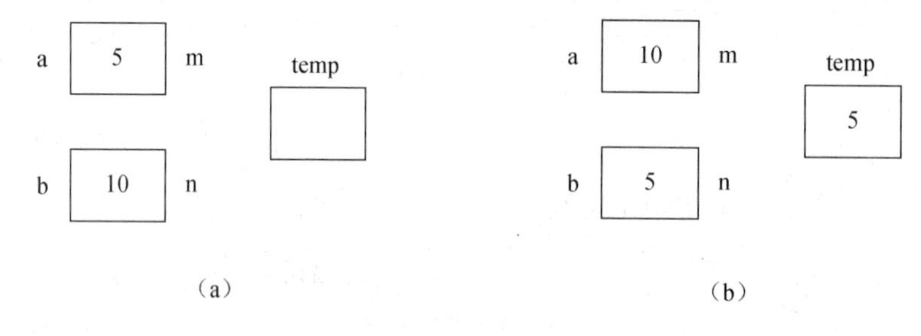

图 5-1　对例 5-7 的解释

尽管通过引用参数产生的效果同按指针参数（详见 6.6.1 节）产生的效果是一样的，但引用参数语法更清楚、简单。C++语言主张用引用参数传递取代指针参数传递的方式，因为前者语法简单且不易出错。

5.2.3　传递地址值

在函数的参数传递方式中，传递地址值指的是数组作为函数参数（详见 5.4 节）和指针作为函数参数（详见 6.6.1 节）这两种情况。具体内容请读者详细阅读后面相应的章节。

5.3　函数的嵌套调用和递归调用

5.3.1　函数的嵌套调用

C++语言中不允许嵌套地定义函数，但可以嵌套地调用函数，即在调用执行一个函数的过程中，又调用了另一个函数。例如：

```
void a()
{
    …
    b();                //函数 a 中调用函数 b
```

```
        …
    }
    void b()
    {
        …
    }
```

嵌套调用执行的过程如图5-2所示。

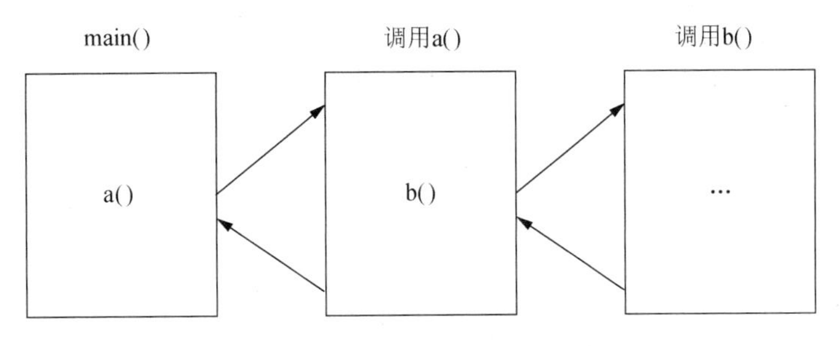

图5-2 嵌套调用执行的过程

【例5-8】 编写一个max3( )函数，用来求3个整数中的最大值。

分析：在求3个整数最大值的函数max3(int a,int b,int c)中，可以先调用求两个整数最大值的max2( )函数（详见例5-2）求出a、b的最大值n，再调用一次max2( )函数求n、c的最大值max，max值即为题目所求。

在调用函数max3( )的过程中，又嵌套地调用了另一个函数max2( )，这就称为函数的嵌套调用。

源程序如下。

```
1     #include<iostream>
2     using namespace std;
3     //求两个整数中的最大值
4     int max2(int a,int b)
5     {
6        int result;            //定义函数中除参数以外的变量
7        if(a>b)  result=a;
8        else  result=b;
9        return  result;
10    }
11    //求3个整数中的最大值
12    int max3(int a,int b,int c)
13    {
14       int n,max;
15       n=max2(a,b);
16       max=max2(n,c);
```

```
17        return max;
18     }
19     int main()
20     {
21        int x,y,z,m;
22        cout<<"input 3 integers:";
23        cin>>x>>y>>z;
24        m=max3(x,y,z);
25        cout<<"max:"<<m<<endl;
26        return 0;
27     }
```

程序的运行结果：

```
input 3 integers:2  4  6
max:6
```

【例 5-9】 验证哥德巴赫猜想：对任意输入的正整数 *n*，验证从 6～*n* 范围内的偶数都可以分解为两个质数（素数）之和。以下程序中，函数 bool divide(int n)用来将偶数 *n* 分解为两个质数的和；若分解成功，则函数返回 true；否则，返回 false。函数 bool IsPrime(int m)用来判断 *m* 是否为质数；若是，则函数返回 true；否则，返回 false（该函数可参见例 5-3）。

分析：此程序在函数 divide( )中，需要将 *n* 分解为质数 *k* 与质数 *m* 的和；此时，就需要嵌套调用另一个函数 IsPrime( )，以判断 *k* 和 *m* 是否为质数。

源程序如下。

```
1      #include<iostream>
2      #include<cmath>
3      using namespace std;
4      int main()
5      {  bool divide(int n);
6         int i,n;
7         cout<<"input the integer n(>=6):";
8         cin>>n;
9         if(n<6)
10        {   cout<<"input error\n";
11            return 0;
12        }
13          for(i=6;i<=n;i+=2)
14              if(divide(i)==false)        //对 i 进行分解,并判断分解是否成功
15              {   cout<<"猜想错误\n";
16                  return 0;
```

```
17            }
18    }
19    //将偶数n分解为两个质数的和
20    bool divide(int n)
21    {   bool IsPrime(int n);
22        int k,m;
23        for(k=3;k<=n/2;k++)
24        {   if(IsPrime(k)==false) continue;
25            m=n-k;
26            if(IsPrime(m)==true)break;//若m是素数,则分解已成功结束循环
27        }
28        if(k>n/2)  return false;
29        cout<<n<<"="<<k<<"+"<<m<<endl;
30        return true;
31    }
32    //判断m是否为质数
33    bool IsPrime(int m)
34    {   int i;
35        for(i=2;i<=sqrt(m);i++)
36        {   if(m%i==0)  return false;
37        }
38        return true;
39    }
```

程序的运行结果：

```
input the integer n(>=6):20
6=3+3
8=3+5
10=3+7
12=5+7
14=3+11
16=3+13
18=5+13
20=3+17
```

5.3.2 函数的递归调用

如果在某函数调用的过程中出现了对该函数自身的调用，则称这种函数为递归函数；函数对自身的调用，称为函数的递归调用。

1. 递归函数概述

函数的递归调用分为两种，即直接递归和间接递归。函数在本函数体内直接调用自

身的，称为直接递归。某函数调用其他函数，而其他函数又调用了本函数，这一过程称为间接递归。例如：

```
void a()
{
    …
    a();            //函数 a 中调用 a 自身,直接递归
    …
}
```

以上就使用了直接递归调用。又如：

```
void a()
{
    …
    b();            //函数 a 中调用函数 b
    …
}
void b()
{
    …
    a();            //函数 b 又调用函数 a,间接递归
    …
}
```

递归在解决某些问题时是十分有用的。原因有二：其一，有的问题本身就是递归定义的；其二，它可以使某些看起来不易解决的问题变得容易解决和描述，可以将一个包含递归关系且结构复杂的程序变成简洁精练、可读性好的程序。

【例 5-10】 用递归函数计算 $n!$。

分析：计算 $n!$的数学公式如下。

$$n!=n\times(n-1)\times\cdots\times3\times2\times1$$

显然，有

$$n! = \begin{cases} n\times(n-1)! & n>1 \\ 1 & n=1 \end{cases}$$

例如，求 3!的过程如下。

$$3!=3\times2!$$
$$2!=2\times1!$$
$$1!=1$$

按照上述过程回溯计算，就得到了 3!的计算结果：

$$1!=1$$

$$2!=2\times1!=2$$

$$3!=3\times2!=6$$

综上所述，设计一个求 $n!$ 的函数 fact(n)，其中函数值 $n!$ 由 n*fact($n-1$)求得。于是 fact( )函数是一个函数体内又调用了自身的递归函数。

源程序如下。

```
1    #include<iostream>
2    using namespace std;
3    int main()
4    {
5       int fact(int n);
6       int n;
7       cout<<"input positive integer n:";
8       cin>>n;
9       if(n<1)   return -1;
10      cout<<n<<"! :"<<fact(n)<<endl;
11      return 0;
12   }
13   //求n!的递归函数
14   int fact(int n)
15   {
16      int f;
17      if(n>1)   f=n*fact(n-1);
18        else    f=1;
19      return f;
20   }
```

程序的运行结果：

```
input positive integer n: 3
3! :6
```

说明： 下面分析函数 fact(n)中的递归调用过程。以计算 3!为例，main( )函数调用函数 fact(3)，如图 5-3 所示。

其中，主函数第 1 次调用 fact( )，进入 fact( )函数时形参 n 值等于 3。函数中要计算 3*fact(2)，为了计算 fact(2)，需要对函数 fact( )进行第 2 次调用，这次调用时形参 n 值等于 2。执行 fact(2)时又要计算 2*fact(1)，为了计算 fact(1)，需要对函数 fact( )进行第 3 次调用，这次调用时形参 n 值等于 1。执行 fact(1)时，返回函数值 1（即 1!），并返回上层调用处（回到第 2 次调用中）。

计算 2*fact(1)=2*1=2，完成第 2 次调用，执行 return 2，返回第 1 次 fact( )函数调用中。

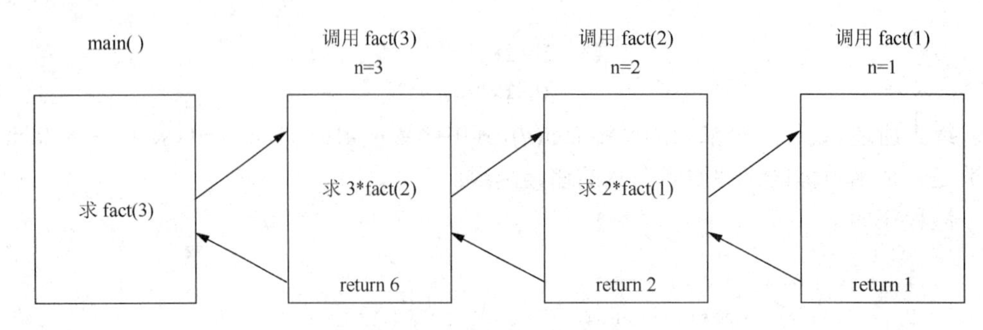

图 5-3 求 3！的递归过程

计算 3*fact(2)=3*2=6，完成第 1 次调用，执行 return 6，返回主函数，最终求得 3!等于 6。

2. 递归函数程序设计方法

利用函数的递归特性，可以实现递归函数的程序设计。要设计递归函数首先应分析问题是否具有递归处理特征，而且要明确该递归过程是什么，这样即可容易地编写出递归函数。从求 n!的递归函数中可以看出，递归函数的定义有两个要素：

1）递归结束条件。对于问题的最简单情况，它本身不再使用递归的定义，而直接给出运算结果或结束函数运行。例如，例 5-10，当 n=1 时，f=1，不再使用 fact(n−1)来计算 1 的阶乘。

2）递归定义要使问题逐步向结束条件转化。递归定义必须能使问题越来越简单，即参数越来越趋向于结束条件。例如，例 5-10，求 fact(n)需要计算 fact(n−1)，越来越接近 fact(1)，即结束条件。最简单的情况是 fact(1)=1。

下面通过一些实例来说明如何进行递归函数程序设计。

【例 5-11】 有 5 个人坐在一起，问第 5 个人多少岁，他说比第 4 个人大 2 岁。问第 4 个人的岁数，他说比第 3 个人大 2 岁。问第 3 个人，又说比第 2 个人大 2 岁。问第 2 个人，他说比第 1 个人大 2 岁。最后问第 1 个人，他说是 10 岁。请问第 5 个人多大。

分析： 显然这是一个递归问题。要求第 5 个人的年龄，就必须先知道第 4 个人的年龄，而第 4 个人的年龄也不知道，要求第 4 个人的年龄必须先知道第 3 个人的年龄，而第 3 个人的年龄又取决于第 2 个人的年龄，第 2 个人的年龄取决于第 1 个人的年龄。每一个人的年龄都比其前一人的年龄大 2，即

age(5)=age(4)+2

age(4)=age(3)+2

age(3)=age(2)+2

age(2)=age(1)+2

age(1)=10

可以将上述递归过程用以下的递推式来表述：

$$\begin{cases} age(n) = 10 & n = 1 \\ age(n) = age(n-1) + 2 & n > 1 \end{cases}$$

源程序如下。

```
1    #include<iostream>
2    using namespace std;
3    int main()
4    {
5      int age(int n);
6      cout<<age(5)<<endl;
7      return 0;
8    }
9    //求年龄的递归函数
10   int age(int n)
11   {
12     int a;
13     if (n==1)  a=10;
14       else  a=age(n-1)+2;
15     return a;
16   }
```

程序的运行结果：

```
18
```

说明：整个问题的求解全靠一个age(5)函数调用来解决。age( )函数共被调用5次，即age(5)、age(4)、age(3)、age(2)、age(1)。其中，age(5)是main( )函数调用的，其余4次是在age( )函数中调用的，即递归调用4次。应当强调的是，在每一次调用age( )函数时并不是立即得到age(n)的值，而是一次又一次地进行递归调用，到age(1)时才有确定的值，之后再递推出age(2)、age(3)、age(4)、age(5)。

在许多情况下，递归函数易写易懂。但是，如果不用递归方法，程序将十分复杂，很难编写。另外，还要说明几点：

1）无论是直接递归还是间接递归，都必须保证在有限次调用之后执行能结束。

2）函数调用时系统要付出时间和空间代价，在环境条件相同的情形下，总是非递归程序执行效率较高。

5.4　数组与函数

当函数f( )的形参是一维数组x时，调用该函数，实参一般应使用主调函数中某个数组的数组名（如a）。在调用函数f( )的过程中，如果改变了形参数组x元素的值，则对应的实参数组a中相应元素的值也会发生同样的改变，即出现实参与形参数组之间双向传值的效果。

【例5-12】 分析下列程序的运行结果，理解数组作为函数参数的双向传值效果。

源程序如下。

```
1    #include<iostream>
2    using namespace std;
3    int main()
4    {
5       int i,a[10]={10,20,30,40,50};
6       void DoubleArray(int array[ ],int n);
7       cout<<"before:";
8       for(i=0;i<5;i++)
9          cout<<a[i]<<"  ";
10      cout<<endl;
11      DoubleArray(a,5);     //对应形参数组的实参是主函数中的数组名a
12      cout<<"after:";
13      for(i=0;i<5;i++)
14      cout<<a[i]<<"  ";
15      cout<<endl;
16      return 0;
17   }
18   //数组作为函数DoubleArray的形参
19   void DoubleArray(int array[ ],int n)
20   {
21      int i;
22      for(i=0;i<n;i++)
23        array[i]*=2;
24   }
```

程序的运行结果：

```
before:10  20  30  40  50
after:20  40  60  80  100
```

说明： 以上运行结果说明，在调用函数DoubleArray( )之前输出的a数组中各元素的值是它们的初始值；而在调用函数DoubleArray( )之后，通过数组名a作为实参，函数DoubleArray( )中使形参数组array的各元素的值扩大了2倍，实际上也就是使相应的数组a中对应元素的值扩大了2倍。函数DoubleArray( )执行结束返回main( )函数后，输出数组a中的所有元素，结果表明它们的值确实已扩大了2倍。说明通过数组作为参数，可以实现形参数组和实参数组之间数据的双向值传递；若形参数组元素的值改变了，则对应的实参数组元素的值会发生同样的改变。

【例 5-13】 利用数组作为参数，编写求源字符串 s 中从第 start 个字符开始的长度为 len 的子串 d 的函数。

分析： 以下设计的求子串的函数 SubString( )的原型为

```
void SubString(char s[ ],int start,int len,char d[ ]);
```

其中，形参数组 s 代表源字符串；形参数组 d 代表求出的子串。参数 start 的取值应该满足 1≤start≤strlen(s)（若从首字符开始取，则 start 值记作 1），参数 len 的取值应该满足 len≤strlen(s)。

源程序如下。

```
1    #include<iostream>
2    #include<cstring>
3    #include<cstdio>
4    using namespace std;
5    int main()
6    {
7      void SubString(char s[ ],int start,int len,char d[ ]);
8      char str[81],dest[81];
9      int m,n;
10     cout<<"input the source string:";
11     gets(str);    //输入源字符串的库函数,开头需要加#include<cstdio>
12     cout<<"input m (start),n (length):";
13     cin>>m>>n;
14     if(m>strlen(str) || n>strlen(str) || m+n>strlen(str)+1)
15     {
16       cout<<"m or n are over the range\n";
17       return -1; //程序运行结束,返回
18     }
19     SubString(str,m,n,dest);
20     puts(dest);  //输出得到的子串的库函数
21     return 0;
22   }
23   //从串 s 中第 start 个字符开始,取出长度为 len 的子串放入 d 中
24   void SubString(char s[ ],int start,int len,char d[ ])
25   {
26     int k,j;
27     for(j=0,k=start-1;j<=len-1;j++,k++)
28     {  d[j]=s[k];
29     }
30     d[len]='\0'; //d 串末尾需要放结束符
31   }
```

程序的运行结果：

```
input the source string:abcde
input m (start),n (length):2  3
bcd
```

说明：该程序中首先判断用户输入的 m、n 值是否超出范围，若是，则结束程序的运行，返回；若否，则 main( )函数开始调用 SubString( )函数，分别将 main( )函数中存放源字符串和子串的数组 str 及 dest 的数组名作为实参，传给形参数组 s 及 d。然后，在调用 SubString( )函数的过程中，访问形参数组的元素 s[k]和 d[j]，也就是访问实参数组 str 及 dest 中相应的元素，从而实现形参数组和实参数组元素之间的双向传递数据。

数组作为函数的参数，必须遵循以下原则：

1）数组作为函数参数时，对应的实参一般应是主调函数中某数组的名称（也可以使用指向数组的指针作为实参，这将在 6.6.1 节介绍）。

2）实参数组和形参数组的数据类型必须相同。实际上，数组作为函数参数时，实参与形参之间不是值传递，而是地址传递；实参数组名代表该数组的起始地址，被传递给形参数组，可以看作两个数组共享一段内存空间。因此，若改变了形参数组元素的内存空间中的值，则相应的实参数组元素的值同样发生改变。这一点在学习第 6 章指针的知识后会更容易理解。

5.5 函数的其他用法

5.5.1 内联函数

函数调用时，实质上系统要做许多额外的工作，如断点现场保护、数据进栈、执行函数体、保存返回值等，时间开销很大。有些函数的函数体比较简单（如例 5-2 的函数 max2），在调用这种函数时，函数调用的其他时间开销远远超过执行函数体所消耗的时间。如果该函数被频繁调用，则函数调用附加的时间开销将大到不可忽视。

为了解决这一矛盾，C++语言提供了内联函数机制。该机制通过将函数体的代码直接插入函数调用处来节省调用函数的时间开销（称为内联函数的扩展）。由于对函数的每一次调用均要进行这种扩展，因此内联函数实际上是一种用空间换时间的方案，其目的是提高函数的执行效率。

定义一个内联函数的语法格式：只需在定义该函数时，在函数首部的开头加上关键字 inline 修饰即可。

【例 5-14】 将例 5-4 中的函数 f ( )改写成内联函数。

源程序如下。

```
1      #include<iostream>
2      using namespace std;
```

```
3     //内联函数 f
4     inline double f(double x,double y)
5     {  cout<<"x:"<<x<<",y:"<<y<<endl;
6        x=x*2;
7        y=y*2;
8        return x+y;
9     }
10    int main()
11    {  double a=2.3,b=4.56,c;
12       c=f(3*a,b);
13       cout<<"c:"<<c<<endl;
14       return 0;
15    }
```

说明：本例与例 5-4 的功能及运行结果完全相同，但它们的执行方式不同。在本例中不再有对 f( )函数的调用，编译器将把本例中的第 12 行赋值语句处理成如下形式：

```
cout<<"x:"<<3*a<<",y:"<<b<<endl;
x=3*a*2;
y=b*2;
c=x+y;
```

使用内联函数时应注意：

1）在 C++程序中，除了在函数体中含有复杂嵌套的 if 语句、switch 语句或循环语句的函数以外（若函数体内含有这些语句，系统会按普通函数处理），其余函数均可以被声明为内联函数。

2）内联函数的函数体不宜过大，一般最好不超过 5 行语句。

3）关键字 inline 与函数定义放在一起才能使函数成为内联函数。内联函数的定义必须出现在该函数的调用之前。这是因为编译器在对函数调用语句进行代换时，必须事先知道代换该语句的代码是什么。如果像例 5-4 那样，即使在其中函数 f( )的声明和定义处均加上关键字 inline，编译器也会报错。

5.5.2 带默认参数值的函数

C++语言允许函数调用中的实参个数与函数原型的形参个数不同。方法是在声明函数原型时（或在函数定义中），为一个或多个形参指定默认参数值，以后调用此函数时，若省略其中某一实参，则 C++自动地以默认参数值作为相应参数的值。例如，有一函数原型声明为

```
int init(int x=5,int y=10);
```

则 x 和 y 的默认值分别为 5 和 10。

当进行函数调用时，编译器按自左向右的顺序将实参与形参结合，若未指定足够的实参，则编译器按顺序用函数原型中参数的默认值来补足所缺少的实参。例如，对于上述 init( )函数，以下的函数调用都是允许的：

```
init(100,80);                  //形参 x=100,y=80
init(25);                      //形参 x=25,y=10
init();                        //形参 x=5,y=10
```

可见，应用带有默认参数值的函数，可以使函数调用更为灵活方便。

说明：

1）在函数原型中，所有取默认值的参数都必须出现在不取默认值的参数的右边。也就是说，一旦开始定义取默认值的参数，就不可以再声明非默认的参数。例如：

```
int fun(int i=5,int j=5,int k);  //错误
```

因为在取默认值参数的 int j=5 后，不应再声明非默认值参数 int k，可改为

```
int fun(int i,int k,int j=5);    //正确
```

2）在函数调用时，若某个实参省略，则其后的实参皆应省略而采用默认值。不允许某个实参省略后，再给其后的实参指定参数值。例如，不允许出现以下调用 init( )函数的语句：

```
init( ,25);                    //错误
```

3）给函数参数设置的默认值可以是常量、变量或表达式。

5.5.3 函数重载

在 C 语言中，同一个程序中的函数名必须是唯一的。也就是说，不允许出现同名的函数。假如，要求编写求一个整数、一个浮点数各自立方的函数。若用 C 语言来处理，必须分别编写两个函数，这两个函数的函数名不允许同名。例如：

```
long Icube(int i);             //求整数的立方
double Dcube(double d);        //求浮点数的立方
```

当使用这些函数求某个数的立方时，必须调用合适的函数，也就是说，用户必须记住这两个函数不同的函数名，虽然这两个函数的功能是相同的。

在 C++语言中，用户可以重载函数。这意味着，只要函数参数的类型不同，或参数的个数不同，或二者兼而有之，两个或两个以上的函数就可以使用相同的函数名。当两个以上的函数共用一个函数名，但是形参的个数或类型不同时，编译器会根据实参与形参的类型及个数的最佳匹配，自动确定调用哪个函数，这就是函数重载。被重载的函数称为重载函数。

由于 C++语言支持函数重载，上面两个求立方的函数可以起一个共同的名称 cube，但它们的参数类型仍保留不同。当用户调用这些函数时，只需在参数表中代入实参，编

译器就会根据实参的类型来确定应该调用哪个重载函数。因此，用户调用求立方的函数时，只需记住一个 cube( )函数即可。上述例子可以用下面的程序来实现。

【例 5-15】 使用参数类型不同的重载函数，求任意类型的数的立方。

源程序如下。

```
1     #include<iostream>
2     using namespace std;
3     //求整数的立方
4     long cube(int i)
5     {  return i*i*i;
6     }
7     //求浮点数的立方
8     double cube(double d)
9     {  return d*d*d;
10    }
11    int main()
12    {  int i=8;
13       double d=2.34;
14       cout<<i<<"*"<<i<<"*"<<i<<"="<<cube(i)<<endl;
15       cout<<d<<"*"<<d<<"*"<<d<<"="<<cube(d)<<endl;
16    return 0;
17    }
```

程序的运行结果：

```
8*8*8=512
2.34*2.34*2.34=12.8129
```

说明：在 main( )中两次调用了 cube( )函数，实际上是调用了两个不同的重载版本。由系统根据传送的不同参数类型来决定调用哪个重载版本。例如，cube(i)，因为 i 为整型变量，所以系统将调用求整数立方的重载版本 long cube(int i)。可见，利用重载概念，用户在调用函数时，书写非常方便。

下面是一个参数个数不同的重载函数的例子。

【例 5-16】 使用参数个数不同的重载函数，求几个整数的最大值。

分析：如例 5-8 所示，在没有学习函数重载之前，我们需要定义 2 个参数的函数 max2( )和 3 个参数的函数 max3( )分别表示求 2 个整数及 3 个整数的最大值的函数，且这两个函数的函数名不相同。

现在，我们利用函数重载机制，在以下程序中可以定义 3 个同名的 max( )函数，它们分别用于求 2 个、3 个、4 个整数的最大值。它们构成参数个数不同的函数重载。

源程序如下。

```
1     #include<iostream>
```

```
2     using namespace std;
3     //求 2 个整数的最大值
4     int max(int a,int b)
5     {
6        return  a>b?a:b;
7     }
8     //求 3 个整数的最大值
9     int max(int a,int b,int c)
10    {
11       int t=max(a,b);
12       int m=max(t,c);
13       return m;
14    }
15    //求 4 个整数的最大值
16    int max(int a,int b,int c,int d)
17    {
18       int t1=max(a,b);
19       int t2=max(t1,c);
20       int m=max(t2,d);
21       return m;
22    }
23    int main()
24    {
25       cout<<max(57,69)<<endl;
26       cout<<max(60,59,61)<<endl;
27       cout<<max(51,52,53,54)<<endl;
28       return 0;
29    }
```

程序的运行结果：

```
69
61
54
```

说明：本例中的函数 max( )被重载，这 3 个重载函数的参数个数是不同的。编译程序根据调用 max( )时传送参数的数目决定调用哪一个 max( )函数。

关于函数的重载还需要说明以下几点：

1）函数的返回值类型不在参数匹配检查之列。若两个函数除返回值类型不同外，其他均相同，则是非法的。例如：

```
int f(int x,int y);
```

```
double f(int x,int y);
```

虽然这两个函数的返回值类型不同，但是由于参数个数和类型完全相同，因此不属于函数的重载，编译器将无法区分这两个函数。因为在确定调用哪个函数之前，返回值类型是不知道的。

2）函数的重载与带默认参数值的函数一起使用时，有可能引起二义性。例如：

```
void DrawCircle(int r,int x=0,int y=0);
void DrawCircle(int r);
```

尽管 C++语言提供重载，但当调用 DrawCircle(20);时，编译器无法确定使用哪一个函数。

3）在函数调用时，如果给出的实参和形参类型不相符，C++语言的编译器会自动地进行类型转换工作。如果转换成功，则程序继续执行，但在这种情况下，有可能产生不可分辨的错误。例如，有两个函数的原型如下：

```
void fun(int x);
void fun(long x);
```

虽然这两个函数满足函数重载的条件，但是如果用下面的数据去调用，就会出现不可分辨的错误：

```
int c=fun(5.56);
```

此时，因为编译器无法确定将 5.56 转换成 int 还是 long 类型而出现错误。

5.5.4 函数模板

1. 模板的概念

简单地说，模板是一种编程工具，使用它编程者可以创建具有通用类型的函数库和类库，给编写大型软件带来方便。

具体地讲，模板是 C++语言支持的参数化多态性的工具。参数化多态性是指先对所处理的对象类型进行参数化，再使用同一段程序处理某个类型范围内的若干种类型的对象。模板便具有这种功能。

模板通常有两种不同的形式：函数模板和类模板。本节主要介绍函数模板。

2. 函数模板的引进

通过与 5.5.3 节的学习可以知道，使用函数重载可以对相同函数名定义不同的实现，系统将根据函数参数的不同来选择相应的实现。例如，求两个数之和可使用 add( )函数，它可以根据被求和参数的类型而定义成如下几个重载函数：

```
int add(int a,int b)
{
```

```
    return a+b;
}
double add(double a,double b)
{
    return a+b;
}
```

下面将上述两个函数的参数类型进行参数化，将 int 型和 double 型都用参数 T 来代替，于是得到如下形式的函数：

```
T add(T a,T b)
{
    return a+b;
}
```

这便是一个函数模板。该函数模板可以用来求一定类型范围内某类型的两个数之和。其中，参数化的类型 T 既可以用 int 型替换，也可以用 double 型替换，还可以用 float 型替换。总之，该函数模板所适用的类型范围是只要求做加法运算有意义即可。

可见，函数模板实际上是一个通用函数，它是若干种不同类型数据的操作的集合。使用函数模板可以避免重复劳动，提高代码的可重用性。

3. 函数模板的定义格式

定义函数模板的语法格式为

```
template<参数化类型说明符表>
类型说明符 函数名(参数表)
{
        函数体
}
```

其中，template 是定义模板的关键字；<参数化类型说明符表>又称为模板参数表，该表中有用逗号分隔的多个表项，每个表项称为一个模板参数。其具体格式为

```
class 标识符 1,class 标识符 2,…
```

这里，标识符 1、标识符 2、…是函数中被参数化的类型，即类型参数；class 并不是“类”的意思，只是其后被参数化的类型的类型说明符。例如：

```
template <class T1,class T2>
```

表明该模板中有两个类型参数 T1 和 T2。

下面举一个函数模板的例子说明其定义格式：

```
template<class T>
T max(T x,T y)
```

```
{
   return x>y?x:y;
}
```

该函数模板 max( )的功能是对两个同类型的数求最大值。其中，T 为类型参数，它既可以是系统预定义的数据类型，又可以是用户自定义的数据类型（如本书后面将介绍的结构体、类等）。

4. 函数模板的使用

上述 max( )函数代表的是一类函数，若要使用它进行求最大值的操作，必须先将类型参数 T 实例化为确定的数据类型（如 int 型等）；也就是说，max( )不是一个完全的函数，一般称这种函数为函数模板。对 T 实例化的类型参数称为模板实参，用模板实参实例化的函数称为模板函数。

在程序的编译阶段，当编译器发现有一个函数调用“函数名(模板实参表)”时，将根据模板实参表中的类型生成一个具体的函数即模板函数。该模板函数的函数体与函数模板定义中的函数体相同。

下面是使用上述函数模板 max( )的完整程序。

【例 5-17】 分析下列关于函数模板的程序的运行结果。

```
1    #include<iostream>
2    using namespace std;
3    template<class T>
4    T max(T x,T y)
5    {
6      return x>y?x:y;
7    }
8    int main()
9    {
10      int i1=7,i2=8;
11      char c1='a',c2='b';
12      double d1=15.245,d2=2345.78;
13      cout<<"max("<<i1<<","<<i2<<")="<<max(i1,i2)<<endl;
14      cout<<"max("<<c1<<","<<c2<<")="<<max(c1,c2)<<endl;
15      cout<<"max("<<d1<<","<<d2<<")="<<max(d1,d2)<<endl;
16      return 0;
17    }
```

程序的运行结果：

```
max(7,8)=8
max(a,b)=b
```

```
max(15.245,2345.78)=2345.78
```

说明：此程序中生成了 3 个模板函数：max(i1,i2)、max(c1,c2)和 max(d1,d2)，它们分别是用模板实参 int、char、double 将类型参数 T 进行实例化而得到的。

从该例可以看出，函数模板提供了一类函数的抽象，它以任意类型 T 作为参数（函数值类型也可以是 T）。函数模板对某一特定数据类型的实例化就是模板函数。函数模板代表了一类函数，而模板函数表示某一具体的函数。

函数模板实现了函数参数的通用性，作为一种代码的重用机制，可以大幅度提高程序设计的效率。

对于函数模板的使用还需要说明如下几点：

1）函数模板类似于重载函数，但是比它更严格一些。函数被重载的时候，在每个函数体内可以执行不同的操作。但同一个函数模板实例化后的所有模板函数都必须执行相同的操作。例如，下面的重载函数就不能用函数模板代替，因为它们的函数体所执行的操作不同。

```
void print(int i)
{
   cout<<i;
}
void print(double d)
{
   cout<<"d="<<d<<endl;
}
```

2）在函数模板中允许使用多个类型参数。但是应当注意，template 定义部分的每个类型参数前必须有关键字 class。下面这个程序就建立了有两个类型参数的函数模板。

【例 5-18】 使用函数模板求两个任意类型的数据之和。

源程序如下。

```
1     #include<iostream>
2     using namespace std;
3     template<class T1,class T2>
4     T1 add(T1 x,T2 y)
5     {
6        return x+y;
7     }
8     int main()
9     {
10       int i=7;
11       float t=3.44;
12       double j=23.456;
```

```
13      cout<<"add("<<i<<","<<i<<")="<<add(i,i)<<endl;
14      cout<<"add("<<t<<","<<i<<")="<<add(t,i)<<endl;
15      cout<<"add("<<j<<","<<i<<")="<<add(j,i)<<endl;
16      cout<<"add("<<j<<","<<t<<")="<<add(j,t)<<endl;
17      return 0;
18  }
```

程序的运行结果：

```
add(7,7)=14
add(3.44,7)=10.44
add(23.456,7)=30.456
add(23.456,3.44)=26.896
```

说明：该程序中定义了一个函数模板，由该函数模板可生成多个模板函数，该程序中实例化了 4 个模板函数。该函数模板有两个类型参数 T1 和 T2，且函数值的类型为 T1，因此要求在生成的模板函数中，类型 T1 的数据精度不低于 T2。

5.6 变量的作用域和存储类型

C++语言程序占用的存储空间通常分为各自独立的 3 个区间：程序区、静态存储区和动态存储区。其中，程序区存放的是可执行程序的机器指令；静态存储区存放的是程序执行过程中需要占用固定存储空间的变量；动态存储区中存放的是不需要占用固定存储空间的变量。

在 C++语言中，变量的定义包含 3 个方面的内容：一是变量的数据类型，如 int、char 等。二是变量的作用域。变量的作用域是指一个变量能够起作用的程序范围，即一个变量定义好之后，在什么范围内能够使用该变量。三是变量的存储类型（又称为存储方式），即变量在内存中的存储方法，不同的存储类型将影响变量值的保存时间（即生存期）。对于变量的类型，第 2 章已经介绍过。以下重点介绍关于变量的作用域和存储类型的知识。

5.6.1 全局变量和局部变量

变量的作用域的范围是由定义变量的位置决定的。根据作用域的不同，可以将变量分为两类：局部变量和全局变量。

1. 局部变量

局部变量是在函数内定义的变量，其作用域仅限于该函数内，只能在该函数内部使用它，离开该函数后再使用这种变量是非法的。函数的形参可视为该函数的局部变量。例如：

```
int main()
{
    int m,n;
    …
}
//函数 f1
int f1(int a)
{
    int b,c;
    …
}
```

在函数 f1( )内定义了两个局部变量 b、c，另外函数 f1( )还拥有一个可视为局部变量的形参 a，因此，a、b、c 只能在函数 f1( )中使用，不能在主函数中使用，即 a、b、c 的作用域限于函数 f1( )内。同理，m、n 的作用域限于 main( )函数内，在函数 f1( )中不可以使用变量 m、n。

关于局部变量的作用域，做如下说明。

1）主函数中定义的变量只能在主函数中使用，不能在其他函数中使用。同时，主函数中不能使用其他函数中定义的变量。

2）形参变量是属于所在函数的局部变量。

3）允许同一程序的不同函数中使用同名的局部变量，它们代表不同的数据，分配在不同的存储空间中，互不干扰，也不会发生混淆。

4）在复合语句中也可以定义变量，其作用域只在该复合语句内有效。

【例 5-19】 分析下面程序的运行结果。

```
1    #include<iostream>
2    using namespace std;
3    int main()
4    {
5        int x=2;
6        if(x!=0)
7        {
8            int x=5;
9            cout<<"x1="<<x<<endl;
10       }
11       cout<<"x2="<<x<<endl;
12       return 0;
13   }
```

程序的运行结果：

```
x1=5
```

```
x2=2
```

说明：首先 main( )的第一条语句中定义了变量 x，赋初值为 2。而在其后的复合语句内又定义了一个变量 x，并赋初值为 5。这两个变量 x 虽然同名，但被分配在不同的存储空间，不是同一个变量，作用域也不相同。在复合语句外由先定义的 x 起作用，在复合语句内则由在复合语句内定义的 x 起作用，离开了复合语句后它就不起作用了。

2. 全局变量

在所有函数之外定义的变量称为全局变量。全局变量的作用域是从定义它的位置开始到本程序文件末尾止，即位于全局变量定义后面的所有函数中都可以使用此变量。例如：

```
int a,b;        //全局变量
void f1()
{
      …         //全局变量 a,b 的作用域
}
float x,y;      //全局变量
int f2()
{
      …         //全局变量 a,b,x,y 的作用域
}
int main()
{
      …         //全局变量 a,b,x,y 的作用域
}
```

a、b、x、y 都是在所有函数外部定义的变量，均属于全局变量。但是，x、y 定义在函数 f1( )之后，所以它们在 f1( )内无效。a、b 定义在源程序最前面，因此在 f1( )、f2( )及 main( )函数中都可以使用。

使用全局变量时要注意以下几点：

1）在同一源文件中，允许全局变量和局部变量同名，此时在局部变量的作用域内，全局变量不起作用。

2）建议在程序中第一个函数之前定义全局变量。

3）全局变量可加强函数之间的数据联系，使函数的独立性降低。从模块化程序设计的观点来看这是不利的，因此尽量不要使用全局变量。

【例 5-20】 分析下面程序的运行结果。

```
1    #include<iostream>
2    using namespace std;
3    int y,z;                    //全局变量 y,z
```

```
4    int main()
5    {
6       void abc(int x);
7       int x;
8       x=10;
9       y=20;
10      z=30;
11      cout<<"ok1:x="<<x<<",y="<<y<<",z="<<z<<endl;
12      abc(x);
13      cout<<"ok2:x="<<x<<",y="<<y<<",z="<<z<<endl;
14      return 0;
15   }
16   void abc(int x)
17   {
18      int y=0;
19      cout<<"ok3:x="<<x<<",y="<<y<<",z="<<z<<endl;
20      x=100;
21      y=200;
22      z=300;
23      cout<<"ok4:x="<<x<<",y="<<y<<",z="<<z<<endl;
24   }
```

程序的运行结果：

```
ok1:x=10,y=20,z=30
ok3:x=10,y=0,z=30
ok4:x=100,y=200,z=300
ok2:x=10,y=20,z=300
```

说明：程序中，首先定义了两个全局变量 y 和 z；在 main( )函数中定义了局部变量 x，并为局部变量 x 和全局变量 y、z 分别赋了值；接着调用函数 abc( )，将 main( )的局部变量 x 的值 10 传递给 abc( )的形参 x，在函数 abc( )中，形参 x 视同局部变量。另外，在函数 abc( )中重新定义了局部变量 y，它虽与全局变量 y 同名，但它们分别占有各自的存储空间，是不同的变量。在函数 abc( )中全局变量 y 暂时不起作用，而全局变量 z 在函数 abc( )中还是起作用的。

另外，通过 return 语句只可以返回一个函数值，要想在函数之间传递多个数据，可以使用全局变量。

【例 5-21】 计算某学生 4 门课程成绩的总分和平均分。

分析：如果设计一个函数，同时求出该学生 4 门课程成绩的总分和平均分，则求得的两个结果不能都通过 return 语句返回给主函数，于是可以将记录总分和平均分的两个变量都设计成全局变量，这样子函数和主函数都可以访问它们。调用子函数结束后，在主函数中可以访问它们的输出结果。

源程序如下。

```
1     #include<iostream>
2     using namespace std;
3     float sum,ave;                    //全局变量
4     int main()
5     {
6        float score[ ]={78,85,80,90};  //score 中记录了 4 门课程的成绩
7        void cal (float s[ ],int n);
8        cal (score,4);
9        cout<<"sum="<<sum<<','<<"ave="<<ave<<endl;
10       return 0;
11    }
12    //计算总分和平均分,分别保存在全局变量 sum 和 ave 中
13    void cal(float s[ ],int n)
14    {
15        sum=0;
16        for(int i=0;i<n;i++)
17           sum+=s[i];
18        ave=sum/n;
19    }
```

程序的运行结果:

```
sum=333,ave=83.25
```

说明：函数 cal( )要将计算出的总分和平均分都传递给 main( )函数，但是函数 cal( )的返回值类型设计成了 void（即不返回值），这是由于该程序中直接使用全局变量将总分和平均分的值记录下来，main( )函数访问这两个全局变量，输出结果即可。

需要注意的是，由于全局变量破坏了函数的封装性，因此建议尽量不要使用全局变量，不得不使用时一定要严格限制，尽量不要在多个地方随意修改它的值，否则可能后患无穷。

5.6.2 静态变量和动态变量

变量的作用域描述了在程序的哪些地方可以使用该变量，即变量的空间特性。何时开始能够使用某变量？它的值又可以保留多长时间呢？把一个变量的使用时间称为变量的生存期。在 C++语言中，通过变量的存储类型来描述变量的生存期。

按照存储类型分类，变量可分为静态存储变量和动态存储变量两种。对于静态存储变量，通常在程序开始执行前就给它分配存储空间并一直保持直至整个程序运行结束。例如，全局变量即属于此类存储方式。对于动态存储变量，在程序执行过程中，使用它

时才分配存储空间，使用完毕立即释放它占有的空间。例如，函数的形参、函数的局部变量等，在函数定义时并不给它们分配存储空间，只有函数被调用时才为它们分配存储空间，使用完毕立即释放它们的空间。

由以上分析可知，静态存储变量在程序运行期间是一直存在的，而动态存储变量则时而存在时而消失；这就体现出了变量的生存期不同。

因此，在定义变量时，应同时考虑它的数据类型、作用域和存储类型等属性。在C++语言中，可以通过声明自动变量或静态变量等来表明它的存储类型。

1. 自动变量

自动变量属于动态存储类型（可以称为动态变量）。声明自动变量的关键字为auto，但可以省略。也就是说，函数内部凡未加存储类型关键字的变量均视为自动变量。例如，以下两条声明语句是等价的：

```
auto int x,y;
int x,y;
```

自动变量具有以下特点。

1）自动变量的作用域仅限于定义该变量的模块内，即在函数中定义的自动变量，只在函数内有效。在复合语句中定义的自动变量只在该复合语句中有效。

2）自动变量属于动态存储类型，只有定义该变量的函数被调用时才给它分配存储空间，函数调用结束即释放它的存储空间。因此，函数调用结束之后，自动变量的值不能保留。

【例 5-22】 分析下面程序的运行结果。

```
1     #include<iostream>
2     using namespace std;
3     int main()
4     {
5        auto int a=3,s=100,p=200;
6        if(a>0)
7        {
8            auto int s,p;
9            s=a+a;
10           p=a*a;
11           cout<<"s="<<s<<",p="<<p<<endl;
12       }
13       cout<<"s="<<s<<",p="<<p<<endl;
14       return 0;
15    }
```

程序的运行结果：

```
s=6,p=9
s=100,p=200
```

说明：程序中第 5 行定义的 s、p 与第 8 行定义的 s、p 是不同的自动变量，占用不同的存储空间。第 5 行定义的 s、p 的作用范围是整个 main( )函数，而第 8 行定义的 s、p 的作用范围仅限于它们所在的复合语句，并且在这个复合语句中所有访问的 s、p 指的都是第 8 行定义的 s、p，第 5 行定义的 s、p 在这个复合语句中暂时不起作用。

2. 静态变量

静态变量是指程序中属于静态存储类型的变量。声明静态变量应使用关键字 static，并且 static 是不能省略的。声明静态变量的语法格式为

```
static  类型说明符  静态变量名
```

前面已经介绍，变量按照作用域，有局部变量和全局变量之分。函数内部定义的变量和函数的形参都是局部变量，但从生存期上，它们不一定都是自动变量(即动态存储)，也可以声明为静态存储的局部变量，称为静态局部变量。另外，全局变量本身属于静态存储的，也可以声明为静态全局变量，这样在作用域上会有所不同。以下分别介绍静态局部变量和静态全局变量。

（1）静态局部变量

在局部变量的声明前加上关键字 static，就构成了静态局部变量。例如：

```
static float x=1.9;
```

静态局部变量具有以下特点。

1）静态局部变量的作用域限于函数内部，但生存期为整个程序，即只能在该函数内部使用它，退出函数后，尽管该变量继续存在，但不能使用它。

2）静态局部变量只能被赋一次初值，再次调用该函数时，它保留了前一次调用后留下的值，不会被重新初始化。

【例 5-23】 分析下面程序的运行结果。

```
1    #include<iostream>
2    using namespace std;
3    int main()
4    {
5      int a=2,k;
6      int test(int a);
7      for(k=1;k<=3;k++)
8        cout<<test(a)<<"  ";
9      cout<<endl;
10     return 0;
```

```
11    }
12    //测试静态局部变量和自动变量
13    int test(int a) //形参 a 也是自动变量(动态存储),且是该函数的局部变量
14    {
15       int b=0;             //自动变量 b(动态存储、局部变量)
16       static int c=3;      //静态局部变量 c(静态存储)
17       a++;                 //局部变量 a（动态存储）
18       b++;
19       c++;
20       return a+b+c;
21    }
```

程序的运行结果：

```
8  9  10
```

说明：函数 test( )中的形参 a 和变量 b 都是自动变量（且是局部变量），是动态存储的，因此它们只在函数调用期间存在，函数调用结束后它们就消失了。下一次调用 test( )时再重新为它们分配存储空间，并对 b 赋初值（形参 a 的值是由主函数的局部变量 a 传值给它的）。但是，变量 c 是 test 中的静态局部变量，因此它在程序执行的整个过程中是一直存在的，且只能被初始化一次，下一次调用进入函数 test( )时，c 还是占用原来分配的空间，且其中保存了前一次调用后留下的值。

（2）静态全局变量

全局变量本身就是静态存储的，静态全局变量当然也是静态存储的。但是，这两者的区别在于作用域的限制：静态全局变量的作用域局限于本源文件内，只能为该源文件内的函数公用；全局变量加上 static 限制是为了避免在其他源文件中被使用，防止出现错误。静态全局变量声明的语法格式与静态局部变量相同。

第6章 指　　针

C++语言为用户提供了对变量所占空间的地址进行操作的机制，即指针类型和引用类型。指针和引用不是一种独立的数据类型，而是一种导出数据类型。指针的灵活运用可以使程序简洁、高效。本章介绍指针的概念、运算，指针与数组、指针与函数的关系，动态内存分配等知识。

6.1　指针的基本概念

C++程序中某种类型的数据占用内存中固定字节数的存储单元，如 char 型数据占用 1 字节，int 型整数占用 4 字节等。每个内存单元（即 1 字节）对应一个编号（即内存地址）。一般将一个数据的第一个存储单元的地址称为该数据的首地址，简称为数据的地址。例如，若程序中已定义了两个 int 型变量 x 和 y，编译时系统分配 1000H～1003H（H 表示十六进制）这 4 字节给变量 x，分配 1004H～1007H 这 4 字节给 y，并且 x 等于 3，y 等于 6，则 x 和 y 在内存中的存储情况如图 6-1 所示。变量 x 的地址为 1000（省略了 H，下同），变量 y 的地址为 1004。

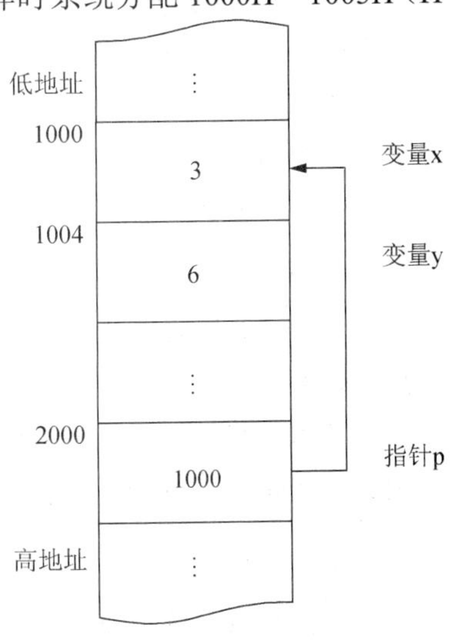

图 6-1　x 和 y 在内存中的存储情况

指针正是这样一种特殊的变量，它被用来存放某个变量（或对象）的地址。一个指针存放了哪个变量的地址，该指针便指向哪个变量。通过指针可知某变量的地址，再根据该变量的类型就可以访问这个变量了。假设定义了一个变量 p，用来存放 int 型变量的地址，可以将上述变量 x 的地址 1000 存放到 p 中，这时 p 的值就是 1000。当要存取变量 x 的值时，可以先找到存放 x 的地址的变量 p，从中取出 x 的地址（1000），然后到地址为 1000、1001、1002 和 1003 的存储单元中取出 x 的值 3。这种存取变量的方式称为间接访问方式（有别于通过变量名直接对内存单元进行存取的直接访问方式）。

6.2　指针的声明与初始化

6.2.1　指针的声明

和其他变量一样，指针必须在使用前先声明（或称为“定义”），并且对它赋值。声

明指针变量的语法格式为

```
类型说明符 *指针变量名
```

其中，“类型说明符”指明了指针所指变量的类型，一般将它称为指针的类型。一个指针变量只能指向同一类型的变量。“*”是说明符或修饰符，用来表示它后面的标识符是指针名。例如：

```
int x,*p;
```

声明了一个 int 型变量 x 和一个指向 int 型变量的指针变量 p，即 p 用来存放某个 int 型变量的地址，而 x 中将存放一个整数。

以下声明都是合法的：

```
float *fp;        //fp 是指向 float 型变量的指针变量
char *cp;         //cp 是指向 char 型变量的指针变量
```

6.2.2 指针的初始化

指针变量和其他类型的变量一样，其初始值是不可知的，因此使用前要对它赋值，也就是使一个指针变量指向程序中某一个已知变量。这时可以在声明指针的同时对指针进行初始化。

假设有 int 型的指针变量 p，如果要把 int 型变量 x 的地址赋予 p，则可以用以下方式对 p 进行初始化（赋初值）：

```
int x,*p=&x;
```

将变量 x 的地址存放到指针变量 p 中，p 就“指向”了变量 x。这里运算符“&”称为取地址运算符，6.3.1 节将重点介绍它。

也可以把指针初始化为 NULL（它是系统定义的，值为 0），表示空指针，即未指向任何变量的指针。例如：

```
int *p=NULL;
```

使用指针时应注意以下问题：

1）指针变量定义后，若不赋值，其值是不确定的，此时不可以使用该指针。如果强行使用它，则可能会引起系统崩溃。

2）将指针变量赋值为 NULL 与未对指针变量进行赋值，意义是不同的。

3）不能将一个非零的整数（或任何其他非地址类型的数据）赋给一个指针变量。例如：

```
int *p=1000;
```

是非法的。但 p=0 是合法的，它等价于 p=NULL。

6.3 指针运算

由于指针是一种特殊的变量，因此指针的运算受到限制。通常指针除了赋值运算外，仅有加减整数运算和相减及比较运算等。

6.3.1 取地址运算与取值运算

1. 取地址运算

取地址运算符（&）用来取出某个变量的内存地址，一般再使用变量的地址对某指针变量赋值。例如，&a 表示取出变量 a 的地址。

指针在使用前必须是指向某一个已知变量的，可以通过初始化的方法对指针赋初始值，也可以在程序中用某个变量的地址来对指针进行赋值。例如：

```
int x;*p;
p=&x;
```

2. 取值运算

直接通过变量名来找到变量的地址，从而实现对变量进行访问的方式称为直接访问方式。相对而言，通过指向变量的指针，间接地找到变量的地址来访问变量的方式称为间接访问方式。通过指针变量间接访问它所指向的变量时，必须对指针做间接访问运算，即对它使用间接访问运算符（*），又称为取值运算符。

取值运算符（*）是一元运算符（或称为单目运算符），使用它的语法格式为

```
*指针变量名
```

其表示间接访问该指针变量所指向的变量，取出该变量的值（或改写变量的值）。

【例 6-1】 分析下列程序的运行结果，熟悉用指针访问变量的方法。

分析： 在程序中定义两个指针 px 和 py，分别指向变量 x 和 y。这时，*px 是指访问变量 x，*py 是指访问变量 y，两条输出语句的输出结果是相同的。

源程序如下。

```
1    #include<iostream>
2    using namespace std;
3    int main()
4    {
5       int x,y;
6       int *px,*py;
7       x=5;
8       y=10;
```

```
9       px=&x;                          //把变量 x 的地址赋给 px
10      py=&y;                          //把变量 y 的地址赋给 py
11      cout<<x<<","<<y<<endl;
12      cout<<*px<<","<<*py<<endl;
13      return 0;
14    }
```

程序的运行结果：

```
5,10
5,10
```

另外，应注意单目运算符“*”和“&”的优先级和结合性。“&”和“*”两个运算符的优先级是相同的，而结合方向是按自右向左的。据此，请分析以下程序段的功能：

```
int a=10,*p1,*p2;
p1=&a;
p2=&*p1;
```

其中，&*p1 表示变量 a 的地址。因为“&”和“*”两个运算符的优先级别相同，按自右向左的方向结合，应先进行*p1 的运算，它就是变量 a，再执行“&”运算。因此，&*p1 与&a 相同，即求变量 a 的地址。

*&a 和*p1 的作用也是一样的，它们都等价于访问变量 a。

6.3.2 指针的算术运算

指针的算术运算，即指针与整数的加、减运算。在 C++语言中，一个指针变量可以加（减）一个整型数据，如 p+i，其值表示指针 p 所指向变量后面的第 i 个变量的地址。因此，p+i 的值并不是简单地将 p 的原值加 i，而是将 p 的值加上 i 倍的所指向变量占用的内存单元的字节数。例如，若 p 的值为 1000，且 p 为 int 型指针，则 p+i 的值为 1000+ i*4。

另外，如果有定义：

```
int *p;
```

则 p++表示指针向后移动一个 int 型整数，p--表示指针向前移动一个 int 型整数，p+=i 表示指针向后移动 i 个整数，p-=i 表示指针向前移动 i 个整数。

例如，若 p 是指向数组 a 中的元素 a[0]的指针，如图 6-2 所示，则表达式 p+1、p+2 所表示的地址如图 6-2 所示。假设执行 p+=2 的运算，则 p 将由指向元素 a[0]改为指向元素 a[2]。

指针变量不能加、减一个非整型的数据。

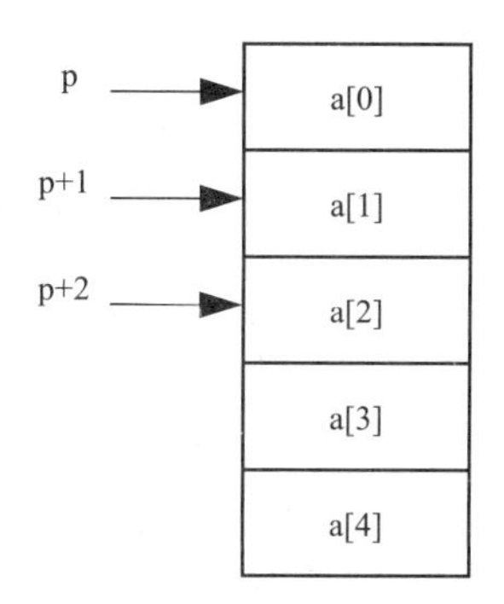

图 6-2 指针与整数相加的示意图

6.3.3 指针的关系运算

指向同一类型数据的两个指针变量 p1、p2 可以进行>、>=、<、<=、==、!=共 6 种关系运算，以比较两个指针值的大小。

1）p1==p2 只有在 p1 和 p2 指向同一数据时成立，表达式为真；否则，表达式为假。

2）p1>p2 只有在 p1 指向较高地址位置时成立（即 p1 指向的数据在内存中位于 p2 所指向的数据之后）。

3）p1<p2 只有在 p1 指向较低地址位置时结果为真；否则，结果为假。

其他 p1>=p2、p1<=p2、p1!=p2 等关系表达式的含义类似，这里不再赘述。

【例 6-2】 判断一个字符串是否为回文串。

分析：回文串是指正读和反读都相同的字符串，如字符串"abba"和"abcba"都是回文串。实际上，回文串即是对应的首、尾字符全都相等的字符串。因此，程序中用到了首指针 top 和尾指针 end，分别指向字符串中对应的首、尾字符，然后循环地比较 top 和 end 指向的字符是否相等，每循环完一次后还要移动 top 和 end 指针。

源程序如下。

```
1     #include<cstring>
2     #include<iostream>
3     #include<cstdio>
4     using namespace std;
5     int main()
6     {
7        char s[81],*top,*end;
8        cout<<"input the string to just:";
9        gets(s);                 //用标准库函数 gets 输入一个字符串
10       top=&s[0];               //初始将 top 指向串首的字符
11       end=&s[strlen(s)-1]; //将 end 指向串尾字符(结束符'\0'的前一个字符)
12       for( ;top<end;top++,end--)
13          if(*top!=*end) break;
```

```
14      if(top>=end)
15        cout<<"it is a palindrome"<<endl;  //输出判断结果:是回文串
16      else
17        cout<<"it is not a palindrome"<<endl;
18      return  0;
19    }
```

说明：标准库函数 gets( )输入字符串的功能与 cin 的功能是等价的，且更好（详见例 6-7 的“说明”）。使用该库函数时，需要在程序开头加#include<cstdio>。本程序中用到了指针的关系运算 top<end 和 top>=end。在循环比较首、尾字符的过程中，需要满足关系 top<end，因为只需比较完字符串的前一半字符和对应的后一半字符后，即可得出判断结果。循环结束时，若 top>=end 关系成立，则表明在循环过程中*top==*end 始终成立，说明串 s 是回文串；否则，说明其不是回文串。

6.3.4 指针的相减和赋值运算

1. 指针的相减运算

两个指针变量可以相减，相减的差等于两指针所指变量之间相距的同类型变量的个数。

例如，p 和 q 是指向同一个 int 型数组 a 中的元素的两个指针。设 p 指向元素 a[0]，q 指向元素 a[3]，而 a[3]与 a[0]距离 3 个元素，所以 q−p 的结果为 3。

【例 6-3】 分析下列程序的运行结果，熟悉指针的相减运算。

源程序如下。

```
1     #include<iostream>
2     using namespace std;
3     int main()
4     {
5           int a[ ]={1,3,5,7,9};
6           int *p,*q,k;
7           p=&a[0];             //将指针 p 指向元素 a[0]
8           q=&a[4];
9           for( ;q-p>0;p++,q--)
10       {
11         k=*p;
12         *p=*q;
13         *q=k;                   //利用 k 交换*p 和*q 的值
14       }
15      for(k=0;k<=4;k++)
16         cout<<a[k]<<"  ";
17      cout<<endl;
```

```
18      return 0;
19   }
```

程序的运行结果：

```
9  7  5  3  1
```

注意：两个指针变量不能进行加法运算，因为它是无意义的。

2. 指针的赋值运算

前面已提及，指针在定义时可以被赋初值（初始化），也可以在程序中被赋值。指针赋值的规则：指针被赋的值应该是变量（或数组元素、对象）的地址值，并且要求类型相同。例如：

```
double d=1.5,*p;
int a=7;
```

下列赋值是正确的：

```
p=&d;
```

下列赋值是错误的：

```
p=&a;
```

这是因为指针 p 的类型是 double 型，而变量 a 的类型是 int 型的。
另外，可以将一个已知值的指针赋值给相同类型的另一个指针。例如：

```
int a=5,*p1=&a,*p2; //指针 p1 指向变量 a
p2=p1;
```

以上将指针 p1 赋值给 p2，使 p2 和 p1 都指向了变量 a。

6.4 指针与数组

C++语言中的指针和数组有着密切的关系，数组名可以认为是一个常量指针，它指向数组的起始地址。指针变量可以完成对数组的各种操作。因此，引用数组元素可以用下标法，如 a[3]；也可以用指针法，即通过指向数组元素的指针找到需要访问的元素。使用指针法对数组进行操作能使目标程序占用内存空间少，运行速度快。

6.4.1 指针与一维数组

程序中的一个一维数组将被存放在内存中一块连续的存储单元中，每个数组元素占用各自的存储单元，它们都有相应的地址。可以将与数组同类型的指针变量指向数组的开始（即指向数组的首元素），也可以将指针指向数组中间的任一个元素。

1. 使指针指向一维数组的元素

将一维数组 a 中的元素 a[i]的地址赋给同类型的指针变量 p，则 p 就指向了数组元素 a[i]。例如：

```
int a[5]={1,3,5,7,9};
int *p;
p=&a[0];
```

这样，指针 p 就指向了数组 a 的首元素，即指向了数组的开始，如图 6-3 所示。

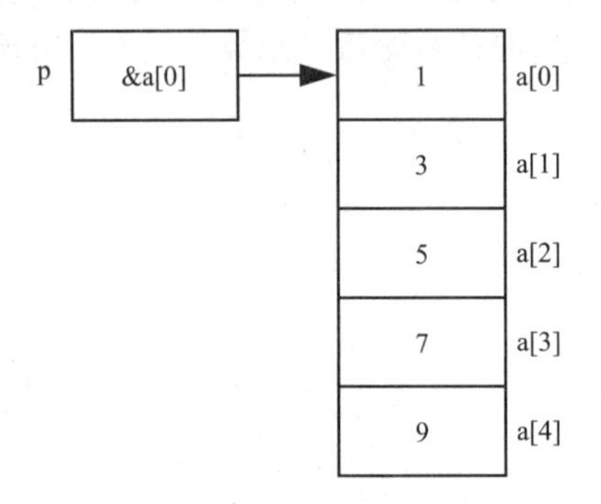

图 6-3　指针指向一维数组

需要注意的是，C++语言规定，数组名代表该数组的首地址（一维数组的首地址就是其首元素的地址）。因此，语句 p=&a[0];与下列语句是等价的：

```
p=a;          //这里 a 与&a[0]值相等
```

关于指向数组的指针还须说明以下几点：

1）指向数组的指针变量与数组的类型必须相同。因为前面已介绍过，指针必须与所指向的数据的类型相同，所以指针与所指向的数组元素的类型也必须一致。

2）当执行了赋值 p=a 后，虽然 p 与 a 值相等，但两者还是有本质区别的。a 是常量指针，因为在编译过后，程序中的数组 a 的地址就确定了，不能在程序中改变其值，不能进行如 a++、a=a+2 等操作。p 是指针变量，其值可以改变，可以先后让它指向不同的元素，如下的操作都是合法的：

```
p++;
p=p+2;
```

2. 通过指针使用一维数组元素

假设现有长度为 10 的数组 a 和同类型的指针 p。无论 p 指向数组 a 中的哪一个元素，p+i 都表示该元素之后第 i 个元素的地址。若 p 此时指向 a[0]，则

1）p+i 和 a+i 都等于 a[i]的地址，正如它们都指向数组 a 的第 i 个元素。

2）*(p+i)或*(a+i)都表示使用（访问）a[i]。例如，*(p+3)和*(a+3)都等于 a[3]。

3）指向数组的指针变量也可以带下标，如 p[i]与*(p+i)等价。

综上所述，通过指针 p（设 p 指向 a[0]）访问数组元素 a[i]的形式主要有两种：① *(p+i)；② p[i]。

【例 6-4】 分析下列程序的运行结果，熟悉指针访问数组元素的方法。

源程序如下。

```
1    #include<iostream>
2    using namespace std;
3    int main()
4    {
5       int i,a[ ]={10,20,30,40};
6       int *p=a;                    //指针 p 指向 a[0]
7        for(i=0;i<4;i++)
8           cout<<a[i]<<"  ";
9        cout<<endl;
10       for(i=0;i<4;i++)
11          cout<<*(p+i)<<"  ";      //通过 p（p 指向 a[0]）访问数组元素 a[i]
12       cout<<endl;
13       for(i=0;i<4;i++)
14          cout<<p[i]<<"  ";        //通过 p 访问 a[i]的另一种用法
15       cout<<endl;
16       return 0;
17   }
```

程序的运行结果：

```
10  20  30  40
10  20  30  40
10  20  30  40
```

使用指向数组的指针时，应注意越界问题。虽然指针 p 可以指向数组以外的内存单元（例如，图 6-3 中 p 可以指向 a[4]之后的内存单元），但这时的指针访问是无意义的。因此，在实际使用中应尽量避免这种指针越界的情况，切实保证指针指向的是数组中有效的元素。

【例 6-5】 在一组升序数据中插入一个数，使这组数据仍然保持升序。

分析：以下程序的思路是，从后往前将待插入数 x 与数组中的各数进行比较；若 x 较小，则将数组中刚比较完的数向后移一个位置。一旦发现 x 较大，则将 x 插入该数之后。首先设两个指针 p 和 q，初始它们分别指向数列的最后一个位置和数列后的下一个位置。每次比较 p 指向的数是否比 x 大；若 p 指向的数较大，则将 p 指向的数复制到 q 指向的位置，然后 p 和 q 指针都向前移动一个位置；否则将 x 存入指针 q 指向的位置。

源程序如下。

```
1     #include<iostream>
2     using namespace std;
3     int main()
4     {
5        int a[50],i,x,*p,*q;
6        for(i=0;i<=9;i++)
7        {
8            a[i]=i*2+1;
9            cout<<a[i]<<"  ";
10       }
11       cout<<endl<<"insert:";
12       cin>>x;
13       p=a+9;
14       q=a+10;
15       while(p>=a && *p>x)
16       {
17          *q=*p;
18          p--;
19          q--;
20       }
21       *q=x;
22       for(i=0;i<=10;i++)   cout<<a[i]<<"  ";
23       cout<<endl;
24       return  0;
25    }
```

程序的运行结果：

```
1  3  5  7  9  11  13  15  17  19
insert: 0
0  1  3  5  7  9  11  13  15  17  19
```

说明：当插入的 x 为 0 时（如以上运行情况所示），while 循环结束，指针 q 是指向 a[0]的，且此时原来的 a[0]～a[9]中的值都已经移入了 a[1]～a[10]中。

3. 将字符指针指向字符串的方法

C++程序中用一维字符数组存放字符串。同样可以使用字符型指针（以下简称字符指针）指向字符数组，并通过字符指针访问字符数组中的字符串，实现字符串的各种操作。当然，也可以将字符指针指向字符串常量所代表的字符串，再对字符串进行操作。

1）定义指针变量时使用字符串常量对它进行初始化，这样使指针指向了该字符串的首字符。例如：

```
char *p="Hello!";
```

对于程序中的字符串常量，系统是按字符数组来处理的，会在内存中开辟一个字符数组空间来存放该字符串。因此，以上语句使p指向了内存中字符串"Hello!"的首字符'H'，如图6-4所示。

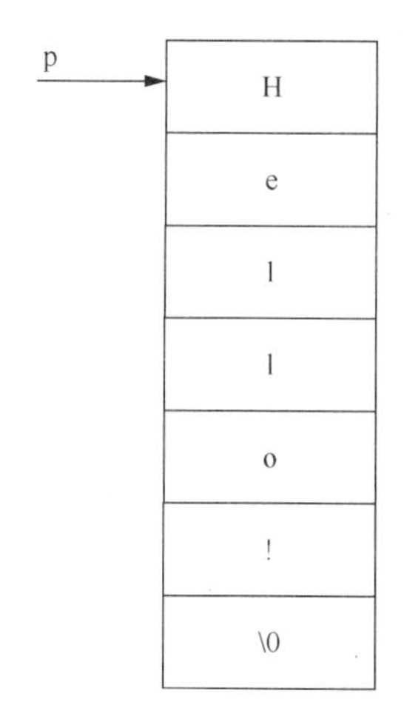

图6-4 字符指针与字符串

2）在程序中用字符串常量对字符指针赋值。可以在定义了字符指针之后，再用字符串常量对它进行赋值，其功能同样是将指针指向了该字符串的首字符。例如，以上语句与下列两行语句等价：

```
char *p;
p="Hello!";
```

3）将字符数组中元素的地址赋给字符指针。这样指针将指向字符数组中存放的字符串。例如：

```
char *p,str[50]="abcd";
p=str;                //将元素str[0]的地址赋给p,使p指向它
cout<<p<<endl;        //从p指向的字符开始输出,直到遇到字符串结束符为止
```

以上程序段执行后的输出为

```
abcd
```

4. 通过字符指针访问字符串

利用字符指针访问字符串的方法与前面介绍的用指针访问一维数组的方法完全相同。

【例 6-6】 实现两个字符串的复制（不用标准库函数 strcpy）。

分析：首先定义分别存放源字符串和目的字符串的字符数组 s 和 d。然后定义两个指针 ps 和 pd 分别指向数组 s 和 d 的开始。复制的过程即是不断地把*ps 赋给*pd 的过程，每赋值完一次，指针 ps 和 pd 分别向后移动一个字符位置。

源程序如下。

```
1    #include<iostream>
2    using namespace std;
3    int main()
4    {
5       char d[50],s[ ]="computer";
6       char *ps,*pd;
7       for(ps=s,pd=d;*ps!='\0';ps++,pd++)
8          *pd=*ps;
9          *pd='\0';  //最后在目的字符串 d 的末尾加上结束符
10      cout<<d<<endl;
11      return 0;
12   }
```

思考：如果将程序最后一句中的 d 改成 pd，输出结果对不对？

答案是否定的。因为在复制完成后，目的字符串指针 pd 已经被移到了串尾，不再指向串首，所以不能利用它来输出目的字符串；而存放目的字符串的数组 d 的数组名始终表示串首的地址，它在程序中是不会改变的，所以最后在 cout 中只能用 d（不能用 pd）来输出目的字符串。

【例 6-7】 将一个字符串中出现的指定字符全部删除。

分析：删除指定字符是采用在原字符串中向前移动字符的方法，用字符串中指定字符后面的字符覆盖指定字符。

源程序如下。

```
1    #include<iostream>
2    #include <cstdio>
3    using namespace std;
4    int main()
5    {
6       char str[81],ch,*ps,*pnew;
7       printf("input a string:");
8       gets(str);
9       cout<<"input a character:";
10      ch=getchar();           //输入要删除的指定字符
11      for(ps=pnew=str;*ps!='\0';ps++)
12         if(*ps!=ch)
```

```
13         {  *pnew=*ps;
14            pnew++;
15         }
16      *pnew='\0';
17      cout<<str<<endl;      //输出删除所有指定字符后剩余得到的字符串
18      return 0;
19   }
```

程序的运行结果：

```
input a string:<空格>ab<空格>c<空格>
input a character:<空格>
abc
```

说明：程序中第 8 行输入字符串使用的是标准库函数 gets( )，这里不要使用 cin 输入字符串，因为 cin>>str;语句在执行时，若从键盘输入的字符串中包含空格符、制表符等空白符，cin 在读入过程中遇到这些空白符就视为输入结束，那么空格符及其之后输入的字符都无法读入 str 中。同样的原因，程序中第 10 行输入指定字符时，未使用 cin 而是使用的标准库函数 getchar( )。

6.4.2 指针和二维数组

定义二维数组时，系统将分配给数组一片连续的存储单元，数组名为数组的起始地址，可以用与访问一维数组类似的方法使用指针变量访问二维数组。

1. 二维数组的地址

先回顾一下二维数组的性质。设有一个二维数组 a，它有 3 行 3 列。它的定义为

```
int a[3][3]={{1,3,5},{7,9,11},{13,15,17}};
```

a 数组包含 3 行，可看作 3 个元素：a[0]、a[1]、a[2]。其中，每个元素又是一个一维数组，它包含 3 个元素（即 3 个列元素）。例如，a[0]所代表的一维数组又包含 3 个元素：a[0][0]、a[0][1]、a[0][2]，如图 6-5 所示。

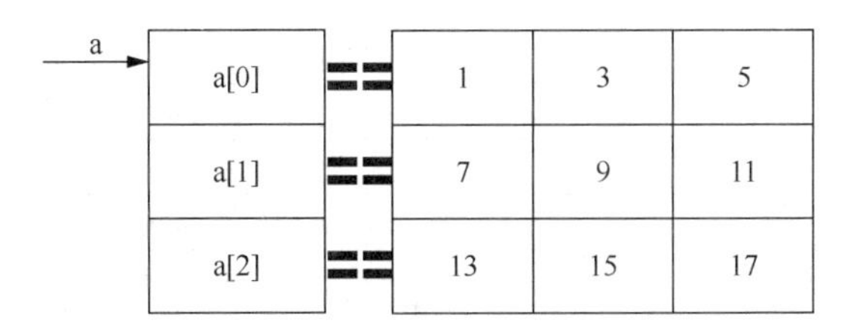

图 6-5 二维数组的存储

从二维数组的角度来看，数组名 a 代表整个二维数组的首地址，也就是第 0 行的首地址。a+1 代表第 1 行的首地址。如果二维数组的首地址为 1000H，则 a+1 为 100CH，

因为第 0 行有 3 个 int 型数据，所以 a+1 即第 1 行的首地址，等于 a+3×4=100CH。a+2 代表第 2 行的首地址，它的值是 1018H。

由于 a[0]、a[1]、a[2]是一维数组名，而 C++语言又规定了数组名代表数组的首地址，因此 a[0]代表第 0 行一维数组中第 0 列元素的地址，即&a[0][0]。同理，a[1]的值等于&a[1][0]，a[2]的值等于&a[2][0]。

注意：第 0 行第 1 列元素的地址可以用 a[0]+1 来表示，如图 6-6 所示。此时 a[0]+1 中的 1 代表 1 个列元素（即 1 个 int 型数据）的字节数，即 4 字节。今 a[0]的值是 1000H，则 a[0]+1 的值是 1004H。a[0]+0（即 a[0]）、a[0]+1、a[0]+2 分别表示 a[0][0]、a[0][1]、a[0][2]的地址。

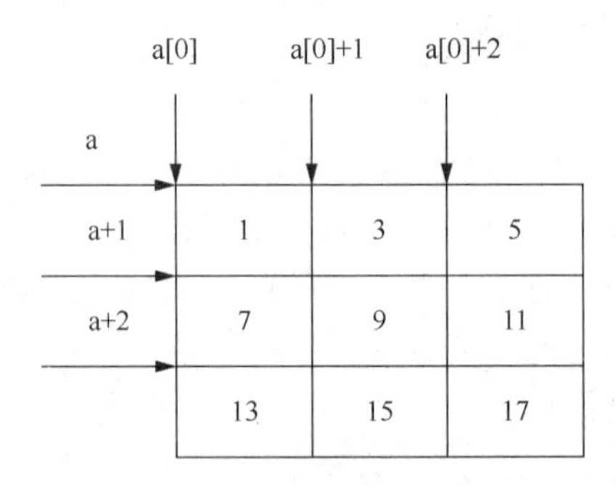

图 6-6　二维数组的元素地址

前已述及，a[0]和*(a+0)（即*a）等价，a[1]和*(a+1)等价，a[i]和*(a+i)等价。因此，a[0]+1 和*(a+0)+1（即*a+1）的值都是&a[0][1]，a[1]+2 和*(a+1)+2 的值都是&a[1][2]。

如何用地址法表示 a[0][1]的值呢？因为 a[0]+1 和*(a+0)+1 都等于&a[0][1]，所以*(a[0]+1)就是 a[0][1]的值。同理，*(*(a+0)+1)或*(*a+1)也是 a[0][1]的值，*(a[i]+j)或*(*(a+i)+j)等于 a[i][j]的值。

综上所述，对于二维数组 a，a、a+i、a[i]、*(a+i)、*(a+i)+j、a[i]+j 都表示地址。*(a[i]+j)、*(*(a+i)+j)是二维数组元素 a[i][j]的值，如表 6-1 所示。

表 6-1　二维数组中的地址表示及其含义

表达式	含义
a	二维数组名，数组首地址，第 0 行首地址
a[0]、*(a+0)、*a	都表示第 0 行第 0 列元素地址
a+1、&a[1]	第 1 行首地址
a[1]、*(a+1)、&a[1][0]	第 1 行第 0 列元素地址
a[1]+1、*(a+1)+1、&a[1][1]	第 1 行第 1 列元素地址
(a[1]+2)、(*(a+1)+2)、a[1][2]	第 1 行第 2 列元素的值

2. 指向二维数组元素的指针变量

【例 6-8】 分析下列程序的运行结果，熟悉用指针访问二维数组元素的方法。

分析：由于二维数组中的数据在内存中是连续存放的，并且是按行存放的，因此可以用指针变量逐一输出每个数组元素。

源程序如下。

```
1    #include<iostream>
2    using namespace std;
3    int main()
4    {
5       int a[3][3]={{1,3,5},{7,9,11},{13,15,17}};
6       int *p;
7       for(p=a[0];p<=a[0]+8;p++)
8          cout<<*p<<"  ";
9       cout<<endl;
10      return 0;
11   }
```

程序的运行结果：

```
1  3  5  7  9  11  13  15  17
```

说明：p是一个指向整型变量的指针，它可以指向一般的整型变量，也可以指向整型数组中的元素。当a为二维数组名时，a表示的是二维数组第一行的首地址，因此使指针p指向数组a中的a[0][0]时，要赋值p=a[0]，以后每次使p值加1，则p移向下一个元素。

思考：因为二维数组名a代表数组的起始地址，所以能否像一维数组一样，使用p=a来给整型指针p赋值呢？也就是说，能否用下面的循环语句输出二维数组的元素呢？

```
for(p=a;p<=a+8;p++)  cout<<*p<<"  ";
```

这样赋值是不对的，因为二维数组名a代表的是第0行的首地址，但不等同于元素a[0][0]的地址，所以不能将a赋给指向整型变量的指针p。可以把它改为

```
for(p=&a[0][0];p<=&a[0][0]+8;p++)    cout<<*p<<"  ";
```

6.4.3 指针数组

指针数组是若干指针变量的集合，即它的每个元素都是一个指针变量，且它们都指向相同类型的数据。也就是说，指针数组是由同类型的指针组成的数组。

一维指针数组定义的语法格式为

```
类型说明符  *数组名[数组长度]
```

例如，int *p[5]表示数组p含有5个元素，每个元素都是一个指向int型变量的指针。

人们常用指针数组来构造字符串数组。字符串数组中的每一个元素都是一个字符

串，可以使字符型指针数组中的每一个字符指针对应地指向字符串数组中的一个字符串的开始。例如：

```
char *p[4]={"east","west","south","north"};
```

以上声明语句中的p[4]表明数组p有4个元素，char *表明数组p的每一个元素都是一个字符型指针。对p进行初始化时使用的是4个字符串常量"east"、"west"、"south"、"north"，这些字符串并不存储在p数组中，实际上系统将另外开辟内存空间分别存放这4个字符串，并将这4个字符串的首地址分别赋给p中的4个指针p[0]、p[1]、p[2]、p[3]，每个指针都指向其对应字符串中的首字符，如图6-7所示。因此，尽管数组p占用的内存空间大小是固定的，但它访问的字符串可以是任意长度的。

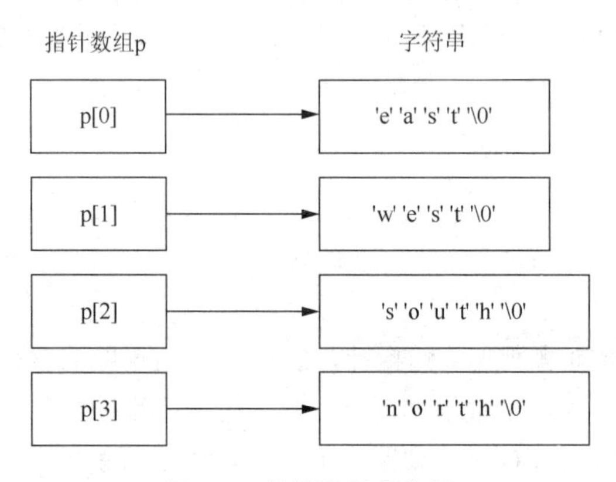

图6-7　指针数组示意图

当然，可以把字符串放在二维字符数组中存放，数组中的每一行存储一个字符串，并且二维数组的列数不能小于其中最长字符串的长度加1。但是，不难看出，如果其他字符串都比最长的字符串短很多，则这种处理方法会浪费大量的内存空间。这也正体现了指针数组的优点。

【例6-9】 分析下列程序的运行结果，熟悉利用指针数组访问二维数组元素的方法。

分析： 引入int型指针数组p，其中指针p[0]、p[1]、p[2]分别指向int型的二维数组元素a[0][0]、a[1][0]、a[2][0]。表达式p[i][j]表示通过指针p[i]引用数组第i行第j列的元素a[i][j]。

源程序如下。

```
1    #include<iostream>
2    using namespace std;
3    int main()
4    {
5       int  a[3][3]={{1,3,5},{7,9,11},{13,15,17}},*p[3];
6       int  i,j;
7       for(i=0;i<3;i++)
```

```
8           p[i]=a[i];              //a[i]等于&a[i][0]
9         for(i=0;i<3;i++)
10        {
11          for(j=0;j<3;j++)
12            cout<<p[i][j]<<"  "; //p[i][j]等于 a[i][j]的值
13          cout<<endl;
14        }
15        return  0;
16    }
```

程序的运行结果:

```
1  3  5
7  9  11
13  15  17
```

6.5 动态内存分配

程序运行时，计算机的内存被分为4个区：程序代码区、全程数据区、栈和堆，其中，堆可由用户分配和释放。C语言中使用标准库函数 malloc( )和 free( )等来进行动态内存管理（分配与释放）。C++语言提供了运算符 new 和 delete 来做同样的工作，而且后者比前者性能更优越，使用更方便灵活。

6.5.1 new 运算符

new 运算符用于动态分配一块内存空间。使用 new 运算符的语法格式为

```
指针变量=new 类型说明符[长度]
```

其中，“类型说明符”表明动态分配的空间用于存放的数据的类型，它可以是 C++语言的基本数据类型，也可以是结构体类型、共用体类型、类（class）类型等；“长度”表示该内存空间要容纳该类型的数据的个数。new 运算符返回一个指针，这个指针指向所分配的存储空间的首地址。例如：

```
char *Cbuffer=new char[256];  //分配一个可以容纳 256 个 char 型数据的空间
```

说明：

1）如果分配的空间长度为 1 个单位，则可以省略 new 运算符格式中的“[长度]”部分。例如，float *pNum=new float;与 float *pNum=new float[1];等价。

2）使用 new 运算符分配内存空间时，其表示空间长度的表达式中可以包含变量。例如：

```
int size=5;
```

```
int *PInt=new int[size+5];    //分配一个可以容纳10个int型数据的空间
```

3）由 new 分配的内存空间是连续的，可以通过首地址指针值的改变来访问所分配空间中的每个元素。例如：

```
int *PInt=new int[10];
PInt[5]=100;                     //等价于*(PInt+5)=100;
```

4）如果存储器当前无足够的内存空间可分配，则 new 运算符返回 NULL 指针。

【例 6-10】 设计一个函数 copy_string( )，它改写了字符串复制函数的功能，能够通过源字符串的长度动态分配目的字符串的存储空间。

分析：之前也曾介绍过实现字符串复制的程序（见例 6-6），但是其中目的字符串是采用字符数组来存放的，数组的定义决定了其长度在程序中是固定的，但源字符串的实际长度可能远小于目的字符数组的固定长度。因此，目的字符数组的这种存储形式势必造成空间的浪费。以下程序中改用 new 运算符，它可根据用户输入的源字符串的实际长度，动态申请相应大小的目的字符串的空间。

源程序如下。

```
1     #include<iostream>
2     #include<cstring>
3     #include<cstdio>
4     using namespace std;
5     int main()
6     {
7        char pSource[81],*pDest;
8        void copy_string(char *from,char *to);
9        cout<<"input source string:";
10       gets(pSource);
11       int size=strlen(pSource);      //得到源字符串的实际长度
12       pDest=new char[size+1];        //根据源字符串长度分配相应内存空间
13                                      //并将pDest指向其首地址
14       if(pDest!=NULL)                //若申请内存空间成功
15       {
16          copy_string(pSource,pDest);//调用函数复制得到目的字符串
17                                      //pDest指向串首
18          cout<<"source string:"<<pSource<<endl;
19          cout<<"destination string:"<<pDest<<endl;
20          delete [ ]pDest;            //用delete运算符释放pDest指向的
21                                      //动态分配的空间（详见6.5.2节）
22       }
23          else
24             cout<<"without enough memory!"<<endl;
```

```
25      return 0;
26    }
27    //将字符指针 from 指向的字符串,复制到 to 指向的字符数组空间中
28    void copy_string(char *from,char *to)
29    {
30      for( ;*from!='\0';from++,to++)
31         *to=*from;//将源字符串中的各字符复制到p指向的目的字符串字符空间中
32      *to='\0';
33    }
```

程序的运行结果：

```
input source string:I am a teacher.
source string:I am a teacher.
destination string:I am a teacher.
```

说明：程序的第 12 行中 new char[size+1]，其中+1 是为了另外给串结束符一个字符空间。另外，读者学习了 6.6.2 节后，可以将以上 copy_string( )函数改写成如下原型的指针型函数，把目的字符串的首地址作为函数值返回。

```
char *copy_string(char *from)
```

6.5.2 delete 运算符

由 new 运算符分配的内存空间在使用完毕后，应该使用 delete 运算符来释放。释放一块已分配的内存空间就是将这一块空间交还给操作系统。这是任何一个使用动态内存分配得到存储空间的程序都必须做的事，因为若应用程序对有限的内存只取不还，那么系统很快就会因为内存枯竭而崩溃。所以，凡使用 new 运算符获得的空间，一定要在使用完后使用 delete 释放。

使用 delete 运算符的语法形式有两种：

```
delete  指针名;
```

或

```
delete  [ ]指针名;
```

delete 后的指针名是使用 new 运算分配内存时返回的指针，也可以是 NULL。如果是 NULL，则 delete 运算符实际上什么也不做。

其中，不带[ ]的 delete 运算符用于释放 1 个该数据单位的内存空间，而带[ ]的 delete 运算符用于释放空间长度大于 1 个数据单位的内存空间。例如：

```
int *pInt=new int;
delete pInt;
int *pManyInt=new int[10];
```

```
delete [ ]pManyInt;
```

说明：

1）用 new 运算符获得的内存空间，只许使用一次 delete 来释放，不允许对同一块空间进行多次释放，否则会产生严重错误。

2）delete 只能用来释放由 new 运算符分配的动态内存空间，对于程序中的变量、数组占用的存储空间，不得使用 delete 运算符来释放。

6.6 指针与函数

指针的一个突出作用就是它作为函数的参数时，能通过函数调用关系实现主调函数与被调函数之间数据的双向传递。

请先看下面这个例子。

```
#include<iostream>
using namespace std;
int main()
{
   void swap(int x,int y);
   int a=5,b=8;
   cout<<"main1:a="<<a<<",b="<<b<<endl;
   swap(a,b);
   cout<<"main2:a="<<a<<",b="<<b<<endl;
   return 0;
}
//交换参数 x、y 的值并输出
void swap(int x,int y)
{
    int t;
    t=x;
    x=y;
    y=t;
   cout<<"swap:x="<<x<<",y="<<y<<endl;
}
```

程序的运行结果：

```
main1:a=5,b=8
swap:x=8,y=5
main2:a=5,b=8
```

该程序的本来目的是通过调用函数 swap( )交换主函数中变量 a、b 的值。但是，从上述的运行结果可以看出，在函数 swap( )中，形参 x、y 的值交换了，但返回主函数后，实参 a、b 的值并没有交换。这是因为，形参与实参各自占有不同的存储空间，而形参是动态存储的，尽管在 swap( )中形参 x、y 的值交换了，但函数执行结束返回后，形参 x、y 占有的存储空间都被释放了，因此它们值的改变没有对实参 a、b 产生任何的影响。也就是说，基本数据类型的变量作为函数参数时，实参和形参之间只能产生单向值传递。为了通过 swap( )函数交换主函数变量 a、b 的值，应使用指针作为参数。

6.6.1 指针作为函数参数

函数的参数主要分为两种：一种参数是基本类型的数据，如 int、char 等类型的数据；另一种参数是变量（或数组元素）的地址，它向被调函数传递主调函数中数据的地址，所以被调函数在执行过程中可以间接访问主调函数相应数据的值。后一种参数传递一般通过指针（或使用 5.2.2 节介绍的引用）来实现。

【例 6-11】 利用指针参数，交换两个变量的值。

分析： 将 6.6 节开头的程序中函数 swap( )的参数改为指针变量，而主函数中用 a、b 的地址作为实参，传递给 swap( )中的指针参数 x、y，便可在 swap( )中通过指针间接修改它们所指向的变量 a、b 的值，实现 a、b 值的交换。函数执行结束返回时，虽然参数 x、y 也消失了，但主函数变量 a、b 值已经交换了。

源程序如下。

```
1     #include<iostream>
2     using namespace std;
3     int main()
4     {
5        void swap(int *p1,int *p2);
6        int a=5,b=8;
7        cout<<"main1:a="<<a<<",b="<<b<<endl;
8        swap(&a,&b);
9        cout<<"main2:a="<<a<<",b="<<b<<endl;
10       return 0;
11    }
12    //将指针 p1 指向的数据与指针 p2 指向的数据进行交换
13    void swap(int *p1,int *p2)
14    {
15       int t;
16       t=*p1;
17       *p1=*p2;        //利用了指针 p1、p2 的取值运算符*
18       *p2=t;
19    }
```

程序的运行结果：

```
main1:a=5,b=8
main2:a=8,b=5
```

说明：该程序中调用函数 swap( )时，将 a 和 b 的地址分别赋给指针参数 p1 和 p2，使 p1 指向 a，p2 指向 b。因此，在 swap( )中交换*p1 和*p2 的值时交换的就是主函数中的变量 a 和 b 的值。但要注意，如果将 swap 函数改写为

```
void swap(int *p1,int *p2)
{
    int *t;
    t=p1;
    p1=p2;
    p2=t;
}
```

此时，交换的是指针 p1 和 p2 的值，即交换后变为指针 p1 的值是变量 b 的地址，指针 p2 的值是 a 的地址。变量 a 和 b 的值并没有发生任何改变。

另外，指针作为函数的形参时，对应的实参也可以是主调函数中数组元素的地址，这样通过调用函数，可以间接地修改主调函数中数组元素的值。这种调用方式与数组作为函数形参的功能（见 5.4 节）是完全相同的。

【例 6-12】 分析下列程序的运行结果。

源程序如下。

```
1     #include<iostream>
2     using namespace std;
3     int main()
4     {
5        int i,a[5]={10,20,30,40,50};
6        void f(int *p,int n);
7        cout<<"before:";
8        for(i=0;i<5;i++)
9           cout<<a[i]<<"  ";
10       cout<<endl;
11       f(a,5);                    //数组名a作为实参,使形参指针p指向首元素a[0]
12       cout<<"after:";
13       for(i=0;i<5;i++)
14          cout<<a[i]<<"  ";
15       cout<<endl;
16       return 0;
17    }
18    void f(int *p,int n)
19    {
```

```
20      int i;
21      for(i=0;i<n;i++)
22        p[i]*=2;             //指针p指向a[0]，因此p[i]表示访问a[i]
23    }
```

程序的运行结果：

```
before:10  20  30  40  50
after:20  40  60  80  100
```

6.6.2 函数返回指针

本节介绍一类特殊的函数，称为指针型函数。这种函数的返回值为指针（即数据的地址）。6.6.1 节已经介绍了指针可以作为函数的参数，其实，函数的返回值也可以是一个指针（即地址）。指针型函数的定义的语法格式为

```
类型说明符 *函数名(形式参数表)
{
  函数体
}
```

例如：

```
int *f(int x)
{
   //函数体
}
```

f( )即是一个指针型函数，它的返回值必须是一个 int 型指针，即要求返回一个 int 型数据的地址。

【例 6-13】 求输入的字符串中左边 n 个字符组成的左子串。

分析：这里编写一个指针型函数 char *left(char *s,int n)，该函数通过动态申请分配内存来存放字符串 s 的左子串，并将所申请的内存空间的首地址（即存放的左子串的首地址）作为函数值返回。

源程序如下。

```
1     #include<iostream>
2     #include<cstring>
3     #include<cstdio>
4     #include<cstdlib>
5     using namespace std;
6     int main()
7     {
8             char *left(char *s,int n);
```

```
9          char *p,s[81];
10      int n;
11      cout<<"input a string:";
12      gets(s);
13      cout<<"input left string length n(n>0):";
14      cin>>n;
15      if(n<=0)  exit(0);     //标准库函数 exit(0)的功能是退出程序的运行
16      p=left (s,n);          //将存放左子串的动态申请的内存空间的首地址赋给 p
17      cout<<p<<endl;
18      delete [ ]p;           //释放 p 指向的动态申请的数组空间
19      return 0;
20    }
21    //求字符串 s 的左边 n 个字符构成的子串,返回该串的首地址
22    char *left(char *s,int n)
23    {
24      char *t;
25      int len;
26      len=strlen(s);
27      if(n>len) n=len;
28      t=new char[len+1];     //动态申请与串 s
29                             //等长(+1 表示将'\0'的空间计入)的内存空间
30      strcpy(t,s);
31      t[n]='\0';             //写入字符串结束符,将 n 个字符之后的字符截去
32      return t;              //返回求得的左子串的开始地址
33    }
```

程序的运行结果：

```
input a string:abcde
input left string length n(n>0):3
abc
```

说明：程序中第 15 行使用了标准库函数 exit( )，其功能是退出程序的运行。使用该函数，需要在程序开头加#include<cstdlib>。

6.6.3 指向函数的指针

函数本身作为一段程序，其代码也在内存中占有一块存储区域，这些代码中的第一个代码所在的内存地址称为函数的入口地址。主函数在调用子函数时，就是让程序转移到函数的入口地址开始执行。

指向函数的指针（以下简称为函数指针）就是指针的值为该函数的入口地址。指向函数的指针变量的定义格式为

```
函数返回值类型 (*指针变量名)(形参表);
```

例如:

```
int(*p)();                  //p为指向返回值为int型的函数的指针
float(*q)(float,int);       //q为指向返回值为float型的函数的指针
                            //且这种函数有2个参数,类型分别为float和int
```

说明: 函数名与数组名类似，都表示该函数的入口地址。因此可以直接把函数名（如f）赋给指向函数的指针变量，通过该指针就可以调用函数f( )。

注意: 在定义指向函数的指针变量时，指针变量名前后的圆括号不能缺少。例如:

```
int*func();                 //返回指针的函数
int(*func)();               //指向函数的指针
```

前者定义了一个函数，其返回值为指向int型的指针；后者定义了一个指向返回值为int型的函数的指针变量，两者意义完全不同。

如果已经将某函数的函数名（即函数的地址）赋给了一个指向函数的指针变量，则可以通过该指针变量调用此函数了。例如:

```
double(*func)(double)=sqrt;
//定义了指向double型函数(参数也是double型)的指针并让它指向库函数sqrt
double x=4,y;
y=(*func)(x);//通过函数指针调用sqrt()求x的平方根,等价于y=sqrt(x)
```

【例6-14】 用函数指针编程，实现一个通用的排序函数，既能实现对学生成绩的升序排序，又能实现对学生成绩的降序排序。

分析: 以下程序中设计了一个对学生成绩进行排序的函数SelectionSort( )，它的一个参数compare是指向一个返回值为bool型且有两个整型参数的函数的指针。程序中另外设计了一个Ascending( )函数，当参数a和b是升序关系时返回true；否则，返回false。设计的Descending( )函数是当参数a和b为降序关系时返回true；否则，返回false。若主函数要求对成绩升序排序，就会将函数名Ascending作为实参传给SelectionSort( )的函数指针参数compare，最终对成绩数组score进行升序排序；若要求降序排序，则将函数名Descending传给SelectionSort( )的函数指针参数compare，最终实现对score数组的降序排序。

源程序如下。

```
1    #include<iostream>
2    #include<cstdio>
3    #include<cstdlib>
4    using namespace std;
5    int ReadScore(int score[ ]);
6    void PrintScore(int score[ ],int n);
```

```
7    void SelectionSort(int a[ ],int n,bool(*compare)(int a,int b));
8    bool Ascending(int a,int b);
9    bool Descending(int a,int b);
10   int main()
11   {
12      int score[40],n;
13      int order;                  //值为1表示升序排序,值为2表示降序排序
14      n=ReadScore(score);         //输入成绩,返回学生人数
15      cout<<"Total students are "<<n<<endl;
16      cout<<"Enter 1 to sort in ascending order,\n";
17      cout<<"Enter 2 to sort in descending order:";
18      cin>>order;
19      cout<<"Data items in original order:\n";
20      PrintScore(score,n);        //输出排序前的成绩
21      if(order==1)                //升序排序
22      {
23         SelectionSort(score,n,Ascending);//使函数指针指向Ascending()
24         cout<<"Data items in ascending order:\n";
25      }
26      else                        //降序排序
27      {
28         SelectionSort(score,n,Descending);//使函数指针指向Descending()
29         cout<<"Data items in descending order:\n";
30      }
31      PrintScore(score,n);        //输出排序后的成绩
32      return 0;
33   }
34   //输入学生某门课的成绩,当输入负值时,结束输入,返回学生人数
35   int ReadScore(int score[ ])
36   {
37      int i=-1;
38      do{
39          i++;
40          cout<<"Input score:";
41          cin>>score[i];
42      } while (score[i]>=0);
43      return i;
44   }
45   //输出学生成绩
46   void PrintScore(int score[ ],int n)
47   {  int i;
```

```
48      for(i=0; i<n;i++)
49         cout<<score[i]<<"  ";
50      cout<<endl;
51   }
52   //使数据按升序排序
53   bool Ascending(int a,int b)
54   {  return a<b;                    //若 a<b,则返回 true;否则返回 false
55   }
56   //使数据按降序排序
57   bool Descending(int a,int b)
58   {  return a>b;                    //若 a>b,则返回 true;否则返回 false
59   }
60   //调用函数指针 compare 指向的函数,实现对数组 a 的选择法排序
61   void SelectionSort(int a[ ],int n,bool(*compare)(int a,int b))
62   {  int i,j,k,temp;
63      for(i=0;i<n-1;i++)
64      {  k=i;
65         for(j=i+1;j<n;j++)
66         {  if((*compare)(a[j],a[k]))
67            //若 compare 指向 Ascending 函数(升序排序时), 则 a[j]<a[k]时该
              //函数返回 true,compare 指向 Descending 函数时,正好相反
68                  k=j;
69         }
70         if(k!=i)                    //交换 a[k]和 a[i]
71         {   temp=a[k];
72             a[k]=a[i];
73             a[i]=temp;
74         }
75      }
76   }
```

程序的运行结果:

```
Input score:78
Input score:64
Input score:90
Input score:-1
Total students are 3
Enter 1 to sort in ascending order,
Enter 2 to sort in descending order:2
Data items in original order:
78   64   90
```

```
Data items in descending order:
90   78   64
```

说明：程序中第 5～9 行将这几个子函数都声明成了全局函数，即程序中的函数都可以调用这些全局函数（作用域全程可用）。另外，SelectionSort( )函数中使用的排序算法是选择排序法，具体算法参见 13.1.2 节的详细介绍。

第 7 章　结构体与共用体

第 1 章～第 6 章已介绍了基本类型（或称简单类型）的变量（如整型、实型、字符型变量等），以及一种构造类型数据——数组，数组中各元素属于同一个类型。但是，只有这些数据类型是不够的，有时需要将不同类型的数据组合成一个有机整体，以便于使用。C++语言的数据类型中除了类似 int 型等预定义类型外，还有自定义的类型，也称为构造类型，它是由若干个类型相同或不相同的数据组合而成的。第 4 章介绍的数组实际也是一种构造类型，但组成数组各成员的数据类型必须相同。在实际应用中，一些密切相关的数据的属性不一定完全相同，需要用不同的数据类型去描述它们。这样，仅用数组来处理会使程序变得复杂。

例如，对于一个学生信息的描述，有学号（字符串）、姓名（字符串）、性别（字符或枚举）、年龄（整型）、学习成绩（实型）等。表示这些信息的数据构成一条学生记录，由于该记录中数据成员的类型不完全相同，因此不能采用一个数组来存储。

本章将从枚举类型入手详细介绍结构体、共用体等自定义数据类型。

7.1　枚 举 类 型

如果一个变量只有几种可能的值，可以定义为枚举类型。枚举是指将变量的值一一列举出来，变量的值只限于列举出来的值的范围。

使用枚举变量的主要目的是提高程序的可读性。例如，真和假表示逻辑值的两种情况，男和女是性别的两种取值，选修课成绩有“优”“良”“中”“及格”“不及格”5 种取值。

7.1.1　枚举类型的定义和声明

1．枚举类型的定义

枚举类型定义用关键字 enum 说明，其一般形式为

```
enum 枚举名 { 枚举元素表 };
```

其中，枚举元素表中的每个枚举元素都必须用逗号分隔开。例如：

```
enum weekdays {Sun,Mon,Tue,Wed,Thu,Fri,Sat};
enum boolean {F,T};
```

枚举元素实际是常量，有固定的数值，按枚举的顺序分别取值整数 0、1、2…，不能将其当作变量使用，也就是说，不能在赋值号的左边使用枚举元素。例如，T=1;是错

误的。

注意： 不能有两个相同名称的枚举元素，枚举元素也不能与程序中其他的变量同名。

例如：

1）定义枚举类型 color，包含红、黄、蓝、白、黑 5 种颜色。

```
enum color {red,yellow,blue,white,black};
```

枚举类型 color 有 red、yellow、blue、white、black 共 5 个枚举值，对应的常量值为 0、1、2、3、4，分别代表红、黄、蓝、白、黑 5 种颜色。

2）定义枚举类型 weekday，包含一周的 7 天。

```
enum weekday {sun,mon,tue,wed,thu,fri,sat};
```

枚举类型 weekday 有 sun、mon、tue、wed、thu、fri、sat 7 个枚举值，对应的常量为 0、1、2、3、4、5、6，代表一周中的星期天、星期一、星期二、星期三、星期四、星期五、星期六。

枚举元素可以进行比较，比较规则是对应常量值大的为大。例如，上例中的 sun 为 0、mon 为 1、…、sat 为 6，所以 mon>sun，sat 最大。

2. 枚举变量的声明

枚举变量的声明有 3 种，下面具体介绍。

1）先定义枚举类型，再声明枚举类型变量：

```
enum 标识符 {枚举元素表};
标识符 变量表;
```

例如：

```
enum color {red,yellow,blue,white,black};
color c1,c2;
```

2）在定义枚举类型的同时声明枚举类型变量：

```
enum 标识符 {枚举元素表} 变量表;
```

例如：

```
enum color {red,yellow,blue,white,black} c1,c2;
```

3）直接定义枚举类型变量：

```
enum {枚举元素表} 变量表;
```

例如：

```
enum {red,yellow,blue,white,black} c1,c2;
```

7.1.2　枚举类型变量的使用

如果一个变量被定义为一个枚举变量，则它的值只能取自对应的某个枚举元素，而不能是其他任何值。如果有定义：

```
enum
{
   red,green,blue,yellow,white
} select,change;
```

则赋值 select=red 和 change=white 都是正确的，而 select=red_white 是错误的，因为 red_white 并没有在枚举元素表中出现。

C++语言编译器将枚举元素作为整数常量处理，遇到枚举元素时，编译程序把其中第 1 个枚举元素赋值为 0，第 2 个枚举元素赋值为 1，以此类推。所以 select=red;和 change= white;两条赋值语句执行以后，输出 select 的值为 0，change 的值为 4。

C++语言允许程序员将某些枚举元素强制赋值，指定为整数常量，被强制赋值的枚举元素后面的值按顺序逐个增 1。例如：

```
enum color
{
   red,green,blue=5,yellow,white
}; //枚举元素实际的值为 0,1,5,6,7
```

使用枚举类型时，不提倡将整型值与枚举元素直接联系起来，只要简单地把这些变量看成具有某种特点的枚举类型的变量即可。

```
enum boolean
{
  F,T
} flag;
flag=…
if(flag==F)…//不建议写成 if(flag==0)…
```

【例 7-1】 根据键盘输入的首字符选择对应的颜色（枚举类型的输入和输出）。

分析：枚举类型颜色的符号值可以通过读入其前一个或两个字符来区分，先从键盘上读入两个字符，然后用选择结构将对应的值找出来并赋给变量，对该变量再一次使用选择结构打印输出正确的符号值。

```
1    #include<iostream>
2    using namespace std;
3    int main()
4    {
5       enum Colors{blue,brown,green,red,white,yellow} choose;
```

```
6       char ch1,ch2;
7       cout<<"Please input the first two letters of the colors you
8         have chosen:"<<endl;
9       cin>>ch1>>ch2;
10      //判断键盘输入字符所对应的枚举类型值
11      switch(ch1)
12      {
13         case 'b':
14            if(ch2=='l')
15              choose=blue;
16            else
17              choose=brown;
18            break;
19        case 'g':
20              choose=green;
21              break;
22        case 'r':
23              choose=red;
24              break;
25        case 'w':
26              choose=white;
27              break;
28        case 'y':
29              choose=yellow;
30              break;
31        default:
32              cout<<"Illegal input!"<<endl;
33      }
34      //输出枚举类型值
35      switch(choose)
36      {
37         case blue:
38              cout<<"The color you've chosen is blue"<<endl;
39              break;
40         case brown:
41              cout<<"The color you've chosen is brown"<<endl;
42              break;
43         case green:
44              cout<<"The color you've chosen is green"<<endl;
45              break;
46         case red:
```

```
47              cout<<"The color you've chosen is red"<<endl;
48              break;
49          case white:
50              cout<<"The color you've chosen is white"<<endl;
51              break;
52          case yellow:
53              cout<<"The color you've chosen is yellow"<<endl;
54      }
55      return 0;
56  }
```

程序的运行结果：

```
Please input the first two letters of the colors you have chosen:
bl
The color you've chosen is blue
```

7.2 结 构 体

7.2.1 结构体类型的定义

数组是一组具有相同数据类型的数据的集合，结构是一些数据类型不同，但互相联系的数据的集合。例如，一个学生的学号、姓名、性别、年龄、成绩、家庭地址等项。这些项都与某一学生相联系，如图 7-1 所示。可以看到性别（sex）、年龄（age）、成绩（score）、地址（addr）属于学号为 10010、姓名为 LiFun 的学生。如果将 num、name、sex、age、score、addr 分别定义为互相独立的简单变量，是难以反映它们之间的内在联系的，应当把它们组织成一个组合项，在一个组合项中包含若干个类型不同（当然也可以相同）的数据项。这种由多种数据类型不同的数据项组成的数据结构称为结构体（structure），简称为结构。

num	name	sex	age	score	addr
10010	LiFun	M	18	87.5	Beijing

图 7-1 不同数据类型的成员项

结构和数组的不同之处是组成数组的所有元素必须具有相同的数据类型，而组成一个结构体的各成员的数据类型可以不同，且一般是不同的。所以，C++语言在程序中使用结构之前也必须先定义，但其定义方法与数组不同。另外，结构的使用方法也与数组不一样。

C++语言中，把组成结构的每一个数据称为该结构的成员项，简称为成员。成员是构成结构的主要成分，所以，结构定义的内容如下：①给该结构命名；②确定该结构是由几个成员项组成的；③确定每个成员的数据类型。由此可见，结构是一种复杂的数据类型，是成员项确定、成员类型不同的若干数据的集合。因此，结构定义的一般形式为

```
struct 结构体名
{
    数据类型    成员 1;
    数据类型    成员 2;
        …
    数据类型    成员 n;
};
```

其中，struct 是定义结构体的关键字；结构体名由用户自己定义；成员 1、成员 2、…、成员 *n* 是互不同名的成员项，成员项后的分号是不可少的；成员名的命名应符合标识符的命名规定；右花括号“}”后的分号也是不可少的。例如：

```
struct student
{
    int num;
    char name[20];
    char sex;
    int age;
    float score;
    char addr[30];
};
```

上面定义了一个结构体类型，结构体名为 student。该结构由 5 个成员组成：第 1 个成员为整型变量 num，第 2 个成员为字符数组 name，第 3 个成员为字符变量 sex，第 4 个成员为实型变量 score，第 5 个成员为字符数组 addr。

7.2.2 结构体类型变量的定义方法

在程序中使用结构体类型的数据时，应定义结构体类型的变量，并在其中存放具体的数据，这样系统才为其分配实际内存单元。定义一个结构体类型的变量，可采取以下两种方法。

1. 先定义结构体类型，再定义结构体变量名

先定义结构体类型，再定义结构体变量名的一般形式为

```
struct 结构体名
{
    成员表列
};
```

```
结构体名　变量名表列;
```

例如：

```
struct student
{
    int num;
    char name[20];
    char sex;
    int age;
    float score;
    char addr[30];
};
student boy1,boy2;
```

定义了两个变量 boy1 和 boy2 为 student 这种结构体类型。

2. 定义结构体类型的同时说明结构体变量

定义结构体类型的同时声明结构体变量的一般形式为

```
struct 结构体名
{
    成员表列
}变量名表列;
```

例如：

```
struct student
{
    int num;
    char name[20];
    char sex;
    int age;
    float score;
    char addr[30];
}boy1,boy2;
```

它的作用与前面相同，即定义了两个 student 类型的变量 boy1 和 boy2。

关于结构体类型的几点说明：

1）类型与变量是不同的概念，不要混淆。对于结构体变量来说，在定义时一般先定义一个结构体类型，然后定义变量为该类型。只能对变量赋值、存取或运算，而不能对一个类型赋值、存取或运算。在编译时，对结构体类型是不分配存储空间的，只对结构体变量分配存储空间。

2）对于结构体中的成员，可以单独使用，它的作用与地位相当于普通变量。

3）结构体的成员也可以又是一个结构，即构成了嵌套的结构体。例如：

```
struct date
{
   int month;
   int day;
   int year;
};
struct student
{
   int num;
   char name[20];
   char sex;
   date birthday;
   float score;
}boy1,boy2;
```

首先定义一个结构 date，由 month（月）、day（日）、year（年）3 个成员组成。在定义并说明变量 boy1 和 boy2 时，其中的成员 birthday 被说明为 date 结构类型。成员可与程序中其他变量同名，互不干扰。

7.2.3 结构体变量的使用

除了允许具有相同类型的结构体变量相互赋值以外，一般对结构体变量的使用，包括赋值、输入、输出、运算等都是通过结构体变量的成员来实现的，而不能对结构体变量进行整体使用。使用结构变量成员的一般形式为

```
结构变量名.成员名;
```

其中，圆点运算符是成员运算符，它的优先级别最高。

例如，定义结构体变量 boy1，boy1.num 表示使用结构体变量中 boy1 的 num 成员，因为该成员的类型为 int 型，所以可以对它执行任何 int 型变量的运算。例如：

```
boy1.num=20;
cin>>boy1.num;
```

说明：

1）结构体类型变量的各成员（分量）必须单独使用，成员运算符“.”具有最高优先级。

2）不允许对结构体变量进行整体的输入/输出。例如，程序中出现 cin>>boy1;语句是错误的。

3）如果结构体变量类型相同，则可以互相赋值。例如：

```
boy1=boy2;
```

4）严格区分结构体类型与结构体变量的概念。

5）如果结构体成员本身又是结构体类型的，则可继续使用成员运算符取结构体成员的内层结构体成员，逐级向下，使用最低一级的成员。程序只能对最低一级的成员进行运算。例如，对 boy1 某些成员的访问：

```
boy1.birthday.day=14;
boy1.birthday.month=12;
boy1.birthday.year=2000;
```

7.2.4 结构体变量的初始化

结构体变量可以在定义时初始化。初始化的一般格式为

```
struct 结构体名
{
   成员表
}结构体变量={初始化数据表};
```

初始化数据表是相应成员的初值表。例如：

```
struct student
{
   char name[20];
   char sex;
   int age;
   float score;
}boy1={"Wangwu",'m',20,88.5};
```

7.2.5 数组和结构体

在 C++语言中，具有相同数据类型的数据可以构成数组，相同类型的结构体变量的集合则形成了结构体数组。一个 student 型结构体变量 stu1 中存放了一个学生的数据，如果有 1000 个 student 型的结构体变量要参与运算，即具有 1000 个相同结构体类型的结构体变量，则也可以构成数组，即结构体数组，简称结构数组。其中的元素是同一结构体类型的。

在实际应用中，经常用结构数组来表示具有相同数据结构的一个群体，如一个班的学生信息、一个车间所有职工的工资表、由编译程序处理的符号表等二维表格数据。结构数组是一种应用十分广泛的数据结构。

定义结构数组的方法和定义结构变量相似，只需声明它为数组类型即可。在定义时，可以给数组元素的每个成员赋初值。

例如，为了描述35个学生的信息登记表，可定义如下的结构数组：

```
struct student
{
    long num;              //学号
    char name[20];         //姓名
    char sex;              //性别
    date birthday;         //生日（结构体类型）
    float score;           //C++语言课程的成绩
}students[35];
```

上面定义了一个结构数组 students，共有 35 个元素，students[0]～students[34]。每个数组元素都是 student 的结构体类型，用来描述一个学生的相关信息。

结构数组在定义的同时也可以进行初始化赋值。其一般形式为

```
struct 结构体名 结构数组名[数组长度]={初始数据};
```

在对结构数组进行初始化时，方括号中的“数组长度”根据需要可以省略。由于结构体总是由若干不同类型的数据组成的，而结构数组又由若干结构体变量组成，因此要特别注意包围在大括号中的初始数据的顺序，以及它们与各成员间的对应关系。例如：

```
struct student
{
    long num;
    char name[20];
    char sex;
    date birthday;
    float score;
}students[3]={
                  {200401,"ZhangHong",'f',{1984,1,5},92.5},
                  {200402,"LiMing",'m',{1985,10,23},86.2},
                  {200403,"WangFang",'f',{1985,3,11},93.4},
             };
```

对全部元素作初始化赋值时，可以不给出数组长度。在上述例子中，结构数组名 students 后面方括号里的数值 3 可以省略。

定义了某结构体类型的数组，就可以使用这个数组中的元素。与结构体变量相同，不能直接使用结构数组元素，只能使用元素的成员。例如，本节最开头的结构体数组例子 students[35]中，students[0] 是结构数组 students 的第 0 个元素。每个 students[i]，i=0，1，…，34 等同于一个结构变量。在使用 students[i]的成员时，students[i]起结构体变量名的作用。

【例 7-2】 结构体数组的应用，计算学生 C++语言课程的平均成绩和不及格的人数。

```
1     #include<iostream>
2     using namespace std;
3     struct student
4     {
5        long num;
6        char name[20];
7        char sex;
8        float score;                          //C++语言课程的成绩
9     }students[5]={
10                {200401L,"ZhangHong",'f',95.2},
11                {200402L,"LiMing",'m',82.5},
12                {200403L,"WangFang",'f',92.5},
13                {200404L,"ChengLing",'f',87.1},
14                {200405L,"WangJin",'m',58},
15    };
16    int main()
17    {
18       int i, count=0;
19       float ave, sum=0;
20       for(i=0; i<5; i++)
21       {
22          sum+=students[i].score;            //求全班总分
23          if(students[i].score<60) count+=1;//统计不及格人数
24       }
25       cout<<"sum="<<sum<<endl;              //输出全班总分
26       ave=sum/5;                            //求平均分
27       cout<<"average="<<ave<<endl;          //输出平均分
28       cout<<"count="<<count<<endl;          //输出不及格人数
29       return 0;
30    }
```

程序的运行结果：

```
sum=415.3
average=83.06
count=1
```

说明：本例程序中定义了一个全局结构数组 students，共 5 个元素，并进行了初始化赋值。在 main( )函数中用 for 语句逐个累加各元素的 score 成员值存于 sum 之中。若某个元素的 score 值小于 60（不及格），则计数器 count 加 1，循环完毕后计算平均成绩，并输出全班总分、平均分及不及格人数。

与其他数组一样，结构体数组的元素也可以用指针来访问。但用指针访问结构体数

组元素时，指针应声明为数组元素类型的指针，并将数组名或数组第 0 个元素的地址赋予指针变量，即可用指针访问数组元素（当然也可以将任何其他元素的地址赋给该指针变量）。

例如，访问上述结构体数组 students 元素的指针变量应定义如下。

```
student *p=students;
```

或

```
student *p=&students[0];
```

p 为指向结构数组的指针变量，且 p 指向该结构数组下标 0 的元素，p+1 指向下标 1 的元素，p+i 则指向下标 i 的元素。此时，可以按照如下方式访问各元素的成员：

(*p).num 或 p->num 访问 students[0].num。

(*++p).num 或 (++p)->num 访问 students[1].num。

【例 7-3】 使用指针访问结构数组。

```
1     #include<iostream>
2     using namespace std;
3     struct student3
4     {
5        int num;
6        char name[20];
7        char sex;
8        float score;
9     } students[5]={
10                {101,"Zhou ping",'M',45},
11                {102,"Zhang ping",'M',62.5},
12                {103,"Liu fang",'F',92.5},
13                {104,"Cheng ling",'F',87},
14                {105,"Wang ming",'M',58},
15    };
16    int main()
17    {
18       student3 *ps;
19       cout<<"No\tName\t\tSex\tScore\t"<<endl;
20       for(ps=students;ps<students+5;ps++)
21         cout<<ps->num<<'\t'<<ps->name<<'\t'<<ps->sex<<'\t'<<ps->
              score<<endl;
22       return 0;
23    }
```

程序的运行结果：

```
No        Name          Sex    Score
101       Zhou ping     M      45
102       Zhang ping    M      62.5
103       Liu fang      F      92.5
104       Cheng ling    F      87
105       Wang ming     M      58
```

说明：在程序中，定义了 student3 结构类型的数组 students 并赋了初值。在 main( ) 函数内定义 ps 为指向 student3 类型的指针。在循环语句 for 的表达式 1 中，ps 被赋予 students 的首地址，然后循环 5 次，输出 students 数组中各元素的值。

由此可见，一个结构体指针变量可以用来访问结构体变量或结构数组元素的成员，它比使用指向成员的指针变量来处理成员的方法要简单得多。但是，结构体指针变量不能指向其中一个成员，即不允许取一个成员的地址来赋予它。

要特别注意区分指向结构体数据的指针变量和指向结构体数据成员的指针变量。前者的指针类型是某种结构体类型，它只能指向该结构型的变量或数组元素；而后者则要和它所指向的成员的数据类型相同。

例如，对于例 7-3 而言：

```
ps=&students[1].sex;
```

这样的赋值是错误的。

C++语言中规定，定义某个结构体时，其成员的类型可以是该结构体本身，但是这个成员只能是指针变量或指针数组，不能是普通变量或数组。

例如，下面结构体的定义是正确的，其成员是本结构体的指针变量：

```
struct node
{
    int data;
    node * next;   //成员是指向 node 结构体的指针变量,这是允许的
};
```

而下面结构体的定义是错误的，其成员是本结构体的变量：

```
struct node
{
    int data;
    node sn;        //成员是本结构体的变量,这是不允许的
};
```

7.2.6　函数和结构体

在 C++语言中，结构体可以作为函数的参数。结构体作为函数的参数可以采用 3 种方法进行传递：第一种是将结构体成员作为单独的参数传递给函数；第二种是将整个结

构体变量作为参数传递给函数；第三种是将指向结构体的指针作为参数传递给函数。

将一个结构体变量的成员作为参数传递给一个函数时，实际上是将这个成员项看作普通变量传递给被调函数。因此，它一般采用传值的方式进行参数传递（当然也可以将成员的地址传递给下层函数）。例如：

```
struct student
{
   char name[20];
   int num;
   char sex;
}stu1;
```

将 stu1 结构体变量的成员传递给函数，调用形式为

```
fun1(stu1.num)          //设对应函数的原型为void fun1(int x);
fun2(stu1.sex)          //设对应函数的原型为void fun2(char y);
```

从上面可以看出，每次只传递一个参数。多个参数传递如下。

```
fun3(stu1.num,stu1.sex)//设对应函数的原型为void fun3(int x,char y);
```

从上述例子可以看出，如果函数在传递参数较多时仍采用将结构体成员作为函数参数就显得不方便，实际上完全可以把整个结构体变量作为参数传递给函数。它的前提是函数的形参和实参的数据类型必须是同一类型的结构体。为使程序简洁，最好在 main( ) 前定义一个具有全局属性的结构体类型，然后用该结构体类型名定义所有需要声明的各个结构体变量。

【例 7-4】 用结构体变量作为函数参数。

```
1    #include<iostream>
2    using namespace std;
3    struct student
4    {
5      long num;
6      char name[20];
7      char sex;
8      float score;
9    };
10   int main()
11   {
12     student stu1={200401,"LiMing",'m',85.9};
13     void prn(struct student);
14     cout<<"output at first:"<<endl;       //在调用函数前的成员输出
15     cout<<"num="<<stu1.num<<",name="<<stu1.name<<endl;
```

```
16      cout<<"sex="<<stu1.sex<<",score="<<stu1.score<<endl;
17      prn(stu1);            //将 stu1 作为一个整体的结构体变量作实参进行调用
18      cout<<"output at last:"<<endl;         //在调用函数后的成员输出
19      cout<<"num="<<stu1.num<<",name="<<stu1.name<<endl;
20      cout<<"sex="<<stu1.sex<<",score="<<stu1.score<<endl;
21      return 0;
22   }
23   void prn(struct student stu2)//stu1 和 stu2 是同种类型的结构体变量
24   {
25      stu2.num++;                              //修改 LiMing 的学号
26      stu2.score+=100;                         //修改 LiMing 的成绩
27      cout<<"output in the function:"<<endl;//在调用函数中的成员输出
28      cout<<"num="<<stu2.num<<",name="<<stu2.name<<endl;
29      cout<<"sex="<<stu2.sex<<",score="<<stu2.score<<endl;
30   }
```

程序的运行结果：

```
output at first:
num=200401,name=LiMing
sex=m,score=85.9
output in the function:
num=200402,name=LiMing
sex=m,score=185.9
output at last:
num=200401,name=LiMing
sex=m,score=85.9
```

说明：从运行结果可以看出，将结构体变量作为实参传递给被调函数时，采用的是传值的方式，在被调函数内对结构体成员的值所做的任何修改仅在被调函数内有效，在调用结束返回主函数后实参的值没有改变。如果需要实参的值随着形参值的改变而改变，应当使用指针变量作为函数参数进行传送。这时由实参传向形参的只是实参的地址，从而实现了值的双向传递，且减少了时间和空间的开销。

用结构变量作函数参数进行传送时，要将全部成员逐个传送，特别是成员为数组时将会使传送的时间和空间开销很大，严重降低了程序的效率。因此，最好的办法是使用指针作为函数参数。

【例 7-5】 用结构指针变量作为函数参数，计算一组学生的平均成绩和不及格人数。

```
1    #include<iostream>
2    using namespace std;
3    struct student
4    {
```

```
5        long num;
6        char name[20];
7        char sex;
8        float score;
9     } stu[5]={
10                 {200401L,"Zhou ping",'M',65.4},
11                 {200402L,"Zhang ping",'M',72.5},
12                 {200403L,"Liu fang",'F',95.5},
13                 {200404L,"Cheng ling",'F',87},
14                 {200405L,"Wang ming",'M',58.2},
15            };
16    int main()
17    {
18       student *ps;
19       void ave(student *ps);
20       ps=stu;
21       ave(ps);
22       return 0;
23    }
24    void ave(student *ps)
25    {
26       int count=0,i;
27       float ave,sum=0;
28       for(i=0;i<5;i++,ps++)
29       {
30          sum+=ps->score;
31          if(ps->score<60) count+=1;
32       }
33       cout<<"s="<<sum<<endl;
34       ave=sum/5;
35       cout<<"ave="<<ave<<"\ncount="<<count<<endl;
36    }
```

程序的运行结果：

```
s=378.6
ave=75.72
count=1
```

说明：本程序中定义了函数 ave( )，其形参为结构指针变量 ps。stu 被定义为全局的结构体数组，在整个源程序中起作用。在 main( )函数中定义声明了结构指针变量 ps，并把 stu 的首地址赋予它，使 ps 指向 stu 数组，以 ps 作为实参调用函数 ave( )。在函数

ave( )中完成计算平均成绩和统计不及格人数的工作并输出结果。

因为本程序全部采用指针变量进行运算和处理，所以速度快，程序效率高。

结构体类型数据不仅可以作为函数的参数，而且可以作为函数的返回值。与结构体类型数据有关的函数返回值可用两种方法实现：返回结构体值或返回指向结构体的指针。

当函数的返回值是结构体类型时，称该函数为结构体型函数。定义一个结构体型函数的方法为

```
结构体类型名　函数名(参数表)
{
    函数体
}
```

在程序中调用结构体型函数时，应在调用程序的声明部分对被调用的结构体型函数进行原型声明。而用于接受结构体型函数的返回值的变量，必须是和结构体函数具有相同结构体类型的结构体变量。

7.3 共 用 体

在编制一些比较高级的程序时，有时需要把不同类型的变量放在同一存储区域内。例如，可把一个整型变量、一个字符型变量、一个实型变量放在同一个地址开始的内存空间中，如图 7-2 所示。以上 3 个变量在内存中占的字节数不同，但都可以从同一地址开始（图 7-2 中设首地址为 1000）存放。这种使几个不同的变量占用同一段内存空间的结构称为共用体（又称为联合体）。共用体的主要作用是节省存储空间。

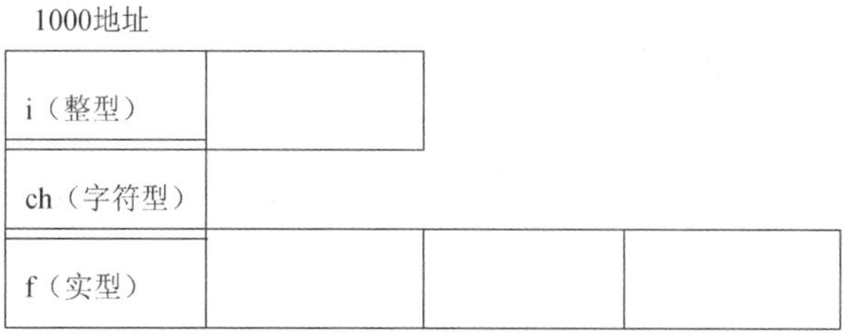

1000地址

i（整型）			
ch（字符型）			
f（实型）			

图 7-2　共用体示意图

共用体与结构体有一些相似之处，但两者有本质上的区别。在结构中，各成员有各自的内存空间，一个结构体变量的总长度是各成员长度之和。在共用体中，各成员共享一段内存空间，一个共用体变量的长度等于各成员中最长的长度。应该说明的是，这里的共享不是指把多个成员同时装入一个共用体变量内，而是指该共用体变量可被赋予任一成员值，但每次只能赋一种值，赋入新值则覆盖旧值。所以，共用体的各成员相互覆盖，不能同时使用。

一个共用体类型必须经过定义之后，才能把变量声明为该共用体类型。

7.3.1 共用体的定义

定义一个共用体类型的一般形式为

```
union 共用体名
{
    成员表
};
```

其中，成员表中含有若干成员，成员的一般形式为

```
类型符 成员名;
```

成员名的命名应符合标识符的规定。例如：

```
union perdata
{
    int class;
    char office[10];
};
```

定义了一个名为perdata的共用体类型，它含有两个成员：一个为整型，成员名为class；另一个为字符数组，数组名为office。

7.3.2 共用体变量的定义

定义共用体之后，即可进行共用体变量的定义。共用体变量的定义和结构体变量的定义方式相同，也有两种形式。

1. 先定义共用体类型，再定义共用体变量

例如：

```
union perdata
{
    int class;
    char office[10];
};
perdata a,b;        //声明a,b为perdata类型的共用体变量
```

2. 定义共用体类型的同时定义共用体变量

例如：

```
union perdata
```

```
{
    int class;
    char office[10];
}a,b;
```

上述两种定义方法是等价的，都是将 a，b 变量声明为 perdata 共用体类型，变量的长度等于 perdata 成员中最长的成员的长度，即等于 office 数组的长度，共 10 字节。即使 a、b 变量赋予整型值时只使用了 4 字节，也要占用 10 字节，这是因为赋予字符数组时要用 10 字节。

7.3.3　共用体变量的使用

共用体变量的使用与结构体变量一样，只能逐个使用共用体变量的成员。其一般形式为

```
共用体变量名.成员名
```

例如，a 被声明为 perdata 类型的变量之后，就可以使用 a.class 和 a.office。

【例 7-6】 设有一个教师与学生通用的表格，教师数据有姓名、年龄、性别和系部 4 项。学生有姓名、年龄、性别和班级 4 项。编程输入人员数据，再以类似表格的形式输出。

```
1     #include<iostream>
2     using namespace std;
3     int main()
4     {
5        struct mystruct
6        {
7           char name[16];
8           int age;
9           char sex;
10          union myunion
11          {
12             int class;
13             char office[16];
14          } unit;
15       }body[3];
16       int n,i;
17       for(i=0;i<3;i++)
18       {
19          cout<<"input name,age,sex and unit"<<endl;
20          cin>>body[i].name>>body[i].age>>body[i].sex;
21          if(body[i].sex=='s')
```

```
22              cin>>body[i].unit.class;
23          else
24              cin>>body[i].unit.office;
25      }
26      cout<<"name\tage\tunit\tclass/office"<<endl;
27      for(i=0;i<3;i++)
28      {
29          if(body[i].sex=='s')
30              cout<<body[i].name<<"\t"<<body[i].age<<"\t"
31                  <<body[i].sex<<"\t"<<body[i].unit.class<<endl;
32          else
33              cout<<body[i].name<<"\t"<<body[i].age<<"\t"
34                  <<body[i].sex<<"\t"<<body[i].unit.office<<endl;
35      }
36      return 0;
37  }
```

程序的运行结果：

```
input name,age,sex and unit
Li 18 s 2
input name,age,sex and unit
Zhang 42 t computer
input name,age,sex and unit
Wang 34 t math
name    age     unit    class/office
Li      18      s       2
Zhang   42      t       computer
Wang    34      t       math
```

说明：上述程序用一个结构数组 body 来存放人员数据，该结构共有 4 个成员。其中，成员项 unit 是一个共用体，这个共用体又由两个成员组成：一个为整型量 class，用于是学生存放班级；一个为字符数组 office，如果是教师则存放系部。在程序的第一个 for 语句中，输入人员的各项数据，先输入结构的前 3 个成员 name、age 和 job，然后判别 unit 成员项：如为“s”则对共用体成员 unit.class 输入学生班级编号；否则，对 unit.office 输入教师系部名。

对于共用体的使用，需要注意以下几点：

1）共用体变量中，可以包含若干个成员及若干种类型，但共用体成员不能同时使用。在每一时刻，只有一个成员及一种类型起作用，不能同时使用多个成员及多种类型。

2）共用体变量中起作用的成员值是最后一次存放的成员值，即共用体变量所有成员共用同一段内存单元，后来存放的值将原先存放的值覆盖，故只能使用最后一次给定的成员值。

3）不能企图使用共用体变量名来得到某一个成员的值。

4）共用体变量不能作为函数参数，函数的返回值也不能是共用体类型。

5）共用体类型和结构体类型可以相互嵌套，共用体中成员可以为数组，还可以定义共用体数组。

第2部分

面向对象程序设计

第8章 类和对象

类和对象是面向对象的程序设计中的基础。类是对结构类型的扩展，它允许类类型包含多个变量和多个函数。在类上定义的变量，是类的实例，称为对象，它知道如何执行自己的函数，并携带自己的数据。使用对象的编程方法称为面向对象编程。

8.1 面向对象程序设计方法

8.1.1 面向对象的基本概念

编写计算机程序的主要方法有面向过程编程和面向对象编程。面向过程编程是将大型编程问题分解成更小、更易于管理的单元，这个定义必要操作的管理单元称为过程。C++语言强调一种不同的方法，称为面向对象编程。在面向对象编程中，程序员的注意力从操作的过程规范上转移到关注对象的行为方式。编程语言中的对象有时与真实世界中的物理对象相对应，但也常常代表更抽象的概念。任何物体的主要特征无论是真实的，还是抽象的，都必须是一个统一的整体才有意义。

面向对象程序设计的主要优点之一是它鼓励程序员认识对象的状态与其行为之间的基本关系。对象的状态由一组与该对象相关的属性组成，并且随着时间的推移可能会发生变化。例如，一个对象的特征可能是它在空间中的位置、颜色、名称及许多其他属性。对象的行为是指对象对其世界中的事件或来自其他对象的命令的响应方式。在面向对象编程语言中，让对象触发特定行为的通用词称为消息。对消息的响应通常包括更改对象的状态。

面向对象包含以下几个基本概念。

1. 类（基类）和对象的基本概念

在面向对象系统中，类描述了数据结构（对象属性）、算法（服务、方法）和外部接口（消息协议），是一种用户自定义的数据类型。对象是类上的实例，它具有自己的静态特征（静态特征是可以用某种数据来描述）和动态特征（动态特征即对象所表现的行为或对象所具有的功能）。

一个对象和一个类有根本的不同。理解这种区别的最简单方法是将类看作共享共同行为和状态属性集合的对象的模式或模板。

【例 8-1】 理解类和对象的例子。本例不关心语法，只关注对象和类的实质。

```
1    class Robot
2    {
3    public:           //对外的接口
```

```
4    void move();      //move;机器人左右移动,具体实现略
5    private:
6        int x;        //对外隐藏的数据
7        int y;        //对外隐藏的数据
8    }
9    int main()
10       {
11       Robot mm;
12           mm.move();
13           return 0;
14       }
```

在例 8-1 的编程中 Robot 代表整个机器人类知道如何应对 move( )命令。若用户有一个真正的机器人，则该机器人是一个对象，代表 Robot 类的一个特定的实例，如在例 8-1 中第 11 行定义的 mm，也可以有多个机器人实例（定义多个对象）。

2. 对象的特征

对象具有如下特性：

1）具有唯一标志名，可以区别于其他对象。

2）具有一个状态，由与其相关联的属性值集合所表征。

3）具有一组操作方法即服务，每个操作决定对象的一种行为。

4）一个对象的成员仍可以是一个对象。

5）模块独立性。

6）动态连接性。

7）易维护性。

3. 消息

消息是面向对象系统中实现对象间的通信和请求任务的操作，是要求某个对象执行其中某个功能操作的规格说明。发送消息的对象称为发送者，接收消息的对象称为接收者。对象间的联系只能通过消息来进行。例如，有扬声器类和耳朵类，当扬声器音量发生变化时，耳朵需要反馈给扬声器“声音太大，很吵”“声音太小，听不见”，并发出调整音量请求，这个就是扬声器和耳朵之间的通信，即传递的消息。

4. 方法

在面向对象程序设计中，方法就是对象所能执行的操作。例如，例 8-1 中机器人 Robot 的 move( )就是它的方法。

8.1.2 面向对象的基本特征

面向对象的基本特征包括抽象性、封装性、继承性、多态性。

1. 抽象性

程序是由一组对象组成的。程序员可以将一组对象的共同特征进一步抽象出来，形成“类”的概念。这个类仅仅考虑这些事物的相似和共性之处，而忽略与当前主题和目标无关的方面。

例如，例8-1中将一般的机器人的共性特征提取出来，它们有自己的位置信息（屏幕上的），可以移动。

2. 封装性

数据封装是指一组数据和与这组数据有关的操作集合组装在一起，形成一个能动的实体，也就是对象。数据封装给数据提供了与外界联系的标准接口，无论是谁，只有通过这些接口并使用规范的方式，才能访问这些数据。

例如，例8-1中建立了机器人类，就将机器人的位置数据和针对它的操作移动封装在一起，其中的位置信息对外隐藏，提供对外接口move来访问数据。

可以发现，public提供接口，而private对外隐藏，将定义私有化通常是良好的编程实践。这是因为类应该尽可能地封装信息，不仅要将其封装在一起，还要尽可能限制访问信息。大型程序包含的细节量非常复杂，如果一个类设计得很好，则它将通过隐藏尽可能多的无关细节来减少复杂性。

3. 继承性

从已有的对象类型出发建立一种新的对象类型，使它继承原对象的特点和功能，这种思想是面向对象设计方法的主要贡献。继承是对许多问题中分层特性的一种自然描述，也是类的具体化和实现重用的一种手段，它所表达的是一种不同类之间的继承关系。它使某类对象可以继承另外一类对象的特征和能力。继承所具有的作用有两个方面：一方面可以代码复用，减少冗余代码；另一方面可以通过协调性来减少接口。

【例8-2】 定义提醒和转圈的机器人类。

分析：提醒和转圈的机器人类的功能不同，定义这两个机器人类是改写Robot类还是重新定义自己的MyRobot类呢？这里使用C++语言的继承来解决问题，请体会继承的优点。

```
1    class My Robot:public Robot
2    //当看计算机时间达到1小时,机器人会提醒,休息眼睛哦
3    {
4        public:
5          void remind(){};  //remind:机器人提醒休息眼睛,具体实现略
6    }
```

```
7     class circle Robot: public Robot
8     //我的机器人会在屏幕边缘转圈
9     {
10        public:
11          void turnright(){};//turnright 机器人转方向,具体实现略
12    }
13    int main()
14    {
15        My Robot lili;
16        //if 的条件省略,仅关注方法
17        lili.move();
18        lili.remind();
19        circleRobot mimi;
20        mimi.move();
21        //while 的条件省略,仅关注方法(当到达边缘)
22        mimi.turnright();
23        mimi.move();
24        return 0;
25    }
```

说明:

1）程序中第 1～7 行，定义 My Robot 对象 lili，当条件满足（第 1～7 行）时，lili 会在屏幕上动起来，并发出提示。

2）第 17 行中 lili.move()，lili 没有定义 move 却可以调用，是因为当 MyRobot 继承 Robot 时，继承了 Robot 的 move()方法。

3）第 8～12 行设计了沿着屏幕边缘转圈的小机器人，当到达屏幕边缘时让机器人 turnright()，然后继续移动。此时，circleRobot 继承于机器人 Robot 上的转圈机器人。

思考：体会一下，继承是什么？为什么要继承？

4. 多态性

不同的对象接收相同的消息时产生完全不同的行为的现象称为多态性。C++语言支持两种多态性，即编译时的多态性（通过重载函数实现）和运行时的多态性（通过虚函数实现）。使用多态性可以大大提高人们解决复杂问题的能力。

对于 C++语言的多态性，这是一项很灵活的技术，用法十分灵巧，有难度。简单来说，多态性就是适当地使用接口函数，通过一个接口来使用多种方法，相当于 Robot 说一个命令，A、B、C、D 4 个不同类别机器人都作出不同反应，一个命令，多个反应。例如，例 8-2 中的转圈机器人，它的工作主要是移动，可以将其转向和移动合起来写成一个移动方法，而 My Robot 中的移动仅仅是左右移动，不转向，即接口都是 move()，但响应起来动作不同。

8.2　类与对象的声明和定义

8.2.1　类的声明

C++语言可以看作 C 语言的扩展和改进，相对于 C 语言，C++语言主要增添了面向对象的特性。类（class）是 C++语言面向对象编程的实现方式。8.1 节介绍了面向对象的基本概念，可以将类理解为一种用户自定义的数据类型，以下是类的声明方法。

```
class 类名
{
   public:
        公有成员
   private:
        私有成员
   protected:
        保护型成员
};
```

说明：

1）private 是私有成员定义的控制符，其后定义的变量和函数对外隐藏，只能在类内部被访问。

2）public 是公有成员定义的控制符，其后定义的变量和函数对外公开，是接口，提供给外部使用。

3）protected 是保护型成员定义的控制符，它和私有类型成员权限相似，差别就是某个类派生的子类中的函数能够访问它的保护成员。

4）class 定义的类，如果不作 protected 或 public 声明，系统将其成员默认为 private。

【例 8-3】 定义复数类 Complex.

```
1    class Complex
2    {
3            public:
4                void display(); //输出复数
5            private:
6                double real;     //复数实部
7                double imag;     //复数虚数
8    };
```

8.2.2　对象的定义

对象是具有类类型的变量，是类的实例。

类和对象的关系：类是对象的抽象，而对象是类的具体实例。类是抽象的，不占用内存，而对象是具体的，占用存储空间。

1. 定义对象的方法

定义对象的方法有以下 3 种。

1）对于已声明类类型，直接定义对象。

对象的定义的基本语法格式如下。

```
类名 对象名;
```

例如，定义例 8-3 的 Complex 上的对象的方法为

```
Complex cnum1,cnum2;
```

2）在声明类类型的同时定义对象。

```
class Complex
{
    public:
        void display();      //输出复数
    private:
        double real;         //复数实部
        double imag;         //复数虚数
}cnum1,cnum2;
```

3）不出现类名，直接定义对象。

```
class                        //无类名
{
    public:
        void display();      //输出复数
    private:
        double real;         //复数实部
        double imag;         //复数虚数
}cnum1,cnum2;
```

直接定义对象在 C++语言中是合法的、允许的，但很少用，也不提倡使用。在实际的程序开发中，一般采用上面 3 种方法中的第 1 种方法。

2. 调用公有成员函数

声明了对象后就可以访问对象的公有成员，调用公有成员函数的基本语法格式如下。

```
对象名.公有成员函数名(参数表)
```

访问公有数据成员的基本语法格式如下。

对象名.公有数据成员

【例 8-4】 定义一个简单游戏玩家类，包含玩家编号、游戏币数量，可以增加游戏币数量和显示游戏币数量。

```
1     class Player
2     {
3           public:
4                 void add(int n); //增加或减少玩家游戏币数量
5                 {
6                       num=num+n;
7                 }
8                 int show();       //获取并显示玩家游戏币数量
9                 {
10                      return num;
11                }
12          private:
13                string playerno; //玩家编号
14                int num;          //玩家游戏币数量
15    };
16    int main()
17    {
18          Player one;
19          one.add(-8);            //num-=8;是否可以直接操作 num
20          cout<<one.show() << endl;
21    }
```

说明：

1）一个类的声明和结构声明具有类似的定义语法，区分是类中的变量被分为公有、私有和保护来定义；另外，在类中将针对变量的操作，如 add（第 4 行）也定义在类中。

2）如何理解公有成员和私有成员呢？如图 8-1 所示，可以假设类设计器在数据周围构建了的抽象墙。墙内的私有成员不能直接访问，需要通过墙外的函数来访问它们。

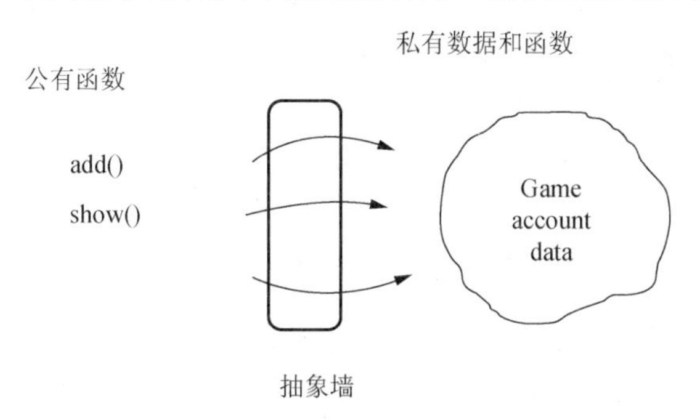

图 8-1 理解公有成员和私有成员

3）在程序中第 19 行 one.add(−8)，即需要消耗 8 个游戏币，如果现在游戏币为 0，使用 num−=8，结果游戏币成了−8，显然这样不符合实际的逻辑。因此，直接对数据操作并不合理。为此，程序中将游戏币数设置为 private 私有类型，使在程序中不能直接修改它的值，而编写 public 公有类型的成员函数：add(−8)，这样，当游戏币数不够时，程序提示用户无法继续游戏。这种方式将对象的属性和实现细节隐藏起来，仅使用公有成员对外公开接口，控制在程序中属性的读和修改的访问级别，增强了程序的安全性，简化了编程，这就是常说的封装。如果一个类设计得很好，它将通过隐藏尽可能多的无关细节来减少复杂性。

8.3 类的成员

类中定义的变量和函数称为类的成员。类中有两种成员：数据成员及函数成员。

8.3.1 数据成员

数据成员与一般的变量声明相同，但需要将它放在类的声明体中，一般声明为 private，每个对象创建时将给它们赋初始值。例如，例 8-3 中的 real 和 imag。

8.3.2 函数成员

1. 在类外完成功能实现的函数成员

函数原型的声明要写在类主体中，原型说明函数的参数类型和个数及返回值类型。函数的具体实现是类声明之外的，与普通函数不同的是，写函数实现时要在前面加上类名，指明所属的类。在类外完成功能实现的函数成员定义的基本语法格式如下。

```
返回值类型 类名::函数成员名(参数表)
{
   函数体
}
```

说明：类的成员函数也可以使用默认参数值，它的调用规则和普通函数相同。

【例 8-5】 完成复数类 Complex 的 display 函数功能实现。

```
1    class Complex
2    {
3      public:
4        void display();      //输出复数
5      private:
6        double real;         //复数实部
7        double imag;         //复数虚数
8    };
```

```
9     void Complex::display()
10    {
11       cout<<real<<"+"<<imag<<"i";
12    }
```

2. *在类内完成功能实现的函数成员*

类的比较简单的成员函数也可以声明为内联函数，和普通内联函数一样，编译时也会将内联函数的函数体插入每个调用它的地方。内联函数的声明有两种方式：隐式声明和显式声明。

把函数体直接放入类主体内，这种方式就是隐式声明，如例 8-4 中的 add( )和 show( )函数。

为了程序的可读性，让大家一看就知道是内联函数，一般使用关键字 inline 显式声明。就像普通内联函数那样，在函数实现时在函数返回值类型前加上 inline，声明中不加入函数体。效果上，显式声明和隐式声明内联函数的效果是完全一样的。

【例 8-6】 使用内联函数完成复数类 Complex 的 display 函数实现。

```
1     class Complex
2     {
3        public:
4           void display();     //输出复数
5        private:
6           double real;        //复数实部
7           double imag;        //复数虚数
8     };
9     inline void Complex::display()
10    {
11       cout<<real<<"+"<< imag <<"i";
12    }
```

使用内联函数时要注意：

1）递归函数不能定义为内联函数。

2）内联函数一般适合于不存在 while 和 switch 等复杂结构且只有 1～5 条语句的小函数上，否则编译系统会将该函数视为普通函数。

3）内联函数只能先定义后使用，否则，编译系统会将其看作普通函数。

8.4 对象的存储和访问

8.4.1 对象的存储

一个类可以定义多个对象，每个对象拥有自己的数据成员和成员函数，而每个成员函数只能操作对象自身的数据成员，逻辑上，对象之间是相互独立的。

程序运行时内存被划分为 4 个区域，加工的数据可存放的位置有堆栈、自由存储区和全局数据区，而函数只能存放在代码区。那么，类的每个对象在内存中是独自有一份属于自己的数据成员和成员函数，还是不完全独立呢？

如果同一个类的每个对象在内存中都保存自己的一份数据成员和成员函数，而这些对象的成员函数除传递给它处理的数据不同外，其函数代码部分是相同的，那么保存多份相同代码的成员函数对内存资源的浪费是巨大的，并且也是不科学的。

事实上，C++编译器在生成程序时将反映对象特征的数据成员分开，独立保存于程序的数据存储区域，而在程序的代码区仅保存一份成员函数。也就是说，物理上对象的数据成员和成员函数是分离的，并且成员函数是共享的，各个对象在调用成员函数时，都去调用这个公共的函数代码。因此，每个对象的存储空间都只是该对象的数据员所占用的存储空间，而不包括成员函数代码所占用的空间，函数代码是存储于对象空间之外的。而且，无论成员函数是在类的内部定义还是在类的外部定义，也无论成员函数是否用 inline 声明，其代码段都不占用对象的存储空间。可以通过下面的程序进行验证。

```
1    #include<iostream>
2    using namespace std;
3    class Complex
4    {
5      private:
6         double real,imag;
7      public:
8         void set(double r,double i)
9         {real=r; imag=i;}
10        void display();
11   };
12   void Complex::display()
13   {
14     cout<<real<<"+"<<imag<<"i";
15   }
16   int main()
17   {
18      Complex c1;
19      cout<<sizeof(Complex)<<endl;
20      cout<<sizeof(c1)<<endl;
21      return 0;
22   }
```

说明：运行该程序可以发现，输出的值都为16，即类对象所占存储空间的大小只取决于数据成员所占用的空间，与成员函数无关。但这并不意味着成员函数不属于对象，因为对象的成员函数是一个逻辑角度的概念，这与物理上的具体实现方法并不矛盾。

8.4.2 对象的访问

在程序中访问一个对象，一般通过访问和操作对象的数据成员实现，但是，由于封装性的要求，访问和操作对象的数据成员通常通过对象的成员函数实现。

1）在类的作用域内，成员函数访问同类中的数据成员，或调用同类中的其他成员函数，可直接使用数据成员名或成员函数名，如8.4.1节中的Complex类：

```
class Complex
{
  private:
     double real,imag;
  public:
     void set(double r,double i)
     {real=r; imag=i;}
     void display();
};
void Complex::display()
{
  cout<<real<<"+"<<imag<<"i";
}
```

可以看到，在Complex类中，成员函数可以直接访问数据成员real、imag。需要注意的是，对于成员函数来说，无论是在类的声明内定义，还是在类的声明外定义，都在类的作用域范围内可以直接访问本类的其他成员。

2）在类的作用域外，本类的对象可以访问其公有数据成员或成员函数，这时需使用运算符“.”。

成员访问的基本语法格式如下。

```
对象名.成员名
```

注意：只能对公有成员进行这种形式的访问。例如，对于之前定义的Complex类，下面的语句是正确的：

```
Complex x;
x.set(2,3);
x.display();
```

但下面的语句是不合法的：

```
x.real=2;
```

```
x.imag=3;
```

因为 real 和 imag 都是私有成员，而在类的作用域外直接访问一个对象中的私有成员和保护成员属于非法操作，所以不可以通过对象 x 来访问 real 和 imag。

为了给私有成员赋值，可以设计一个成员函数来完成这个任务。例如，在 Complex 类中通过 set()函数来给私有成员 real 和 imag 赋值。同样的道理，如果想通过访问私有成员完成其他各种操作，都需要通过公有的成员函数提供访问接口。例如，以下程序中，在 Complex 类中添加成员函数 getreal()和 getimag()以获取私有成员 real 和 imag 的值。

```
class Complex
{
  private:
     double real,imag;
  public:
     void set(double r,double i)
     {real=r;imag=i;}
     void display()
     {cout<<real<<"+"<<imag<<"i";}
     double getreal()
     {return real;}
     double getimag()
     {return  imag;}
};
int main()
{
   Complex c1;
   c1.set(2,3);
   double R,I;
   R=c1.getreal();    //将 R 赋值为 c1 的实部
   I=c1.getimag();    //将 I 赋值为 c1 的虚部
   return 0;
}
```

3）同类对象之间可以整体赋值。例如：

```
Complex x1,x2;
x1.set(2,3);
x2=x1;                     //x2 被赋值为和 x1 一样
```

4）对象可以作为一个函数的参数，用作函数的参数时属于赋值调用，函数的返回值也可以是一个对象。

【例 8-7】 定义复数类，实现两个复数的加法运算。

```
1    //两个复数的加法运算
2    #include<iostream>
3    using namespace std;
4    class Complex
5    {
6        private:
7          double real,imag;            //实部和虚部
8         public:
9          void set(double r,double i); //设值
10         Complex add(Complex c);      //与复数c相加
11         void display();              //显示复数
12   };
13   void Complex::set(double r,double i)
14   {real=r;  imag=i;}
15   void Complex::display()
16   {cout<<real<<"+"<<imag<<"i";}
17   Complex Complex::add(Complex c)
18   {
19         Complex t;
20         t.real=real+c.real;
21         t.imag=imag+c.imag;
22         return t;
23   }
24   int main()
25   {
26         Complex c1,c2,sum;
27         c1.set(1,3);                 //对象访问公有成员函数
28         c2.set(10,4);
29         sum=c1.add(c2);
30          //以下输出计算结果
31         c1.display();                //输出c1
32         cout<<"+";
33         c2. display();               //输出c1
34         cout<<"=";
35         sum.display();               //输出和
36         return 0;
37   }
```

程序的运行结果：

```
1+3i+10+4i=11+7i
```

8.4.3 指向对象的指针

与基本数据类型的变量一样，在创建对象时也会为其分配存储空间以保存对象的数据成员。如果一个指针指向了一个对象，则可以通过该指针来访问它所指向的对象的成员。当然，需要先声明指向对象的指针，并将其存放于对象所占存储空间的首地址。

声明指向对象的指针的方法与声明指向基本数据类型变量的指针的方法相同。

声明指向对象的指针的基本语法格式如下。

```
类名 *对象指针名;
```

例如，对于第 Complex 类，可以声明：

```
Complex comp;
Complex *cptr=&comp;
```

这里，声明了一个指向 Complex 类对象的指针变量 cptr，并使它指向对象 comp。需要注意的是，对象的地址也是使用取地址运算符“&”得到的。

通过指针访问对象的基本语法格式有两种：

```
指针名->成员名
(*指针名).成员名
```

例如，cptr->set(1,3);，这条语句通过指针 cptr 调用 comp 的 set( )函数，这种写法和 comp.set(1,3);是等价的。由于“*”运算符出现在指向对象的指针变量前面，表示对象本身，因此语句(*cptr). set(1, 3);与前面的两条语句也是等价的。这里使用指针访问对象的两种方法，第 1 种写法比较方便，使用第 2 种写法时必须加入圆括号。

需要说明的是，使用指针只能够访问对象的公有成员。

还可以使用 new 运算符动态地建立一个对象，例如：

```
Complex *cptr=new Complex;
```

当然，用 new 运算符建立的对象需要用 delete 运算符释放，例如：

```
delete cptr;
```

【例 8-8】 分析以下程序的运行结果。

```
1     #include<iostream>
2     using namespace std;
3     class Time   //定义时间类
4     {
5       private:
6          int hour,minute,second;              //数据成员：时、分、秒
7       public:
8          void SetTime(int h=0,int m=0,int s=0);    //设置时间
```

```
9         void ShowTime();                         //显示时间
10        int Geth(){return hour;}                 //获取数据成员 hour 的值
11        int Getm(){return minute;}               //获取数据成员 minute 的值
12        int Gets(){return second;}               //获取数据成员 second 的值
13    };
14    void Time::SetTime(int h,int m,int s)    //设置时间
15    {
16       hour=h;
17       minute=m;
18       second=s;
19    }
20    void Time::ShowTime()                    //显示时间
21    {
22      cout<<hour<<':'<<minute<<':'<<second<<endl;
23    }
24    int main()
25    {
26      Time *tp1,*tp2;
27      tp1=new Time;
28      tp1->SetTime();
29      cout<<"Time1: ";
30      tp1->ShowTime();
31      tp2=new Time;
32      tp2->SetTime(12,30,30);
33      cout<<"Time2: ";
34      tp2->ShowTime();
35      int hour,minute,second;
36      hour= tp1->Geth();
37      minute=tp2->Getm();
38      second= tp2->Gets();
39      cout<<"New Time: "<< hour<<':'<<minute<<':'<<second<<endl;
40      delete tp1;
41      delete tp2;
42      return 0;
43    }
```

程序的运行结果：

```
Time1: 0:0:0
Time2: 12:30:30
New Time:0:30:30
```

8.4.4 this 指针

在 8.4.1 节中提到，物理上对象的数据成员和成员函数是分离的，不同的对象拥有不同的数据，但是类的成员函数只存储一份在代码区，为类的所有对象共有。那么，这种存储方法是怎样正确地绑定数据成员和成员函数的呢？成员函数又是怎样知道应当访问哪一个对象的数据成员的呢？

C++编译器在实现时，巧妙地使用了传地址这种函数参数传递方式，在函数调用时将对象的地址传递给成员函数中由系统为其添加的指针。程序在生成过程中，在类的成员函数形参表的最前端，编译器为其添加一个指向对象的指针，并命名该形参名为 this，称为 this 指针。当通过对象调用成员函数时，系统将对象的地址传递给所调用成员函数的 this 指针，从而实现对象与成员函数的正确绑定。

this 指针表明了成员函数所属对象的地址。成员函数通过这个指针可以知道自己属于哪一个对象。this 指针是一个隐含的指针，它隐含于每个类的非静态成员函数中，明确地表示出成员函数当前操作数据的所属对象。当一个对象调用成员函数时，编译器先将对象的地址传递给成员函数的 this 指针，然后调用成员函数。每次成员函数存取数据成员时，会隐含地使用 this 指针。

例如，以下程序将显式地使用 this 指针访问对象的数据成员。

```
1     #include <iostream>
2     using namespace std;
3     class Exam
4     {
5        private:
6            int x;
7        public:
8            void set(int a=0);
9            void out();
10       };
11    void Exam::set(int a)  {x=a;}
12    void Exam::out()
13    {
14           cout<<"x="<<x<<"\nthis->x="<<this->x<<"\n(*this).
15               x="<<(*this).x<<endl;
16    }
17    int main()
18    {
19       Exam t;
20       t.set(12);
21       t.out();
```

```
22      return 0;
23   }
```

程序的运行结果：

```
x=12
this->x=12
(*this).x=12
```

由此可以看出，显式地使用 this 指针和直接访问对象的数据成员的结果相同。

8.5 构造函数

对于基本数据类型的变量，在定义变量的同时对其赋值从而实现对变量存储空间的初始化。类是一种用户自定义的类型，声明一个类对象时，编译器要为对象分配存储空间，进行必要的初始化。在 C++语言中，这项工作是由构造函数来完成的。

8.5.1 构造函数的定义

构造函数是类中一种特殊的成员函数，创建对象时系统会自动调用构造函数，为类中的有关成员赋初值，构造函数声明为公有成员函数。

构造函数声明的基本语法格式如下。

```
类名(参数表);
```

例如：

```
class Complex
{
  private:
    double real,imag;
  public:
    Complex(double r,double i);      //构造函数
};
```

说明：

1）构造函数的函数名必须与类的名称相同。

2）构造函数没有函数类型，函数名的前面不能写任何类型名，包括 void。

3）构造函数只能在创建对象时由系统自动调用，程序中不可直接调用构造函数。例如，以下语句是错误的：

```
Complex c;
c.Complex(2,4);        //错误,构造函数只能由系统自动调用
```

4）一个类可以包含多个构造函数，即构造函数可以重载。

【例 8-9】 定义一个带重载构造函数的复数类。

```
1    #include<iostream>
2    using namespace std;
3    class Complex
4    {
5       private:
6         double real,imag;
7       public:
8         Complex();                          //无参构造函数
9         Complex(double r,double i);         //有参构造函数
10        void display()
11        {cout<<real<<"+"<<imag<<"i";}
12   };
13   Complex::Complex()                       //定义无参构造函数
14   {real=imag=0;}
15   Complex::Complex(double r,double i)      //定义有参构造函数
16   {
17        real=r;
18        imag=i;
19   }
20   int main()
21   {
22       Complex c1(2,4),c2;
23       c1.display();
24       cout<<endl;
25       c2.display();
26   }
```

程序的运行结果：

```
2+4i
0+0i
```

以上程序中，Complex 类中定义了两个构造函数，第一个没有参数，在函数体中对数据成员赋以固定的值；第二个有两个参数，函数体中把参数分别赋值给数据成员。这两个构造函数互为重载。在主函数中创建对象 c1 时，给出了两个参数，系统自动调用有两个参数的构造函数把 c1 初始化为 2+4i，创建对象 c2 时，没有给出参数，因此系统自动调用无参构造函数把 c2 初始化为 0+0i。

5）创建对象指针时并不调用构造函数，只有给对象指针动态分配存储空间时才调用构造函数。例如：

```
Complex *p;
p=new Complex[10];
```

此处，使用 new 运算符动态创建能够存放 10 个 Complex 对象的空间时，将 10 次自动调用 Complex 的无参构造函数。

8.5.2 默认构造函数

每个类都应当有一个构造函数，如果没有在类中定义构造函数，系统会自动为该类定义一个隐含的不执行任何操作的构造函数：

```
类名( ) { }
```

该构造函数称为默认构造函数。显然，这个构造函数没有任何功能，不对数据成员进行赋值。

用户也可以显式地定义一个默认的构造函数，此时系统不会再为类生成这个空的默认构造函数。如果在创建对象时没有给出作为初始化的参数，系统将调用用户自定义的默认构造函数初始化对象。因此，无参的构造函数属于默认构造函数，如例 8-9 中的无参构造函数 Complex( )就是 Complex 类的默认构造函数，程序中创建对象 c2 时由于没有给出参数，系统自动调用构造函数 Complex( )把 c2 初始化为 0+0i。

实际上，以上 Complex( )的功能可以通过为有参构造函数指定参数默认值实现，即将 Complex 类的有参构造函数声明为

```
Complex(double r=0,double i=0);
```

这样创建对象时若不提供实参，系统将会使用参数的默认值初始化对象。因此，一般情况下，不要同时使用构造函数的重载和有参数默认值的构造函数。

一个类只能定义一个默认构造函数，多个默认构造函数会导致编译错误。

但是，并非所有的类都有默认构造函数。例如，例 8-9 中，若只定义了有参构造函数，且参数不带默认值，也没有另外定义无参构造函数，即

```
class Complex
{
  private:
    double real,imag;
  public:
    Complex(double r,double i)
    {
      real=r;
      imag=i;
    }
};
```

则该类没有默认构造函数，这时如果创建对象就必须提供参数。需要注意的是，此时系统也不会自动生成空的默认构造函数，因为系统只会在用户没有定义任何形式的构造函数时自动生成这种默认构造函数，而这里 Complex 类已经定义了一个有参构造函数。

尽管一个类可以包含多个构造函数，但对创建的每个对象来说，创建时只会执行其中的一个构造函数。

8.5.3 构造函数的初始化表

如果构造函数的函数体很简短，则可以采用初始化表的形式给类中的成员赋初值。

构造函数初始化表的定义的基本语法格式如下。

```
类名(形参表) : 数据成员1(形参1),数据成员2(形参2),…,数据成员n(形参n)
{
    函数体
}
```

说明：在函数首部的末尾加一个冒号，再列出各数据成员及其初始化参数的列表，各个数据成员之间用逗号分隔。

例如：

```
class Complex
{
    private:
        double real,imag;
    public:
        Complex(double r,double i):real(r),imag(i)
        {  }
};
```

此例中，用形参 r 初始化数据成员 real，用形参 i 初始化数据成员 imag，由于此构造函数没有其他执行语句，因此函数体为空。需要注意的是，即使函数体为空，也不能省略“{}”，因为函数定义必须包括函数首部和函数体。

这种使用参数初始化表给数据成员赋初值的形式，也可以和使用赋值语句赋初值的形式混合使用，例如：

```
Complex::Complex(double r,double i):real(r)
{imag=i;}
```

8.5.4 复制构造函数

类中还有一种特殊的构造函数称为复制构造函数，它用一个已知的对象初始化一个正在创建的同类对象，即复制构造函数的调用发生在用已定义对象生成新对象时，例如：

```
Complex c1(2,4),c2(c1);   // c2(c1)也可以写成 c2=c1
```

使用已经存在的对象作为初始值，很容易分析得到：这时调用的构造函数应该是以一个类的对象作为函数参数。但实际上，复制构造函数的形参只能说明为类的对象的引用，如 Complex(Complex&);。为什么复制构造函数只能用引用传递方式传递实参呢？这与复制构造函数的特殊性相关。

复制构造函数在对象被复制时调用，如果复制构造函数是以传值方式传递实参，则由于在调用类的复制构造函数时，实参要被复制给形参，这种复制的结果是导致再一次调用该类的复制构造函数，产生无穷的递归调用。

复制构造函数也不能以传地址方式传递实参，传址方式传递实参需要用取地址运算符获取实参的地址，而系统隐式调用复制构造函数时，不会传递对象地址。虽然 C++语言允许程序员定义形参是类对象的指针的构造函数，但该构造函数不是复制构造函数，而仅仅是有参构造函数。

在复制构造函数中，系统允许直接访问和修改以引用方式传递来的对象的私有数据成员。为了避免在复制构造函数中不小心改变原对象中的数据成员，通常在复制构造函数的形参前加上 const 修饰符。

复制构造函数的定义的基本语法格式如下。

```
类名(const 类名&引用对象名)
{
   函数体
}
```

由于复制构造函数也是一种构造函数，因此函数名与类名相同，并且不能指定函数返回值类型。

修改复数类 Complex 的定义如下。

```
1    class Complex
2    {
3       private:
4          double real,imag;
5       public:
6          Complex();                          //无参构造函数
7          Complex(double r,double i);         //有参构造函数
8          Complex(const Complex&c);           //复制构造函数
9          void display()
10         {cout<<real<<"+"<<imag<<"i"<<endl;}
11   };
12   Complex::Complex()                        //定义无参构造函数
13   {
14      real=imag=0;
```

```
15      cout<<"Constructor of Complex with no parameter."<<endl;
16   }
17   Complex::Complex(double r,double i)     //定义有参构造函数
18   {
19      real=r;
20      imag=i;
21      cout<<"Constructor of Complex with two parameters."<<endl;
22   }
23   Complex::Complex(const Complex&c)       //定义复制构造函数
24   {
25      real=c.real;
26      imag=c.imag;
27      cout<<"Copy constructor of Complex."<<endl;
28   }
```

说明：上述复数类 Complex 中，第 8 行定义了一个复制构造函数 Complex (const Complex & c)，功能是将参数对象 c 的数据成员对应赋值给新对象的每个数据成员，即使用对象 c 的值初始化正在创建的新对象。

下面的程序在已有 Complex 类的基础上进行编写，说明了如何调用复制构造函数及复制构造函数的用法。

【例 8-10】 分析以下程序的运行结果。

```
1    #include<iostream>
2    using namespace std;
3    int main()
4    {
5       Complex fun(Complex c);
6       Complex c1(2,4),c2;
7       Complex c3(c1);
8         c2=fun(c3);
9         cout<<"c1: ";
10        c1.display();
11        cout<<"c2: ";
12        c2.display();
13        cout<<"c3: ";
14        c3.display();
15        return 0;
16   }
17   Complex fun(Complex c)
18   {
19      Complex temp;
```

```
20        temp=c;
21        return temp;
22    }
```

程序的运行结果：

```
Constructor of Complex with two parameters.
Constructor of Complex with no parameter.
Copy constructor of Complex.
Copy constructor of Complex.
Constructor of Complex with no parameter.
Copy constructor of Complex.
c1: 2+4i
c2: 2+4i
c3: 2+4i
```

说明：上述程序中，复制构造函数一共被调用了 3 次。第一次是在执行语句 Complex c3(c1);时，用已经创建的对象 c1 对正在创建的对象 c3 进行初始化；第二次是在调用 fun( )函数时，由于是传值调用，因此实参对象 c3 要对形参对象 c 进行初始化；第三次是在执行 fun( )函数中的返回语句 return temp;时，系统用返回值初始化一个匿名对象时使用了复制构造函数，因为 temp 对象的作用域仅在函数 fun( )中，因此不能将 temp 对象直接赋值给对象 c2，此时必须生成一个匿名对象，首先用 temp 初始化匿名对象，然后将匿名对象赋值给对象 c2，用 temp 初始化匿名对象时发生了复制构造函数的调用。

通过对例 8-10 的分析可以知道，由于复制构造函数的功能是用一个已知的对象去初始化一个正在创建的对象，因此，通常情况下，复制构造函数会在以下 3 种情况下被调用：

1）用类的一个已知的对象去初始化该类的另一个正在创建的对象。

2）采用传值调用方式时，对象作为函数实参传递给函数形参。

3）对象作为函数返回值。

如果类中没有定义复制构造函数，系统也会自动生成一个默认的复制构造函数，完成新对象中数据成员的初始化。

默认构造函数的定义的基本语法格式如下。

```
类名(类名&x)
{*this=x;}
```

系统自动提供的复制构造函数能准确地按成员语义复制每个数据成员。但是，在某些情况下，完全按成员语义复制会引发错误，需要程序员自定义复制构造函数。

8.6 析构函数

析构函数是类中另外一种特殊的成员函数，它与构造函数的作用正好相反。构造函数负责初始化对象，如给数据成员赋值、为指针成员分配内存资源等，而析构函数则是在对象使用完毕时收回之前由构造函数或其他成员函数占用的内存资源。

析构函数的声明的基本语法格式如下。

```
~类名();
```

例如：

```
class Complex
{
  private:
   double real,imag;
  public:
       ~Complex();   //析构函数
};
```

说明：

1）析构函数名是在类名前加上符号“~”。

2）析构函数无函数值类型，也无参数，即使是 void 也不能写。

3）析构函数必须是公有成员。

4）析构函数没有参数，因此析构函数不能重载，即一个类中只能有一个析构函数。

5）在对象撤销时，系统自动调用析构函数，不需要显式地调用析构函数。

一般情况下，析构函数在对象的生存期即将结束时由系统自动调用，完成析构函数的执行后，对象也就消失了，相应的内存空间将被释放。下面的例子可以说明析构函数的调用。

【例 8-11】 分析以下程序的运行结果。

```
1     #include <iostream>
2     using namespace std;
3     class Complex
4     {
5         private:
6           double real,imag;
7         public:
8           Complex(double r=1,double i=1);          //构造函数
9           Complex (const Complex&c);               //复制构造函数
10          ~Complex();                              //析构函数
```

```
11          void display()
12          {cout<<real<<"+"<<imag<<"i"<<endl;}
13    };
14    Complex::Complex(double r,double i)      //定义构造函数
15    {
16       real=r;
17       imag=i;
18       cout<<"Constructor of Complex"<<real<<"+"<<imag<<"i"<<endl;
19    }
20    Complex::Complex(const Complex&c)        //定义复制构造函数
21    {
22       real=c.real;
23       imag=c.imag;
24       cout<<"Copy constructor of Complex"<<real<<"+"<<imag<<"i"<<endl;
25    }
26    Complex::~Complex()                      //定义析构函数
27    {
28       cout<<"Destructor of Complex"<<real<<"+"<<imag<<"i"<<endl;
29    }
30    int main ()
31    {
32       Complex fun(Complex c);
33       Complex c1(2,4),c2;
34       Complex c3(c1);
35       c3=fun(c2);
36       Complex *cp;
37       cp=new Complex(6,8);
38         cout<<"c1: ";
39         c1.display();
40         cout<<"c2: ";
41         c2.display();
42         cout<<"c3: ";
43         c3.display();
44         cout<<"*cp: ";
45          (*cp).display();
46         delete cp;
47         return 0;
48    }
49    Complex fun(Complex c)
50    {
51      Complex temp;
```

```
52        temp=c;
53        return temp;
54    }
```

程序运行结果：

```
Constructor of Complex 2+4i            //创建 c1
Constructor of Complex 1+1i            //创建 c2
Copy constructor of Complex 2+4i       //创建 c3
Copy constructor of Complex 1+1i       //实参对象 c2 初始化形参对象 c
Constructor of Complex 1+1i            //fun 函数中创建对象 temp
Copy constructor of Complex 1+1i       //fun 函数的返回值初始化一个匿名对象
Destructor of  Complex 1+1i            //释放 temp
Destructor of  Complex 1+1i            //释放 d
Destructor of  Complex 1+1i            //释放匿名对象
Constructor of Complex 6+8i            //使用 new 动态创建对象，并由 cp 指向
c1: 2+4i
c2: 1+1i
c3: 1+1i
*cp: 6+8i
Destructor of  Complex 6+8i            //delete 释放指针 cp 所指的对象
Destructor of  Complex 1+1i            //释放 c3
Destructor of  Complex 1+1i            //释放 c2
Destructor of  Complex 2+4i            //释放 c1
```

说明：

1）运行结果的前 6 行表明了构造函数的调用，从中可以看到，构造函数的调用顺序与对象的创建顺序一致。创建对象 c1 时，调用构造函数，参数为 2、4；创建对象 c2 时，调用构造函数，参数使用默认值 1、1；创建对象 c3 时，用 c2 初始化 c3，因此调用复制构造函数；调用 fun( )函数时，实参对象 c2 既要对形参对象 c 进行初始化，又调用复制构造函数；在 fun( )函数中，创建对象 temp 时调用使用参数默认值的构造函数；执行返回语句 return temp;时，系统用返回值初始化一个匿名对象时又调用了复制构造函数，关于这里的运行机理请参看例 8-10 的说明。

2）运行结果的第 7～9 行，由于 temp 对象和形参 c 对象的生存期仅限于函数 fun( )中，因此在 fun( )函数调用结束时，temp 和形参 c 都要被释放，这时两者的析构函数被调用；而匿名对象赋值完毕后，也被释放，其析构函数被调用。

3）运行结果的第 10 行，使用 new 运算符动态创建了一个新的对象，调用构造函数，参数为 6、8，指针 cp 指向该新创建的对象。

4）运行结果的最后 4 行，首先在 delete 释放指针 cp 所指向的对象时自动调用析构函数；接下来程序结束，程序中的对象 c1、c2、c3 均要释放，依次调用它们的析构函数，从中可以看到，对象的析构函数的调用顺序与创建顺序相反，即依次释放 c3、c2、 c1。这是由于这些对象都存储在程序的堆栈区，先创建的对象先被压栈，而释放的过程与对象从堆栈中弹出的顺序一致。

可以看到，此 Complex 类的析构函数的函数体仅有一行输出语句，没有任何实质性功能。这是由于本例的对象比较简单，没有用到动态内存、文件等资源，不需要用专门的语句来处理资源释放。

和构造函数一样，若没有在类中定义析构函数，则系统会自动生成一个默认的析构函数，即类中必须有析构函数存在。

默认析构函数的定义基本语法格式如下。

```
~类名() { }
```

可以看到，默认析构函数的函数体是空的，什么工作也不做。实际上，如果构造函数中没有使用动态分配内存的指针成员，那么一般不必自定义析构函数。

第 9 章　运算符重载

基本类型的数据可以用 C++语法规定的运算符进行运算，但是自定义类型的数据不能直接使用运算符，这对于自定义类型来说是很不方便的。为此 C++语法规定了重载运算符的机制，即对原有的运算符赋予新的含义使之可以作用于自定义类型。本章介绍用函数实现运算、运算符重载的基本知识，并结合实例介绍一些典型运算符的重载应注意的问题。

9.1　用函数实现运算

若定义一种新的数据类型，则同时需要定义对这种类型数据的操作，最基本的方法就是定义一系列能够对新定义数据类型的数据完成各种运算的函数。

【例 9-1】 实现复数的加法运算——用成员函数。

分析：一个复数 z 可以表示为 $z=a+b\text{i}$，其中，i 为虚数单位；a 和 b 均为实数，分别称为 z 的实部和虚部。若 $z=a+b\text{i}$ 和 $t=c+d\text{i}$ 是两个复数，则两个复数的加法计算公式如下。

$$z+t=(a+b\text{i})+(c+d\text{i})=(a+c)+(b+d)\text{i}$$

在本例中以成员函数 add( )实现两个复数对象的加法。利用成员函数实现运算的优点：函数中可以方便地访问对象中的私有成员。本例中定义了两个重载的 add( )函数，分别实现复数与复数相加，以及复数与实数相加。其中，成员函数 display( )用于输出复数。

```
1     #include<iostream>
2     using namespace std;
3     class Complex                    //复数类声明
4     {
5       public:                        //外部接口
6         Complex(double r=0.0,double i=0.0){real=r;imag=i;}//构造函数
7         Complex add(Complex c2);//复数与复数相加成员函数
8         Complex add(double r); //复数与实数相加的成员函数
9         void display();              //输出复数
10      private:                       //私有数据成员
11        double real;                 //复数实部
12        double imag;                 //复数虚部
13    };
14    Complex Complex::add(Complex c2)
15    {
```

```
16      Complex c;
17      c.real=c2.real+real;
18      c.imag=c2.imag+imag;
19      return c;
20   }
21   Complex Complex::add(double r)
22   {
23      Complex c;
24      c.real=r+real;
25      c.imag=imag;
26      return c;
27   }
28   void Complex::display()
29   {
30      if(imag<0)
31         cout<<"("<<real<<imag<<"i)"<<endl;
32      else
33         cout<<"("<<real<<"+"<<imag<<"i)"<<endl;
34   }
35   int main()                        //主函数
36   {
37     Complex a(-5.1,4.6),b(2.3,1.5);
38     Complex c1,c2;
39     c1=a.add(b);
40     c2=a.add(3.1);
41     c1.display();
42     c2.display();
43     return 0;
44   }
```

程序的运行结果：

```
(-2.8+6.1i)
(-2+4.6i)
```

说明：由于复数和复数相加、复数与实数相加所得的结果都是复数，因此 Complex 类中用来求和的 add( )函数的返回值类型是 Complex（第 7、8 行）。

若 $z=a+b\mathrm{i}$ 和 $t=c+d\mathrm{i}$ 是两个复数，其减法运算定义为

$$z-t=(a+b\mathrm{i})-(c+d\mathrm{i})=(a-c)+(b-d)\mathrm{i}$$

请为 Complex 增加一个用于完成复数减法运算的成员函数 sub( )。

【例 9-2】 实现复数的加法运算——用非成员函数。

分析：我们可以定义非成员函数实现复数对象的加法功能。本例中定义了 3 个重载

的全局函数 add( )实现两个复数对象的相加、复数与实数相加、实数与复数相加。非成员函数不能像成员函数那样直接访问复数对象的保私有成员 real 和 imag。解决这个问题的办法有两个：

1）定义专门用于取复数的实部和虚部的公有成员函数，可将它们命名为 GetReal 和 GetImag，这样 add( )就可以通过调用这两个函数间接访问私有成员 real 和 imag 了。

2）将 add( )声明为 Complex 的友元函数，这样 add( )就可以直接访问私有成员 real 和 imag 了。

为了提高访问效率本例采用的是第 2 种办法。

```
1     #include<iostream>
2     using namespace std;
3     class Complex                                    //复数类声明
4     {
5        public:                                       //外部接口
6           Complex(double r=0.0,double i=0.0){real=r;imag=i;}//构造函数
7           friend Complex add(Complex c1,Complex c2);//复数与复数相加的函数
8           friend Complex add(Complex c1,double r);//复数与实数相加的函数
9           friend Complex add(double r,Complex c2);//实数与复数相加的函数
10          void display();                            //输出复数
11       private:                                      //私有数据成员
12          double real;                               //复数实部
13          double imag;                               //复数虚部
14    };
15    Complex add(Complex c1,Complex c2)
16    {
17       Complex c;
18       c.real=c1.real+c2.real;
19       c.imag=c1.imag+c2.imag;
20       return c;
21    }
22    Complex add(Complex c1,double r)
23    {
24       Complex c;
25       c.real=c1.real+r;
26       c.imag=c1.imag;
27       return c;
28    }
29    Complex add(double r,Complex c2)
30    {
31       Complex c;
```

```
32      c.real=r+c2.real;
33      c.imag=c2.imag;
34      return c;
35   }
36   void Complex::display()
37   {
38      if(imag<0)
39         cout<<"("<<real<<imag<<"i)"<<endl;
40      else
41         cout<<"("<<real<<"+"<<imag<<"i)"<<endl;
42   }
43   int main()                                    //主函数
44   {
45      Complex a(-5.1,4.6),b(2.3,1.5);
46      Complex c1,c2,c3;
47      c1=add(a,b);
48      c2=add(a,4.2);
49      c3=add(2.4,a);
50      c1.display();
51      c2.display();
52      c3.display();
53      return 0;
54   }
```

程序的运行结果：

```
(-2.8+6.1i)
(-0.9+4.6i)
(-2.7+4.6i)
```

说明：本例中第 7～9 行的 add( )函数在其函数返回值类型 Complex 之前加上了 friend，这种函数就是友元函数。friend 是 C++语言中的关键字，用它说明的函数从函数定义（第 15、22、29 行）及调用形式（第 47～49 行）来看并不是 Complex 类的成员函数，而是与普通函数的定义和调用形式相同。友元函数与普通非成员函数的不同之处在于，当某个非成员函数被声明为一个类的友元函数后可以直接访问该类的私有成员，而普通非成员函数是不能访问类中的私有成员的。读者可以重新设计和实现 Complex，按“分析”中提到的第 1 种方法首先实现 GetReal( )和 GetImag( )这两个成员函数，然后实现 add( )，使 add( )通过调用这两个函数来获得私有成员 real 和 imag 的值。

上面两个例子虽然成功实现了复数类型的加法运算，但是如果能够使用“+”运算符进行复数对象的加法运算就更方便了。为此可以尝试，将前面例子中的复数运算符简单地表示为

```
c1=a+b;
```

或

```
c1=a+4.2;
```

看是否会出现编译错误。

9.2 运算符重载函数

在 9.1 节的例子中用“+”运算符来完成两个复数的相加运算时，遇到了编译错误。原因是 C++语言预定义的运算符不能自动作用于类的对象。这就需要用户自己编写程序来说明当“+”作用于复数对象时，如何实现其具体的功能，这就是运算符重载。换句话说，运算符重载就是为已有的运算符赋予多重含义，使之能够作用于自定义的新数据类型。

需要说明的是，运算符重载只能针对 C++语言中原有的运算符进行重载，不能通过重载创建新的运算符，并且下列 5 个运算符不允许重载：.（成员访问运算符）、.*（成员指针运算符）、::（作用域运算符）、?:（条件运算符）、sizeof（计算数据空间大小的运算符）。除此以外，C++语言的其他运算符都允许重载。

有一些运算符是单目运算符和双目运算符共用的，如“-”既可以用于对一个数求相反数又可以用于两个数相减。为了避免混淆，C++语言不允许为重载的运算符函数设置默认参数值，调用时也就不得省略实参。

重载的运算符应尽可能保持原有功能。例如，针对一些自定义数据类型重载了运算符“+”，则它的含义应是“相加”“添加”“连接”等，而不应是“相减”或其他与基本运算功能不相干的含义。重载的运算符应该体现为原运算符的功能在新的数据类型上的延伸。

9.2.1 运算符重载为成员函数

作为成员函数重载时，第一个操作数就是当前对象本身，因此它并不需要出现在参数表中。当重载一个双目运算符时，参数表中只有一个参数；当重载一个单目运算符时，参数表为空，表示没有第二个操作数。

例如，如果以成员函数的形式重载双目运算符“+”，那么表达式 a+b 就等同于 a.operator+(b)。如果以成员函数的形式重载了单目运算符“++”，那么表达式++a 就等同于 a.operator++( )。但是，单目运算符“++”和“--”具有前缀和后缀两种形式。为了区分这两种形式，C++语法规定，以成员函数形式重载的后缀单目运算符要有一个 int 类型的参数。这个参数只是为了区分不同的重载函数，在函数体中通常并不使用这个参数。

在可重载的运算符中除了 new 和 delete 以外，任何运算符都可以重载为成员函数，但不得重载为静态函数。例如，“=”“[]”“()”“->”及所有的类型转换运算符只能作为成员函数重载。

【例 9-3】 用“+”运算符实现复数的加法——重载“+”为成员函数。

分析：将“+”运算符重载为复数类的成员函数，使复数间的加法运算可以像实数的加法一样，使用“+”运算符显得简洁、清晰、自然，与基本数据类型的运算表达方式一致。

```
1     #include<iostream>
2     using namespace std;
3     class Complex                                //复数类声明
4     {
5       public:                                    //外部接口
6         Complex(double r=0.0,double i=0.0){real=r;imag=i;}//构造函数
7         Complex operator+(Complex c2);           //复数与复数相加成员函数
8         Complex operator+(double r);             //复数与实数相加的成员函数
9         void display();                          //输出复数
10      private:                                   //私有数据成员
11        double real;                             //复数实部
12        double imag;                             //复数虚部
13    };
14    Complex Complex::operator+(Complex c2)
15    {
16       Complex c;
17       c.real=c2.real+real;
18       c.imag=c2.imag+imag;
19       return c;
20    }
21    Complex Complex::operator+(double r)
22    {
23       Complex c;
24       c.real=r+real;
25       c.imag=imag;
26       return c;
27    }
28    void Complex::display()
29    {
30       if(imag<0)
31          cout<<"("<<real<<imag<<"i)"<<endl;
32       else
33          cout<<"("<<real<<"+"<<imag<<"i)"<<endl;
34    }
35    int main()                                        //主函数
```

```
36    {
37       Complex a(-5.1,4.6),b(2.3,1.5);
38       Complex c1,c2;
39       c1=a+b;
40       c2=a+3.1;
41       c1.display();
42       c2.display();
43       return 0;
44    }
```

程序的运行结果：

```
(-2.8+6.1i)
(-2+4.6i)
```

思考：将 main( )函数中的第 40 行改为

```
c2=3.1+a;
```

然后重新编译发现程序出错。这是因为在例 9-3 的程序中没有实现“实数+复数”的运算符重载函数。那么能不能在复数类中增加一个成员函数来实现运算符重载，实现“实数+复数”的运算呢？答案是否定。因为重载为类成员函数的运算符，其第一个操作数必须是该类的对象。那么“实数+复数”的运算又如何实现呢？这就需要将运算符重载为非成员函数。

9.2.2 运算符重载为非成员函数（友元函数）

运算符也可以重载为非成员函数，这时为了运算效率通常使用友元函数。由于友元函数不是任何类的成员，因此重载时必须在参数表中显式地给出所有的操作数。重载一个二元运算符时，参数表中有两个参数；重载一个前缀的单目运算符时，参数表中有一个参数；重载一个后缀的单目运算符时，参数表中有一个 int 参数。

例如，如果以友元函数的形式重载了双目运算符“+”，那么表达式 a+b 就等同于 operator+(a,b)。如果以友元函数的形式重载了单目运算符“++”，那么表达式++a 就等同于 operator++(a)。

以友元函数形式重载后缀运算符时，除了操作数本身以外，还要增加一个 int 类型的参数。这个参数只是为了区分不同的重载函数，在函数体中通常不使用这个参数。

【例 9-4】 用“+”运算符实现复数的加法——重载“+”为友元函数。

分析：本例将“+”运算符重载为复数类的友元函数，使之能够实现复数的加法运算。其声明格式为

```
friend 函数类型 operator 运算符(形参表);
```

对于双目运算符来说，参数表中应该包括两个参数。

```
1    #include<iostream>
2    using namespace std;
3    class Complex                                               //复数类声明
4    {
5      public:                                                   //外部接口
6        Complex(double r=0.0,double i=0.0){real=r;imag=i;}//构造函数
7         friend Complex operator+(Complex c1,Complex c2);
                                                                  //复数与复数相加
8         friend Complex operator+(Complex c1,double r);
                                                                  //复数与实数相加
9         friend Complex operator+(double r,Complex c2);
                                                                  //实数与复数相加
10       void display();                                          //输出复数
11     private:                                                   //私有数据成员
12       double real;                                             //复数实部
13       double imag;                                             //复数虚部
14   };
15   Complex operator+(Complex c1,Complex c2)
16   {
17     Complex c;
18     c.real=c1.real+c2.real;
19     c.imag=c1.imag+c2.imag;
20     return c;
21   }
22   Complex operator+(Complex c1,double r)
23   {
24     Complex c;
25     c.real=c1.real+r;
26     c.imag=c1.imag;
27     return c;
28   }
29   Complex operator+(double r,Complex c2)
30   {
31     Complex c;
32     c.real=r+c2.real;
33     c.imag=c2.imag;
34     return c;
35   }
36   void Complex::display()
37   {
38     if(imag<0)
```

```
39          cout<<"("<<real<<imag<<"i)"<<endl;
40        else
41          cout<<"("<<real<<"+"<<imag<<"i)"<<endl;
42    }
43    int main()                                        //主函数
44    {
45      Complex a(-5.1,4.6),b(2.3,1.5);
46      Complex c1,c2,c3;
47      c1=a+b;
48      c2=a+4.2;
49      c3=2.4+a;
50      c1.display();
51      c2.display();
52      c3.display();
53      return 0;
54    }
```

程序的运行结果：

```
(-2.8+6.1i)
(-0.9+4.6i)
(-2.7+4.6i)
```

思考：

1）将 main( )函数中的第 47 行改为

```
c1=operator+(a,b);
```

然后重新编译运行，程序的输出结果是什么？说明什么问题？

2）在例 9-3 的程序第 14 行和第 21 行中，operator+前面都有 Complex::修饰，但在例 9-4 的程序的第 15 行、第 22 行和第 29 行中，operator+前面没有 Complex::修饰，这是为什么呢？

3）将本例的 Complex 类中实现“实数+复数”的运算符重载函数（第 9 行及后面的函数实现）去掉，程序是否能够计算如第 49 行的“2.4+a”这样的表达式呢？编译运行程序后发现这也是可以的。原因是系统试图以这种形式调用函数 operator+(2.4,a)，在没有找到参数类型合适的重载函数时，编译系统会尝试把 double 类型的实参 2.4 转换为一个 Complex 对象，方法是以 2.4 为实参调用 Complex 的构造函数。也就是说，编译系统会把 2.4+a 处理为函数调用 operator+(Complex(2.4),a)。本例中的构造函数有两个参数，但都给出了默认值，因此可以只接收一个实参，这就保证了 double 类型的实参可以自动转换成 Complex 类型的实参。

9.3 典型运算符的重载

9.3.1 重载求相反数运算符

求相反数的运算符“-”是一个典型的单目运算符。这里通过重载求相反数运算符“-”的示例，说明重载单目运算符的方法。若 $z=a+b\mathrm{i}$ 是一个复数，则取相反数运算定义为

$$-z=-(a+b\mathrm{i})=-a-b\mathrm{i}$$

【例 9-5】 用“-”运算符实现复数的相反数——重载“-”为成员函数。

分析： 单目运算符“-”重载为类的成员函数时，第一个操作数（唯一的操作数）就是当前对象本身，因此函数的参数表应该是空的。

```
1     #include<iostream>
2     using namespace std;
3     class Complex                                     //复数类声明
4     {
5       public:                                         //外部接口
6         Complex(double r=0.0,double i=0.0){real=r;imag=i;}//构造函数
7         Complex operator-();                          //求复数相反数的成员函数
8         void display();                               //输出复数
9       private:                                        //私有数据成员
10        double real;                                  //复数实部
11        double imag;                                  //复数虚部
12    };
13    Complex Complex::operator-()
14    {
15      Complex c;
16      c.real=-real;
17      c.imag=-imag;
18      return c;
19    }
20    void Complex::display()
21    {
22      if(imag<0)
23        cout<<"("<<real<<imag<<"i)"<<endl;
24      else
25        cout<<"("<<real<<"+"<<imag<<"i)"<<endl;
26    }
27    int main()                                        //主函数
```

```
28    {
29        Complex a(-5.1,4.6);
30        Complex c;
31        c=-a;
32        c.display();
33        return 0;
34    }
```

程序的运行结果：

```
(5.1-4.6i)
```

【例 9-6】 用“-”运算符实现复数的相反数——重载“-”运算符为友元函数。

分析：单目运算符“-”重载为友元函数时，第一个操作数（唯一的操作数）就是函数参数表中的唯一参数。

```
1     #include<iostream>
2     using namespace std;
3     class Complex                                   //复数类声明
4     {
5         public:                                     //外部接口
6            Complex(double r=0.0,double i=0.0){real=r;imag=i;}//构造函数
7            friend Complex operator-(Complex c0);//求复数相反数的友元函数
8            void display();                          //输出复数
9         private:                                    //私有数据成员
10           double real;                             //复数实部
11           double imag;                             //复数虚部
12    };
13    Complex operator-(Complex c0)
14    {
15        Complex c;
16        c.real=-c0.real;
17        c.imag=-c0.imag;
18        return c;
19    }
20    void Complex::display()
21    {
22        if(imag<0)
23           cout<<"("<<real<<imag<<"i)"<<endl;
24        else
25           cout<<"("<<real<<"+"<<imag<<"i)"<<endl;
26    }
27    int main()                                      //主函数
```

```
28    {
29       Complex a(-5.1,4.6);
30       Complex c;
31       c=-a;
32       c.display();
33       return 0;
34    }
```

程序的运行结果：

```
(5.1-4.6i)
```

思考：可以尝试为本例中的 Complex 重载加法运算符“+”和减法运算符“-”，要求将 x−y 实现为 x+(−y)，从而利用本例中的已实现的求相反数的运算符。

9.3.2 重载“++”运算符

“++”运算符的作用是使操作数增加 1，包括前缀“++”和后缀“++”两个运算符。

虽然两个“++”运算符都能够使操作数增加 1，但是前缀“++”运算表达式的结果值是操作数增加 1 以后的值，也就是操作数本身；而后缀“++”运算表达式的结果值是操作数增加 1 以前的值，是操作数原来的值。

这里通过重载“++”运算符来说明重载此类运算符的方法和应注意的问题。与“++”运算符类似的运算符还有“--”，也区分前缀和后缀，重载“--”运算符可参考本节的例子。

【例 9-7】 用“++”运算符实现复数的实部加 1——重载“++”为成员函数。

分析：作为单目运算符，重载为成员函数时，第一操作数就是当前对象本身，参数表应该是空的，表示没有第二个操作数。

但在重载后缀运算符时，为了和前缀运算符相区分，参数表中必须有一个 int 类型的参数，它的作用只是表明重载的运算符是后缀运算符，不必为该参数定义一个形参变量名，函数体也不必使用它。与前缀“++”相比，后缀运算符有以下几个特点：

1）函数返回的是一个新构造的对象，不是操作数本身。

2）函数的返回值不是引用类型。

```
1     #include<iostream>
2     using namespace std;
3     class Complex                       //复数类声明
4     {
5        public:                          //外部接口
6           Complex(double r=0.0,double i=0.0){real=r;imag=i;}//构造函数
7           Complex& operator++();        //前缀++运算符函数
8           Complex operator++(int);      //后缀++运算符函数
9           void display();               //输出复数
```

```
10      private:                           //私有数据成员
11         double real;                    //复数实部
12         double imag;                    //复数虚部
13    };
14    Complex& Complex::operator++()
15    {
16       ++real;
17       return *this;
18    }
19    Complex Complex::operator++(int)
20    {
21       Complex c;
22       c.real=real++;
23       c.imag=imag;
24       return c;
25    }
26    void Complex::display()
27    {
28       if(imag<0)
29          cout<<"("<<real<<imag<<"i)";
30       else
31          cout<<"("<<real<<"+"<<imag<<"i)";
32    }
33    int main()                           //主函数
34    {
35       Complex a(-5.1,4.6),b(2.3,1.5);
36       cout<<"++a:";
37       (++a).display();
38       cout<<";after ++a,a is:";
39       a.display();
40       cout<<endl;
41       cout<<"b++:";
42       (b++).display();
43       cout<<";after b++,b is:";
44       b.display();
45       return 0;
46    }
```

程序的运行结果：

```
++a:(-4.1+4.6i);after ++a,a is:(-4.1+4.6i)
b++:(2.3+1.5i);after b++,b is:(3.3+1.5i)
```

说明：通过本例可以看出重载的前缀“++”和后缀“++”的区别，前缀“++”先对操作数实现自增，并返回自增后的操作数；而后缀“++”返回的是自增前的一个副本。

参考本例，尝试重载前缀“--”和后缀“--”运算符。

【例 9-8】 用“++”运算符实现复数的实部加 1——重载“++”为友元函数。

分析：作为单目运算符，重载为友元函数时，唯一的操作数只能通过参数提供。在重载后缀运算符时，为了与前缀运算符相区分，参数表中必须有一个 int 型的参数作为第二个参数。其作用只是为了与前缀“++”运算符区分，因此不必为该参数声明形参变量名，函数体中不必使用它。

```
1    #include<iostream>
2    using namespace std;
3    class Complex                                    //复数类声明
4    {
5      public:                                        //外部接口
6        Complex(double r=0.0,double i=0.0){real=r;imag=i;}//构造函数
7        friend Complex& operator++(Complex&c);//前缀++运算符函数
8        friend Complex operator++(Complex&c,int);//后缀++运算符函数
9        void display();                              //输出复数
10     private:                                       //私有数据成员
11       double real;                                 //复数实部
12       double imag;                                 //复数虚部
13   };
14   Complex& operator++(Complex&c)
15   {
16     ++c.real;
17     return c;
18   }
19   Complex operator++(Complex&c,int)
20   {
21     return Complex(c.real++,c.imag);
22   }
23   void Complex::display()
24   {
25     if(imag<0)
26       cout<<"("<<real<<imag<<"i)";
27     else
28       cout<<"("<<real<<"+"<<imag<<"i)";
29   }
30   int main()                                       //主函数
31   {
```

```
32      Complex a(-5.1,4.6),b(2.3,1.5);
33      cout<<"++a:";
34      (++a).display();
35      cout<<";after ++a,a is:";
36      a.display();
37      cout<<endl;
38      cout<<"b++:";
39      (b++).display();
40      cout<<";after b++,b is:";
41      b.display();
42      return 0;
43  }
```

程序的运行结果：

```
++a:(-4.1+4.6i);after ++a,a is:(-4.1+4.6i)
b++:(2.3+1.5i);after b++,b is:(3.3+1.5i)
```

说明：通过本例可以看出，重载函数为友元函数的前缀“++”和后缀“++”的区别，前缀“++”先对操作数实现自增，并返回自增后的操作数；而后缀“++”返回的是自增前的一个副本，然后实现操作数的自增。

9.3.3 重载赋值运算符

赋值运算符“=”是C++语言中使用较为频繁的运算符，也是一个较为特殊的双目运算符。赋值运算符要求第一个操作数必须是一个变量或视同变量的值。其运算过程如下：首先对作为第二个操作数的表达式求值，然后让一个操作数接收这个新值，并以获得新值的第一个操作数作为运算结果。当运算时操作数不是基本类型时，应当对赋值运算符进行重载，并且只能以成员函数的形式进行重载。与“=”类似的还有“+=”“-=”“*=”等复合赋值运算符，重载这些运算符时也必须用成员函数，具体方法和赋值运算符“=”的重载基本一致。

在一般情况下，C++语言编译系统为每个类生成了一个默认的赋值运算符重载函数，使赋值运算符可以直接对同类型的两个类对象进行赋值，但其功能是简单地将对应的数据成员进行一一赋值。如果要处理一些特殊情况，如内存的动态分配等，就必须对赋值运算符进行重载。

【例 9-9】 使用系统默认的赋值运算符。

```
1   #include<iostream>
2   #include<cstring>
3   using namespace std;
4   class String                          //字符串类声明
5   {
```

```
6       public:                         //外部接口
7          String(const char *s=" ")  //构造函数
8          {
9              str=new char[strlen(s)+1];
10             strcpy(str,s);
11         }
12         ~String()
13         {
14             cout<<"析构函数:"<<str<<endl;
15             delete []str;
16         }
17         void print()                 //输出字符串
18         {
19             cout<<str<<endl;
20             }
21      private:                        //私有数据成员
22         char *str;
23   };
24   int main()                         //主函数
25   {
26      String s1("abcde"),s2("123");
27      s2=s1;
28      cout<<"s1:";s1.print();
29      cout<<"s2:";s2.print();
30      return 0;
31   }
```

程序的运行结果：

```
s1:abcde
s2:abcde
析构函数:abcde
析构函数:?€
```

说明：本例子程序编译没有问题，但运行时，赋值语句 s2=s1，使 s1 的成员 str 与 s2 成员 str 都指向了存放字符串"abcde"的空间，随着程序的结束，依次调用 s2 和 s1 的析构函数。调用 s2 的析构函数时，s2 的成员 str 指向的空间被释放；调用 s1 的析构函数时，显示 s1 的成员 str 指向的空间已经不存在，因此显示其成员 str 指向的字符串时是乱码，并且每次运行显示的内容可能不同。与此同时，s2 的成员 str 原来指向的字符串所占的动态空间已无法释放，形成“漂浮”的内存垃圾，因此，在这种情况下要重新定义赋值运算符重载函数，使程序得以正确运行。

【例 9-10】 自定义赋值运算符重载函数。

```
1    #include<iostream>
2    #include<cstring>
3    using namespace std;
4    class String                          //字符串类声明
5    {
6      public:                             //外部接口
7         String(const char *s="")    //构造函数
8         {
9            str=new char[strlen(s)+1];
10           strcpy(str,s);
11        }
12        ~String()
13        {
14           cout<<"析构函数:"<<str<<endl;
15           delete[]str;
16        }
17        void print()                     //输出字符串
18        {
19           cout<<str<<endl;
20        }
21        String& operator=(const String &);
22     private:                            //私有数据成员
23        char *str;
24   };
25   String& String::operator=(const String &s)
26   {
27     if(this->str==s.str)
28        return *this;
29     delete []str;
30     str=new char[strlen(s.str)+1];
31     strcpy(str,s.str);
32     return *this;
33   }
34   int main()                            //主函数
35   {
36     String s1("abcde"),s2("123");
37     s2=s1;
38     cout<<"s1: ";s1.print();
39     cout<<"s2: ";s2.print();
```

```
40        return 0;
41    }
```

程序的运行结果：

```
s1: abcde
s2: abcde
析构函数:abcde
析构函数:abcde
```

说明：本例中第 27 行的 if 语句是为了防止 s=s 的自身赋值而设计的，语句 delete []str; 用于删除赋值符号右边的对象 s2 的成员 str 指向的原有空间，使赋新值时，原有指向的内存能够释放。释放完空间后再分配新内存空间，这样即可在赋值运算过程中保证对动态内存管理的正确性。

本例子程序在设计赋值运算符重载函数时（第 21 行），函数返回值类型为 String&，这是因为在第 2 章学习赋值运算符时就知道：赋值表达式的值是赋值符号左边变量的值。在进行赋值运算符重载时也要与这一规则保持一致，所以，运算符函数返回的应该是它所在的类对象本身，这里也就是返回 String 类对象的引用。另外，赋值运算符函数的参数被说明为 const String &s，而不是 String s，这是因为进行赋值运算时，赋值符号右边的对象的值不应该被改变，用 const 修饰参数 s，就是保证在进行赋值运算符重载时不改变右边对象的内容；使用引用“&”则避免了在运算符重载函数中又重新构造一个新的对象，而是直接通过引用去访问赋值符号右边的对象。

与默认的赋值运算符有着类似问题的就是默认的复制构造函数（即复制构造函数）。请读者尝试为 String 添加一个复制构造函数，保证在用一个已存在的对象初始化一个新声明的对象时，程序运行的正确性。

9.3.4 重载下标运算符

如果需要像数组那样，采用下标方式来访问类成员的数据元素，那么类需要重载“[]”，“[]”是一个双目运算符，其第一个操作数是对象本身，第二个操作数是下标。下标运算符“[]”只能作为成员函数重载。

【例 9-11】 访问数组对象中的数据元素——重载“[]”运算符。

```
1    #include<iostream>
2    #include<cstring>
3    using namespace std;
4    struct Data
5    {
6        char *name;
7        unsigned id;
8    };
9    class Data_Array
```

```
10  {
11      public:
12          Data_Array(int n)                                 //构造函数
13          {
14              max_num=n;
15              table=new Data[max_num];
16              num=0;
17          }
18          ~Data_Array()
19          {
20              delete[]table;
21          }
22          void printall();
23          unsigned& operator[](const char *name0);    //用字符串作为下标
24          char* operator[](const unsigned index);     //用整数作为下标
25      private:
26          Data *table;
27          int max_num;                                  //数据元素的最大个数
28          int num;                                      //数据元素的个数
29  };
30  void Data_Array::printall()
31  {
32      for(int i=0;i<num;i++)
33          cout<<table[i].name<<":"<<table[i].id<<endl;
34  }
35  unsigned& Data_Array::operator[](const char *name0)
36  {
37      Data *p;
38      for(p=table;p<table+num;p++)
39          if(strcmp(p->name,name0)==0)
40              return p->id;
41      p=table+num++;
42      p->name=new char[strlen(name0)+1];
43      strcpy(p->name,name0);
44      p->id=0;
45      return p->id;
46  }
47  char* Data_Array::operator[](const unsigned index)
48  {
49      for(int i=0;i<num;i++)
50          if(table[i].id=index)
```

```
51                return table[i].name;
52    }
53    int main()                                              //主函数
54    {
55      Data_Array data_table(10);
56      data_table["Li"]=101;
57      data_table["Zhang"]=201;
58      data_table["Wang"]=301;
59      cout<<"Zhang:"<<data_table["Zhang"]<<endl;//用字符串作下标访问
60      cout<<"101:"<<data_table[101]<<endl;  //用整数作下标访问
61      cout<<endl;
62      data_table.printall();
63      return 0;
64    }
```

程序的运行结果：

```
Zhang:201
101:Li

Li:101
Zhang:201
Wang:301
```

说明：本例定义的 Data_Array 类是一个容器，用来容纳一个 Data 结构体类型的数据序列。为了能像一般数组那样用下标来进行访问，可以通过重载下标运算符使用序列中元素的 id 来访问对应的 name（例 9-11 第 24 行），也可以通过重载下标运算符使用序列中元素的 name 来访问对应的 id（例 9-11 第 23 行）。

从这个例子也可以看出，重载下标运算符时，“[]”里的操作数（也就是第二个操作数）并不总要求是整数，也可以为字符串，这取决于在对下标运算符进行重载时，实现重载的成员函数的参数类型是如何设计的。

第 10 章　继承和派生

继承是面向对象的程序设计中一种非常重要的特性。继承反映了类与类之间的关系，为创建新类提供了一种方法，可以通过对类的扩充来得到新类。继承机制使代码具有可重用性，因而给设计程序带来很大的方便。

10.1　继承的基本概念

现实世界是由各种不同类的事物构成的。在面向对象的程序设计中，把这些不同类的事物抽象成类，而这些不同的类并不是孤立存在的，它们是通过各种各样的关系相互联系的，其中一种重要关系就是继承与派生。

例如，孩子与父母有很多相像的地方，但也有不同；汽车与轮船都从属于一个更抽象的种类——交通工具，它们的共同之处在于都可以通过动力从一个地方到另一个地方，但它们无论从外观还是功能上来看都有很大的不同。图 10-1 所示是一个简单的继承的例子。

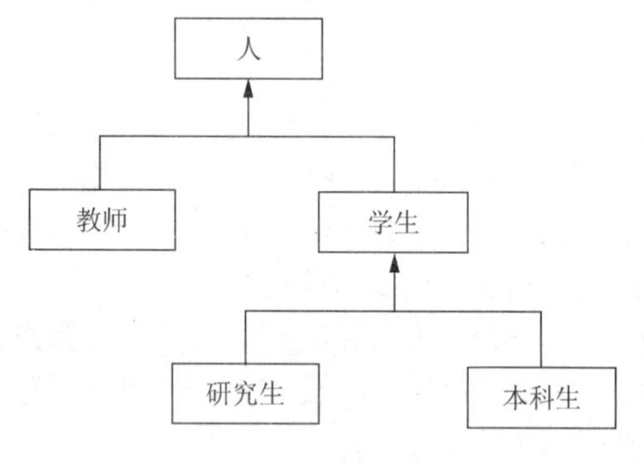

图 10-1　人的分类

从图 10-1 中可以看到，这个分类树中上一层次的人具备了下一层次所有人的共同特点。例如，教师和学生都属于人，它们都具有人的共同特征，或者说人是两者在更高层次上的抽象，同时教师和学生又有各自的特征。

这种事物之间的分类利用了事物之间的共性与个性的关系。这种描述问题的方法反映到面向对象的程序设计中就是类的继承和派生。

软件重用是软件开发的一个十分重要的手段。软件重用是指在两次或多次不同的软件开发过程中重复使用相同或相似软件元素的过程。软件元素包括程序代码、测试用例、设计文档、设计过程、需求分析文档甚至领域知识。通常，可重用的元素也称为软构件，可重用的软构件越大，重用的粒度越大。软件重用要求开发人员使用已经测试和调试好的高质量软件，以缩短程序的开发时间，减少系统投入使用后可能出现的问题。面向对象的程序设计十分强调软件的可重用性，而在 C++语言中，继承机制是实现软件重用的一种重要形式，通过继承，可以方便地利用一个已有的类来建立新类，重用已有代码中的一部分甚至很大的一部分。

一般说来，不同类中的数据成员和成员函数是不会完全相同的，如果完全相同就是同一个类了。但有时，两个类的成员会出现基本相同或部分相同的情况。例如，在图 10-1 所描述的例子中，声明一个 Person 类来描述“人”。

```
class Person
{
      char Name[20];
      char Sex;
      int Age;
    public:
      void Register(char *name,int age,char sex)
      {
            strcpy(Name,name);
            Age=age;
            Sex=sex;
      }
      void ShowPerson(){cout<<Name<<'\t'<<Age<<'\t'<<Sex<<endl;}
      void Show(){ShowPerson();}
};
```

下面再来声明一个学生类，除了包含姓名、年龄、性别等属性外，还有学号和成绩。这样可以按如下方式声明一个 Student 类：

```
class Student
{
      char Name[20];
      char Sex;
      int Age;
      int ID;                                         //学号,新增的数据成员
      double Credit;                                  //学分,新增的数据成员
  public:
      void Register(int id,double credit,char *name,int age,char sex)
                                                      //有修改
      {
          ID=id;                                      //新增加的语句
          Credit=credit;                              //新增加的语句
          Strcpy(Name,name);
```

```
        Age=age;
        Sex=sex;
    }
    void Show()
    {
        cout<<ID<<'\t'<<Credit<<'\t';    //新增加的内容
        cout<<Name<<'\t'<<Age<<'\t'<<Sex<<endl;
    }
};
```

可以看到，客观世界中“人”和“学生”存在紧密的联系，而抽象出来的描述“学生”的 Student 类中的很多内容是在描述“人”的 Person 类中已经具备的，只是增加和修改了很少的一部分。这样，自然可以利用 Person 类作为基础，稍作修改和增加一部分新的内容来创建 Student 类，以减少重复的工作，这也符合软件重用的要求。C++语言中的继承就是用来完成这项工作的。

那么什么是继承呢？继承是指新的类从已有的类那里得到的属性和行为特征。从另一个角度看，从已有类产生新类的过程就是派生。用来创建新类的已经存在的类称为基类或父类，从基类新创建的类称为派生类或子类。C++语言中所说的继承，强调的是新创建的类继承了原有类的属性和行为，也就是在新创建的类里不必重复定义，而是直接使用原有类的数据成员和成员函数；派生强调的是新创建的类根据需要修改或增加了一些基类中没有的成员。在 C++语言中，基类和派生类是相对的：一个基类可以是另一个更高层次类的派生类，而一个派生类也可以进一步派生出更下层的类，这样就形成了类的层次结构。在图 10-1 中，学生是从人派生出来的，同时它又可以作为研究生和本科生的基类。很明显，这种层次结构同人类认识现实世界的方式是一致的。

继承是面向对象程序设计重要的特征之一。在 C++语言中，派生类继承了基类的所有数据成员和除了构造函数、析构函数以外的全部成员函数，并新增了新的数据成员和成员函数，或修改了原有的成员函数。这些新增和修改的成员正是派生类不同于基类的关键所在，是派生类对基类的扩充和改造。从图 10-2 中可以看出基类和派生类之间的关系。

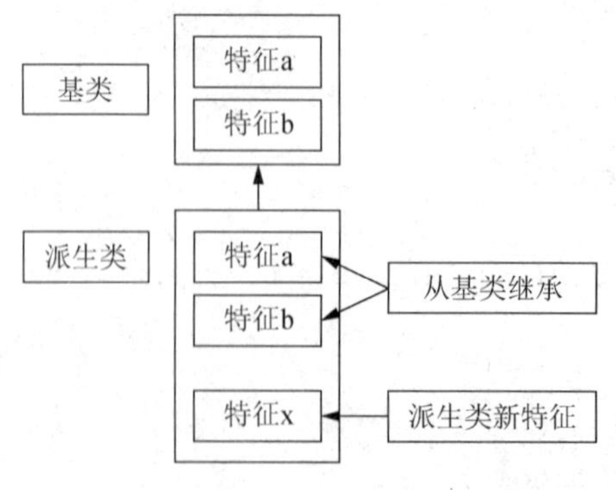

图 10-2　类的继承关系

10.2 派　生　类

10.2.1 派生类的声明

假设已经声明了一个 Person 类（如 10.1 节的介绍），在此基础上，可以通过 C++语言中继承的方法来建立一个派生类 Student：

```
class Student:public Person
{
    int ID;                                  //学号,新增的数据成员
    double Score;                            //成绩,新增的数据成员
  public:
    void Register(int id,double score,char*name,int age,char sex)
                                             //有修改
    {
        ID=id;                               //新增加的语句
        Score=score;                         //新增加的语句
        ...
    }
    void Show()
    {
        cout<<ID<<'\t'<<Score<<'\t';         //新增加的内容
        ShowPerson();
    }
};
```

可以看到，这里建立的 Student 类比 10.1 节中设计的简单多了。这是由于使用了继承，并没有重新设计 Student 类，而是重用了 Person 类的代码，新增了一些成员，修改了成员函数 Register 得到了一个派生类 Student。

在 C++语言中，声明派生类的一般语法格式为

```
class 派生类名:[public/private/protected] 基类名
{
    派生类新增的成员声明;
};
```

声明中，“基类名”是已有的类的名称，“派生类名”是继承原有类的特性而生成的新类的名称。[public/private/protected]中关键字 public、private 和 protected 分别表示 3 种不同的继承方式：公有继承、私有继承和保护继承。在声明派生类时，只能选择上述 3 种继承方式关键字中的一个。如果不显示地给出继承方式关键字，系统默认为 private，

即私有继承。

基类的成员可以有 public、private 和 protected 这 3 种访问属性，而不同的继承方式将导致原来具有不同访问属性的基类成员在派生类中的访问属性也不同。不同继承方式的影响主要体现在以下两个方面：

1）在派生类内部，派生类的成员对基类成员的访问属性。

2）在派生类外部，派生类对象对基类成员的访问属性。

10.2.2 派生类的构成

10.1 节已经提到，派生类继承了基类的所有数据成员和除了构造函数、析构函数以外的全部成员函数，实现了代码重用。这些从基类继承的成员也体现了派生类从基类继承而获得的共性，派生类在继承基类成员的基础上，也会有所变化。这些变化主要体现在两个方面：一方面是增加新的成员，另一方面是对基类的某些成员进行改造或调整。这些变化体现了派生类和基类的不同及不同派生类之间的区别。

对于派生类的构成来说，并不是把基类的成员和增加的成员简单地合在一起，而是包含 3 部分内容：

1）从基类接收的成员。派生类在继承基类除构造函数和析构函数以外的所有成员时是没有选择的，不能只接收基类的一部分成员而舍弃另一部分成员。

2）派生类对基类的扩充。增加新的成员是派生类对基类的扩充，体现了派生类相对于基类在功能上的扩展。在前面的例子中，派生类 Student 增加了数据成员 ID 和 Score、成员函数 ShowStu( )，就是对基类的扩充。

3）派生类对基类成员的改造。派生类不能对从基类接收的程序进行选择，但可以对这些成员进行某些调整。一方面，派生类通过不同的继承方式，可以改变对继承过来的基类成员的访问属性；另一方面，派生类可以对基类的成员函数进行重新设计。如果派生类定义了一个与基类函数名相同，而形参表不同的成员函数，则视为派生类重载了基类的成员函数。这和普通的重载函数一样，系统会根据调用时实参的不同情况来调用不同的成员函数。派生类 Student 中的成员函数 Register( )就是对基类 Person 中的成员函数 Register( )的重载，它们的形参个数是不同的。如果派生类定义的成员函数的名称和形参表同基类的成员函数完全相同，则称派生类覆盖了基类的同名成员函数，这时在派生类中定义的成员函数就取代了基类的同名函数。例如，前面的派生类 Student 中的 Show( )函数就是这样，它取代了基类 Person 中的 Show( )函数。派生类对基类成员函数的重载或同名覆盖与多态性密切相关，在第 11 章中将做更详细的介绍。

10.2.3 派生类的继承方式和访问属性

类中的任何成员都具有一定的访问属性，派生类中从基类继承过来的成员也不例外。基类中成员的访问属性被继承到派生类中后，其访问属性通常会发生变化，这不仅和基类中的访问属性有关，而且和继承方式紧密相关。

1. 公有继承

公有（public）继承的特点是除基类的私有成员将继承为派生类的私有成员外，基类的公有成员和受保护成员将分别成为派生类的公有成员和受保护成员，即派生类将共享基类的公有成员和受保护成员。当类的继承方式为公有继承时，访问符合以下规则。

1）基类的 public 和 protected 成员的访问属性在派生类中保持不变，基类的 private 成员到派生类里是不可访问的。

2）派生类中的成员函数可以直接访问基类中的 public 和 protected 成员，但不能访问基类的 private 成员。

3）通过派生类对象只能访问基类的 public 成员。

【例 10-1】 公有继承中派生类对基类成员的访问。

```
1     #include<iostream>
2     #include<cstring>
3     using namespace std;
4     class Person
5     {
6         char Name[20];
7         char Sex;
8         int Age;
9       public:
10          void Register(char *name,int age,char sex)
11          {
12           strcpy(Name,name);
13           Age=age;
14           Sex=sex;
15          }
16          void ShowPerson(){cout<<Name<<'\t'<<Age<<'\t'<<Sex<<endl;}
17     };
18    class Student:public Person //公有继承
19    {
20        int ID;
21        double Score;
22      public:
23           void RegisterStu(int id,double score,char *name,int age,
                  char sex)                        //有修改
24           {
25            ID=id;
26            Score=score;
```

```
27            Register(name,age,sex); //直接使用基类的公有成员
28            }
29            void ShowStu()
30            {
31            cout<<ID<<'\t'<<Score<<'\t';
32            ShowPerson();           //直接使用基类的公有成员
33            }
34      };
35      int main()
36      {
37         Student stu;
38         stu.RegisterStu(18001,97.3,"张三",18,'M');
39         stu.ShowStu();
40         stu.ShowPerson();         //通过派生类对象在类外访问基类的公有成员
41         return 0;
42      }
```

程序的运行结果：

```
18001   97.3    张三    18     M
张三    18      M
```

说明：派生类 Student 继承了基类 Person 中除构造和析构函数之外的全部成员。Student 类的 RegisterStu( )成员函数能直接访问新增的私有数据成员 ID 和 Score，但是对于从基类继承过来的成员 Name、Age 和 Sex 却不能直接使用赋值语句对其赋值，因为基类的私有成员到了派生类里是存在的，但不可访问。那么在派生类中如何对基类的私有成员 Name、Age 和 Sex 进行赋值呢？这里采用的解决方法是调用基类的公有成员函数 Register( )，如例 10-1 程序中的第 27 行。

程序运行结果的第 1 行是派生类对象调用自己的成员函数 ShowStu( )得到的，直接访问新增的私有数据成员 ID 和 Score，并在 ShowStu( )函数中调用基类公有的 ShowPerson( )成员函数来访问基类的私有成员 Name、Age 和 Sex。同样的道理，派生类的成员函数不能直接访问基类的私有成员，必须通过基类的公有成员函数间接地输出从基类继承过来的私有成员。

程序运行结果的第 2 行是派生类对象 stu 直接调用基类的公有成员函数 ShowPerson( )得到的，因为在公有继承中，基类的公有成员到派生类里面仍然是公有成员。

从例 10-1 可以看出，派生类的成员函数不能访问 private 声明的基类成员，这在进行程序设计时是很不方便的。因此，在实际的使用中，如果把某一个已经设计好的类用作基类，可以将基类中需要提供给派生类访问的成员声明为 protected，而不是 private。这个问题将在例 10-2 中进行详细介绍。

2. 私有继承

私有（private）继承的特点是除基类的私有成员将继承为派生类的私有成员外，基类的公有成员和受保护成员也将成为派生类的私有成员。当类的继承方式为私有继承时，访问符合以下规则。

1）基类的 public 和 protected 成员的访问属性到派生类里都成了 private，基类的 private 成员到派生类里是不可访问的。

2）派生类中的成员函数可以直接访问基类中的 public 和 protected 成员，但不能访问基类的 private 成员。

3）通过派生类对象不能访问基类的任何成员。

例如，对于例 10-1 中声明的派生类 Student，如果将程序第 18 行的 public 改成 private，也就是通过私有继承的方式来建立，那么程序能否正确执行呢？

考虑例 10-1 中的 main( )函数中的两条语句：

```
stu.ShowStu();
stu.ShowPerson();
```

第一句派生类对象 stu 调用派生类的成员函数 ShowStu( )，直接访问新增的私有数据成员 ID 和 Score，根据私有继承中派生类对基类成员访问权限，Person 类公有的 ShowPerson( )成员函数相当于 Student 类的私有成员，所以在成员函数 ShowStu( )中，可以通过 ShowPerson( )访问基类的私有成员 Name、Age 和 Sex，即派生类对象通过派生类的成员函数可以访问自己新增的成员、基类的公有成员和受保护成员，但不能直接访问基类的私有成员。由基类继承来的作为派生类私有成员的 ShowPerson( )函数，能正确编译执行。

第二句派生类对象 stu 直接调用由基类继承过来的作为派生类私有成员的 ShowPerson( )函数，违反了私有成员的访问规则，不能编译通过。

考虑图 10-1 所描述的层次关系，派生类 Student 可以继续派生子类研究生，但如果派生类 Student 本身是通过私有继承产生的，则基类 Person 的成员都成为当前派生类 Student 的私有成员，那么在 Student 派生的研究生类中就不能访问 Person 类中的任何成员，包括 Person 中的成员函数 ShowPerson( )，而不能使用 ShowPerson( )就无法访问 Name、Age 和 Sex 这些 Person 中的成员，也就形成了 Name、Age 和 Sex 在研究生类中是存在的，但是无法使用的困境，从而失去了派生的意义。正因为如此，私有继承在实际进行程序开发时一般不使用。

3. 保护继承

保护（protected）继承的特点是除基类的私有成员将继承为派生类的私有成员外，基类的公有成员和受保护成员将成为派生类的受保护成员。派生类对基类的保护继承，可以在设计派生类的成员函数及派生类的派生子类成员函数时，调用基类中类似的成员函数，从而简化派生类成员函数及派生类的派生子类成员函数的设计。当类的继承方式为保护继承时，访问符合以下规则。

1）基类的 public 和 protected 成员的访问属性到派生类里都成了 protected，基类的 private 成员到派生类里是不可访问的。

2）派生类中的成员函数可以直接访问基类中的 public 和 protected 成员，但不能访问基类的 private 成员。

3）通过派生类对象不能访问基类的任何成员。

从继承的访问规则可以看出，无论是私有继承还是公有继承，派生类都无权访问其基类的私有成员。基类的受保护成员可以被派生类的成员函数访问，但对于外界是隐藏的，外部函数不能访问它。

【例 10-2】 保护继承中派生类对基类成员的访问。

```
1    #include<iostream>
2    #include<cstring>
3    using namespace std;
4    class Person
5    {
6      protected:
7         char Name[20];
8         char Sex;
9         int Age;
10     public:
11        void Register(char *name,int age,char sex)
12        {
13          strcpy(Name,name);
14          Age=age;
15          Sex=sex;
16        }
17        void ShowPerson(){cout<<Name<<'\t'<<Age<<'\t'<<Sex<<endl;}
18    };
19   class Student : protected Person    //保护继承
20   {
21       int ID;
22       double Score;
23     public:
24      void Register(int id,double score,char *name, int age,
                        char sex)
25        {
26          ID=id;
```

```
27            Score=score;
28            strcpy(Name,name);  //基类的受保护成员在派生类中可访问
29            Age=age;            //基类的受保护成员在派生类中可访问
30            Sex=sex;            //基类的受保护成员在派生类中可访问
31        }
32        void ShowStu()
33        {
34            cout<<ID<<'\t'<<Score<<'\t';
35            ShowPerson();       //使用基类的公有成员,派生类中是受保护成员
36        }
37    };
38    int main()
39    {
40      Student stu;
41      stu.Register(18001,97.3,"张三",18,'M');
42      stu.ShowStu();
43    //stu.ShowPerson();         //错误,通过派生类对象不能在类外访问受保护成员
44      return 0;
45    }
```

说明：基类 Person 中的数据成员声明为 protected，因此派生类 Student 的 Register( )成员函数能直接访问新增的私有数据成员 ID 和 Score，也能访问从基类继承过来的受保护成员 Name、Age 和 Sex。应注意，main( )函数中被注释的语句，派生类对象不能直接访问基类的成员，因为经过保护继承，即使是基类的公有成员也成了受保护的。如果这个例子使用私有继承，结果也将完全一样。

保护继承与私有继承的差别是在当前派生类进一步派生的子类中体现的。保护继承中基类的公有成员和受保护成员都成了派生类的保护成员，进一步派生的子类可以通过成员函数访问；而私有继承中基类的公有成员和保护成员都成了派生类的私有成员，在进一步派生的子类中成为不可访问的成员。

例如，如果 A 类以保护继承的方式派生出 B 类，B 类以公有继承的方式派生出 C 类；同时，A 类又以私有继承的方式派生出 B1 类，B1 类以公有继承的方式派生出 C1 类。示意性代码如下。

```
class A                    //基类定义
{
     int myPrivate;        //私有成员
   protected:
     int myProtected;      //受保护成员
   public:
     int myPublic;         //公有成员
};
```

```
class B:protected A        //保护继承
{
    void SetNum();
};
class C:public B           //二级派生类
{
    void SetNum();
};
class B1:private A         //私有继承
{
    void SetNum();
};
class C1:public B1         //二级派生类
{
    void SetNum();         //此函数不成立
};
```

假定所有的 SetNum( )的函数体都是如下形式。

```
{
    //myPrivate=1;         //错误,不能访问基类的私有成员
      myProtected=1;
      myPublic=1;
}
```

A 类的 protected 和 public 类型的成员作为 B 类的 protected 成员或 B1 类的 private 成员，都可以被本类的成员函数访问，而 private 成员到派生类中都是不可访问的，所以 B 类和 B1 类的成员函数 SetNum( )都是成立的；同时，B 类和 B1 类的对象都不能通过对象名直接访问 A 类中被继承的成员。例如，在某个函数中有如下代码：

```
B objB;
B1 objB1;
objB.myPublic=1;       //错误,myPublic 为 B 类的受保护成员
objB1.myPublic=1;      //错误,myPublic 为 B1 类的私有成员
```

上面两行赋值语句都是错误的，这是受保护成员的访问属性决定的。从这点来看，B 和 B1 类的对象在使用上没有差别。

但是，C 类和 C1 类却有很大差别。A 类中被 B 类继承的受保护成员在 C 类中仍是未受保护成员，所以 C 类的成员函数 SetNum( )是成立的。C1 类却不能直接访问 A 类中被 B1 类私有继承的成员，因为它们在 B1 类中变成了私有成员，到了 B1 类的派生类 C1 中，成员函数 SetNum( )就不能访问 myProtected 和 myPublic 了。

综上所述，基类成员在派生类中的访问属性如表 10-1 所示。

表 10-1　基类成员在派生类中的访问属性

基类成员访问属性	公有继承	私有继承	保护继承
public	public	private	protected
protected	protected	private	protected
private	不可访问	不可访问	不可访问

还有一点需要注意，引入派生类后，类的成员不仅属于其所属的基类，还属于各个不同层次的派生类；类的成员在不同的派生类中有不同的访问属性，这是由成员在基类中的访问属性和继承方式共同决定的。

10.3　派生类的构造函数和析构函数

继承可以使派生类的对象不仅拥有派生类中定义的数据成员和成员函数，还拥有基类中定义的数据成员和成员函数。但是，基类中两个特殊的成员函数——构造函数和析构函数不能够被继承。

由于派生类对象的数据成员由基类中定义的数据成员和派生类中定义的数据成员两部分组成，基类的构造函数不能被派生类继承，因此，派生类的构造函数不仅要初始化派生类中定义的数据成员，而且要初始化派生类中从基类继承过来的成员，具体方法是在设计派生类构造函数时，显式调用基类的构造函数，为派生类对象中从基类继承的数据成员赋初值。

基类一般有显式或隐式的构造函数和析构函数。当建立一个派生类对象时，如何调用基类的构造函数对基类继承的数据成员初始化，以及在派生类对象生存期结束时，又是如何调用基类的析构函数来对基类的数据成员进行处理的呢？本节将对这些问题做详细讨论。

10.3.1　派生类的构造函数

派生类构造函数声明的一般形式为

```
派生类名::派生类构造函数名(参数总表) : 基类构造函数名(参数表)
{
    派生类新增成员的初始化语句;
}
```

其中，基类构造函数的参数通常由派生类构造函数的参数总表提供，也可以是常数值。派生类构造函数的参数总表还提供了派生类新增成员初始化时需要的参数。基类没有定义构造函数或有构造函数但无参数时，派生类构造函数的参数表可以不用向基类提供参数，派生类定义构造函数时可以省略参数总表后面的“: 基类构造函数名(参数表)”。如果派生类也不需要向自己新增的成员提供数据参数，甚至可以不定义构造函数，采用系统提供的默认构造函数。

派生类构造函数名后面括号内的参数总表中的参数是形参，包括参数的类型和参数名；而基类构造函数名后面括号内的参数表是实参，只有参数名，而不包括参数类型。这里不是定义基类的构造函数，而是调用基类的构造函数，因此，这些实参可以是变量、常量或表达式。

有两种情况必须定义派生类构造函数：一种是派生类本身需要，如派生类新增的数据成员需要初始化；另一种是基类的构造函数带有参数。

派生类构造函数是如何执行的呢？在创建派生类对象时，首先调用其基类的构造函数完成对基类继承过来的成员的初始化，然后执行派生类自己的构造函数的函数体内的语句，完成对派生类新增成员的初始化。

在创建类对象时可以调用构造函数，用基本数据类型的数据对对象进行初始化，也可以用已经存在的同类对象进行初始化。也就是说，如果已经创建了 Person 类对象 p1，那么可以直接用 p1 初始化 Person 类型的对象 p2。这是由 Person 类的复制构造函数完成的。同样的，派生类也有复制构造函数，派生类的复制构造函数的声明形式为

```
派生类名::派生类名(const 派生类名 &派生类对象引用名) : 基类名(派生类对象引用名)
{
    派生类新增成员的初始化语句;
}
```

例如，要定义例 10-1 中的派生类 Student 的复制构造函数，可以写出以下代码：

```
Student::Student(const Student&stu):Person(stu)
{
    ID=stu.ID;
    Score=stu.Score;
}
```

同派生类的一般构造函数一样，派生类的复制构造函数也需要向基类的复制构造函数提供参数，并且调用基类的复制构造函数初始化从基类继承过来的成员。但是，在调用基类的复制构造函数时是以“Person(stu)”的形式调用的，按照基类复制构造函数的原型，实参应该为 Person 类对象，而这里 stu 是派生类对象，这和函数原型要求的参数类型不一致，这样是否会出现错误呢？其实，仔细思考一下可以发现，Student 派生类对象 stu 包含从基类 Person 继承过来的所有数据成员，基类 Person 的复制构造函数也是初始化基类自己的数据成员 Name、Age 和 Sex，而这些成员在派生类对象 stu 中都是存在的，对象 stu 被创建后这些成员都有了数据，也就可以提供给基类 Person 的构造函数使用了。这种使用方法在 C++语言里就是派生类对象可以当成基类对象使用。这在实现 C++语言中的多态性时是非常有用的，具体用法将在第 11 章进行详细介绍。

10.3.2 派生类的析构函数

析构函数的功能是在类对象的生存期结束时释放对象占用的资源。由于析构函数没

有参数、类型，并且每个类只有唯一的析构函数，因此派生类的析构函数相对构造函数来说要简单得多。

派生类与基类的析构函数没有什么联系，彼此独立，派生类或基类的析构函数只能做各自类对象生命期结束时的善后工作，因此在派生类中有无显式定义的析构函数与基类无关。

在执行派生类的析构函数时，基类的析构函数被自动执行。执行的顺序是先执行派生类的析构函数，再执行基类的析构函数，这与执行构造函数的顺序相反。

下面的例子将对例 10-1 中 Person-Student 类进行简化，并定义构造函数和析构函数。

【例 10-3】 派生类构造函数和析构函数。

```
1     #include<iostream>
2     #include<cstring>
3     using namespace std;
4     class Person
5     {
6         char Name[20];
7         char Sex;
8         int Age;
9       public:
10        Person()
11        {
12           strcpy(Name,"无名氏");
13           Age=18;
14           Sex='M';
15           cout<<"基类无参构造函数"<<endl;
16        }
17        Person(char *name,int age,char sex)
18        {
19           strcpy(Name,name);
20           Age=age;
21           Sex=sex;
22           cout<<"基类有参构造函数"<<endl;
23        }
24        Person(const Person&p)
25        {
26           strcpy(Name,p.Name);
27           Age=p.Age;
28           Sex=p.Sex;
29           cout<<"基类复制构造函数"<<endl;
30        }
```

```
31      ~Person(){cout<<"基类析构函数"<<endl;}
32      void ShowPerson(){cout<<Name<<'\t'<<Age<<'\t'<<Sex<<endl;}
33   };
34  class Student:public Person    //公有继承
35  {
36      int ID;
37      double Score;
38    public:
39      Student()
40      {
41         ID=0;
42         Score=0;
43         cout<<"派生类无参构造函数"<<endl;
44      }
45      Student(int id,char *name,int age,char sex,double score):
        Person(name,age,sex)
46      {
47         ID=id;
48         Score=score;
49         cout<<"派生类有参构造函数"<<endl;
50      }
51      Student(const Student &stu):Person(stu)
52      {
53         ID=stu.ID+1;
54         Score=stu.Score;
55         cout<<"派生类复制构造函数"<<endl;
56      }
57      ~Student(){cout<<"学号:"<<ID<<"\t 派生类析构函数"<<endl;}
58      void ShowStu()
59      {
60         cout<<ID<<'\t'<< Score <<'\t';
61         ShowPerson();
62      }
63  };
64  int main()
65  {
66    cout<<"主函数开始运行...................."<<endl;
67    cout<<"创建派生类对象 stu1***********************"<<endl;
68    Student stu1;
69    stu1.ShowStu();
70    cout<<"创建派生类对象 stu2 并用参数初始化*********"<<endl;
```

```
71      Student stu2(18001,"张三",18,'M',98.5);
72      stu2.ShowStu();
73      cout<<"创建派生类对象 stu3 并用 stu2 初始化*********"<<endl;
74      Student stu3(stu2);
75      stu3.ShowStu();
76      cout<<"主函数运行结束...................."<<endl;
77      return 0;
78  }
```

程序的运行结果：

```
主函数开始运行....................
创建派生类对象 stu1**********************
基类无参构造函数
派生类无参构造函数
0       0       无名氏  18      M
创建派生类对象 stu2 并用参数初始化*********
基类有参构造函数
派生类有参构造函数
18001   98.5    张三    18      M
创建派生类对象 stu3 并用 stu2 初始化*********
基类复制构造函数
派生类复制构造函数
18002   98.5    张三    18      M
主函数运行结束....................
学号：18002     派生类析构函数
基类析构函数
学号：18001     派生类析构函数
基类析构函数
学号：0         派生类析构函数
基类析构函数
```

说明：

1）在例 10-3 的程序中，基类 Person 定义了 3 个构造函数，分别是第 10～16 行的无参构造函数、第 17～23 行的有参构造函数和第 24～30 行的复制构造函数，基类 Person 还定义了一个析构函数。对于从 Person 公有继承得到的派生类 Student 来说，也定义了 3 个构造函数，分别是第 39～44 行的无参构造函数、第 45～50 行的有参构造函数和第 51～56 行的复制构造函数，而派生类 Student 中还定义了一个析构函数。

2）结合输出结果可以看到，在执行主函数时，先创建了派生类对象 stu1（第 68 行），没有对 stu1 进行初始化，系统将先调用其基类的无参构造函数，再调用派生类的无参构造函数；然后创建派生类对象 stu2（第 71 行），并对 stu2 进行初始化，系统将先调用其基类的有参构造函数，再调用派生类的无参构造函数；最后创建派生类对象 stu3（第 74 行），并用 stu2 对 stu3 进行初始化，系统将先调用其基类的复制构造函数，再调用派生类的复制构造函数。析构函数的执行次序与构造函数完全相反，先执行派生类的析构函数，再执行基类的构造函数。另外，从输出结果还可以看出，在主函数中依次创建的对象 stu1、stu2、stu3，在结束它们的生存期时，按照与创建次序相反的次序依次调用 stu3、stu2、stu1 的析构函数，这个次序也和构造函数的执行次序完全相反。

3）派生类 Student 定义的无参构造函数（例 10-3 第 39 行）和有参构造函数（例 10-3 第 45 行）的区别。由于无参构造函数不需要参数，在定义时不用在 Student( )后面写出“: Person( )”来调用基类的无参构造函数；而有参构造函数的参数表向从基类继承过来的成员提供了参数，后面通过“: Person(name,age,sex)”的形式来显式调用基类的有参构造函数。当然，如果派生类 Student 的有参构造函数仅仅只为自己新增的数据成员 ID 和 Score 提供了参数，那么也就无须显式调用基类的构造函数了，在执行派生类的这个构造函数时将首先自动调用基类的无参构造函数，再执行派生类的构造函数。读者可以将第 45 行改成“Student(int id, double score)”，并相应修改主函数（第 71 行改成“Student stu2(18001,98.5);”），再次运行程序，根据输出结果分析程序的执行情况。

10.4　多继承与虚基类

10.4.1　多继承

一个派生类可以只有一个基类，这种情形称为单继承，前面的 Student 类就是单继承的例子。在现实世界中有很多事物是“一体多能”“一身兼任数职”的，这意味着派生类从多个基类继承而来。例如，优秀学生兼任学生辅导员（既是学生又兼任教师工作），专业技术人员兼任管理工作（既是员工又是管理者），打印复印一体机（既是打印机又是复印机，还可能是电话机、传真机和扫描仪）。现在大家熟悉的智能手机，同时是电话机、MP3 播放器、MP4 播放器、照相机、电视机、收音机、录音机、闪存盘、闹钟和游戏机等。按照继承的设计模式，对于这种“一身兼任数职”的事物应该有多个基类（这些基类之间可能毫无关系），这种情形称为多继承。

在多继承中，公有继承和私有继承对于基类成员在派生类中的访问属性与单继承的规则相同。

在 C++语言中，声明多继承派生类的一般语法格式为

```
class 派生类名:继承方式 基类名 1,继承方式 基类名 2,…
{
    派生类新增的成员声明;
};
```

冒号后面是基类表，各基类之间用逗号分隔。

现在考虑在一所大学有教师和学生，设想大学从学生中聘请了一些年轻的助教，在这种情况下，助教既属于教师范畴又属于学生范畴。这样，类 Teach_Assistant 可以从类 Teacher 和类 Student 中派生属性。这里有两个基类，Teacher 和 Student，派生类是 Teach_Assistant，如图 10-3 所示。具体的声明形式如下。

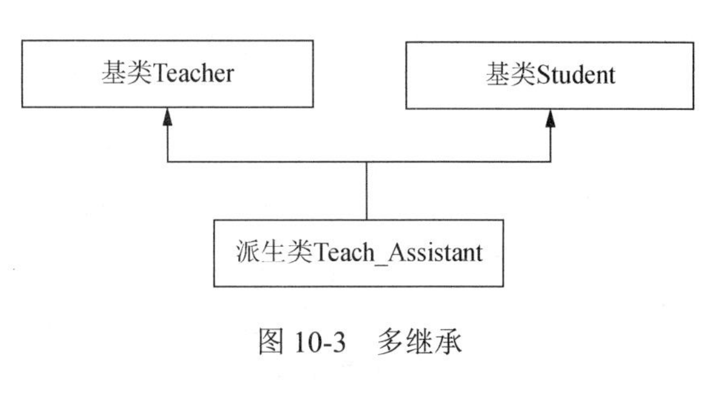

图 10-3　多继承

```
class Teacher
{ … };
class Student
{ … };
class Teach_Assistant:public Teacher,public Student
{
    …
};
```

多继承下派生类的构造函数必须同时负责所有基类构造函数的调用，派生类构造函数的参数个数必须同时满足多个基类初始化的需要。所以，在多继承的情况下，派生类构造函数的定义格式有如下的形式。

```
派生类名::派生类名(参数总表):基类名 1(参数表 1),基类名 2(参数表 2),…
{
    派生类新增成员的初始化语句;
}
```

多继承构造函数的执行次序与单继承构造函数的执行次序相同，也遵循先执行基类的构造函数，再执行派生类构造函数的原则。析构函数的执行次序与构造函数的执行次序完全相反。

需要指出的是，各个基类构造函数的执行顺序取决于定义派生类时所指定的各个基类的顺序，而与派生类构造函数参数总表后面给定的基类顺序无关。

下面举例说明在多继承中如何设计构造函数和析构函数。为了方便说明，这里简化了 Teacher 和 Student 类的设计。

【例 10-4】 多继承中派生类的构造函数和析构函数。

```
1    #include<iostream>
2    using namespace std;
3    class Teacher
4    {
```

```
5        int x;
6      public:
7        Teacher()
8        {
9           x=0;
10          cout<<"Teacher 无参构造函数"<<endl;
11       }
12       Teacher(int x0)
13       {
14          x=x0;
15          cout<<"Teacher 有参构造函数"<<endl;
16       }
17       ~Teacher()
18       {
19          cout<<"Teacher 析构函数"<<endl;
20       }
21    };
22    class Student
23    {
24       int y;
25     public:
26       Student()
27       {
28          y=0;
29          cout<<"Student 无参构造函数"<<endl;
30       }
31       Student(int y0)
32       {
33          y=y0;
34          cout<<"Student 有参构造函数"<<endl;
35       }
36       ~Student()
37       {
38          cout<<"Student 析构函数"<<endl;
39       }
40     };
41    class Teach_Assistant:public Teacher,public Student
42    {
43       int z;
44     public:
45       Teach_Assistant():Student(),Teacher()
```

```
46         {
47            z=0;
48            cout<<"Teach_Assistant 无参构造函数"<<endl;
49         }
50         Teach_Assistant(int x0,int y0,int z0):Teacher(x0),Student
                      (y0)
51         {
52            z=z0;
53            cout<<"Teach_Assistant 有参构造函数"<<endl;
54         }
55         ~Teach_Assistant()
56         {
57            cout<<"Teach_Assistant 析构函数"<<endl;
58         }
59     };
60     int main()
61     {
62        cout<<"主函数开始运行...................."<<endl;
63        cout<<"创建派生类对象 Assistant1**********************"<<endl;
64        Teach_Assistant Assistant1;
65        cout<<"创建派生类对象 Assistant2 并用参数初始化*********"<<endl;
66        Teach_Assistant Assistant2(1,2,3);
67        cout<<"主函数运行结束...................."<<endl;
68        return 0;
69     }
```

程序的运行结果：

```
主函数开始运行....................
创建派生类对象 Assistant1**********************
Teacher 无参构造函数
Student 无参构造函数
Teach_Assistant 无参构造函数
创建派生类对象 Assistant2 并用参数初始化*********
Teacher 有参构造函数
Student 有参构造函数
Teach_Assistant 有参构造函数
主函数运行结束....................
Teach_Assistant 析构函数
Student 析构函数
Teacher 析构函数
Teach_Assistant 析构函数
```

```
Student 析构函数
Teacher 析构函数
```

说明：在例 10-4 的程序中，派生类 Teach_Assistant 中不带参数的构造函数（第 45 行）定义为 Teach_Assistant( ):Student( ), Teacher( );，也可以写成 Teach_Assistant( ): Teacher( ), Student( )，不会影响程序的运行结果。另外，跟单继承一样，第 45 行也可以去掉冒号及其后面的内容，直接写成 Teach_Assistant( )，程序也能正确运行并输出相同的结果。

如果构造函数有参数（第 50 行），那么，类 Teach_Assistant 中的构造函数除了为它自己的成员提供参数之外，还必须为它所有的基类的构造函数提供参数。请读者对照程序代码和运行结果分析程序是如何完成此过程的。

10.4.2 多继承中的二义性问题

具体考虑例 10-4 中的 Teach_Assistant 类，在实际抽象过程中，它的基类 Teacher 和 Student 中都应该有一个描述姓名的数据成员 name，这样在多继承的派生类 Teach_Assistant 中就有了两个同名的数据成员 name 了，编译器将无法确定使用哪个，这就是二义性问题。

当两个或多个基类中有相同的函数或数据成员名称时，会出现二义性问题。在 C++ 语言中，如何解决这个问题呢？下面通过一个实例来说明。声明一个教师类 Teacher 和一个学生类 Student，用多继承的方式声明一个助教类 Teach_Assistant。教师类中包括数据成员姓名 name、年龄 age、职称 title，学生类中包括数据成员姓名 name、性别 sex、成绩 score。在派生类 Teach_Assistant 中新增数据成员工资 wage。

【例 10-5】 多继承中二义性问题的解决（使用作用域运算符）。

```
1    #include<iostream>
2    #include<cstring>
3    using namespace std;
4    class Teacher
5    {
6      protected:
7        char name[20];
8        int age;
9        char title[20];
10     public:
11       Teacher(char *name0,int age0,char *title0)
12       {
13         strcpy(name,name0);
14         age=age0;
15         strcpy(title,title0);
16       }
```

```
17         void Show()
18         {
19           cout<<name<<'\t'<<age<<'\t'<<title<<endl;
20         }
21     };
22     class Student
23     {
24       protected:
25         char name[20];
26         char sex;
27         double score;
28       public:
29         Student(char *name0,char sex0,double score0)
30         {
31           strcpy(name,name0);
32           sex=sex0;
33           score=score0;
34         }
35         void Show()
36         {
37           cout<<name<<'\t'<<sex<<'\t'<<score<<endl;
38         }
39      };
40     class Teach_Assistant:public Teacher,public Student
41     {
42       protected:
43         double wage;
44       public:
45         Teach_Assistant(char *name0,int age0,char sex0,char *title0,
              double score0, double wage0):Student(name0,sex0,score
46         0),Teacher(name0, age0,title0)
47         {
48             wage=wage0;
49         }
50         void Show()
51         {
52             cout<<Teacher::name<<'\t'<<age<<'\t'<<title<<'\t'<<sex
53                 <<'\t'<<score<<'\t'<<wage<<endl;
54         }
```

```
55   };
56   int main()
57   {
58      Teach_Assistant Assistant("张三",20,'M',"助教",86.5,2000.7);
59      Assistant.Show();
60      Assistant.Teacher::Show();
61      Assistant.Student::Show();
62      return 0;
63   }
```

程序的运行结果：

```
张三    20      助教    M       86.5    2000.7
张三    20      助教
张三    M       86.5
```

说明：派生类 Teach_Assistant 的两个基类都用 name 表示姓名，这是同一个人的名字，从 Teach_Assistant 类的构造函数（例 10-5 第 45、46 行）可以看到参数总表中的参数 name0 分别传给了两个基类的构造函数，作为基类构造函数的实参。在派生类 Teach_Assistant 的成员函数 Show( )中要输出姓名 name 时，可以用作用域运算符“::”指出输出的是从哪一个基类继承过来的 name，在给出的程序中是按 Teacher::name 的形式明确指出引用的是从基类 Teacher 中继承的 name（例 10-5 第 52 行），这是唯一的，不会引起二义性，能通过编译，正确运行。

从程序中还应注意到，主函数中直接使用“Assistant.Show( );”调用的是 Teach_Assistant 类中的 Show( )函数，它的两个基类中也都有同名的 Show( )，这两个成员函数在派生类中也是存在的，在同名覆盖的原则下，派生类对象调用的是自己的同名成员原函数 Show( )，这是不存在二义性的。由于是公有继承， Teacher 和 Student 类中的公有成员函数 Show( )到派生类中也是公有的，这就意味着在主函数中也可以通过派生类 Teach_Assistant 的对象 Assistant 调用从 Teacher 和 Student 类中继承过来的成员函数 Show( )，第 60 行和第 62 行也是分别使用作用域运算符指出调用的是 Teacher 类和 Student 类中的 Show( )。

例 10-5 给出了在多继承中解决二义性问题的两种方法：一种方法就是用类名及作用域运算符来明确区分；另一种方法就是利用派生类的同名成员覆盖基类的同名成员消除二义性。

10.4.3 虚基类

通过例 10-5 的程序还可以发现一个问题：在多继承时，从不同的基类中会继承重复的数据，如果有多个基类，问题会更突出。在设计派生类时要仔细考虑其数据成员，尽量减少数据的冗余。

在例 10-5 的教师类 Teacher 中包括数据成员姓名 name、年龄 age、职称 title，学生类 Student 中包括数据成员姓名 name、性别 sex、成绩 score，在派生类 Teach_Assistant 中就包含从 Teacher 继承的姓名 name、年龄 age、职称 title 和从 Student 继承的姓名 name、性别 sex、成绩 score，还有派生类新增的数据成员工资 wage。其中，姓名 name 就重复了，这就是数据冗余。数据冗余不仅浪费存储空间，还会引起数据不一致的问题，因此在程序开发过程中一定要避免。一种解决方法就是将教师类和学生类的共同属性抽象出来，设计一个 Person 类，包括数据成员姓名 name，然后从 Person 类派生出教师类 Teacher 和学生类 Student。这样是否解决了数据冗余问题呢？为了简化说明来看下面的例子：

```
class B
{
   public:
     int b;
};
class B1:public B
{
   private:
     int b1;
};
class B2:public B
{
   private:
     int b2;
};
class C:public B1,public B2
{
   public:
     int f();
   private:
     int d;
};
```

如果定义一个 C 类对象 c1，则下面的两个访问都有二义性：

```
c1.b;
c1.B::b;
```

可以用前面介绍的作用域运算符来区分。下面两种访问是正确的：

```
c1.B1::b;
c1.B2::b;
```

实际上，C 类的对象 c1 在计算机中的存储结构如图 10-4 所示。

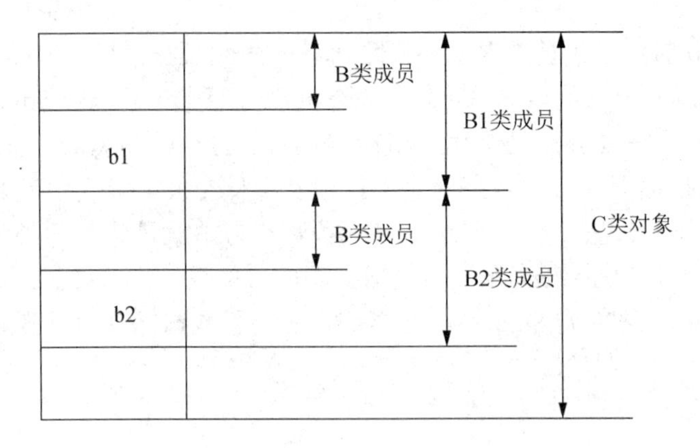

图 10-4　C 类的对象 c1 在计算机中的存储结构

可以看到，在多继承中，如果在多条继承路径上有公共基类，这个公共基类便会产生多个副本。换句话说，如果一个派生类有多个基类，而这些直接基类又有一个共同的基类，则在最终派生类中会保留该间接共同基类数据成员的多份同名成员。在一个类中保留间接共同基类的多份同名成员，这种现象是人们不希望出现的。C++语言提供虚基类（virtual base class）的方法，使在继承间接共同基类时只保留一份成员。

虚基类是对派生类而言的，它本身的定义同基类一样，在定义派生类时声明该基类为虚基类即可，用关键字 virtual 加以说明。

现在，将上面例子中类 B 声明为虚基类，方法如下。

```
class B                          //声明基类 B
{  …  };
class B1 : virtual public B      //声明类 B1 是类 B 的公有派生类,B 是 B1 的虚基类
{  …  };
class B2 : virtual public B      //声明类 B2 是类 B 的公有派生类,B 是 B2 的虚基类
{  …  };
class C : public B1,public B2
{  …  };
```

应注意，虚基类并不是在声明基类时声明的，而是在声明派生类时，指定继承方式时声明的。因为一个基类可以在生成一个派生类时作为虚基类，而在生成另一个派生类时不作为虚基类。

经过这样的声明后，B 类就只有一个数据成员 b 的副本。当 C 类的对象或成员函数再使用 B 类中的成员时，就不会产生二义性问题了，同时也解决了数据冗余的问题。

虚基类的初始化也是利用构造函数完成的，如果在虚基类中定义了带参数的构造函数，而且没有定义默认的构造函数，则在其所有派生类（包括直接派生或间接派生的派生类）中，通过构造函数的初始化表对虚基类进行初始化。例如：

```
class B                          //声明基类 B
{
```

```
    B(int b0) { }              //基类构造函数,有一个参数
    …
};
class B1:virtual public B      //B 是 B1 的虚基类
{
    B1(int b0):B(b0) { }       //类 B1 的构造函数,在初始化表中对虚基类初始化
    …
};
class B2:virtual public B      //B 是 B2 的虚基类
{
    B2(int b0):B(b0) { }       //类 B2 的构造函数,在初始化表中对虚基类初始化
    …
};
class C:public B1,public B2   //多继承派生类 C,B1 和 B2 作为 C 的基类
{
    C(int b0):B(b0),B1(b0),B2(b0)
                               //类 C 的构造函数,在初始化表中对所有基类初始化
    {   }
  …
};
```

下面利用虚基类对例 10-5 进行改进。

【例 10-6】 虚基类解决多继承中数据重复存储的问题。

```
1     #include<iostream>
2     #include<cstring>
3     using namespace std;
4     class Person
5     {
6       protected:
7          char name[20];
8          char sex;
9          int age;
10      public:
11         Person(char *name0,char sex0,int age0)
12         {
13           strcpy(name,name0);
14           sex=sex0;
15           age=age0;
16         }
17    };
18    class Teacher:virtual public Person
```

```
19  {
20    protected:
21      char title[20];
22    public:
23      Teacher(char *name0,char sex0,int age0,char *title0):
                Person(name0,sex0,age0)
24      {
25          strcpy(title,title0);
26      }
27      void Show()
28      {
29          cout<<name<<'\t'<<sex<<'\t'<<age<<'\t'<<title<<endl;
30      }
31  };
32  class Student:virtual public Person
33  {
34    protected:
35      double score;
36    public:
37      Student(char *name0,char sex0,int age0,
38                double score0):Person(name0,sex0,age0)
39      {
40          score=score0;
41      }
42      void Show()
43      {
44          cout<<name<<'\t'<<sex<<'\t'<<age<<'\t'<<score<<endl;
45      }
46   };
47  class Teach_Assistant:public Teacher, public Student
48  {
49    protected:
50      double wage;
51    public:
52      Teach_Assistant(char *name0,int age0,char sex0,char *title0,
53                       double score0,double wage0):Teacher(name0,
                         sex0,age0,title0), Student(name0,sex0,age0,
54                       score0),Person(name0,sex0,age0)
55      {
56          wage=wage0;
57      }
```

```
58          void Show()
59          {
60              cout<<name<<'\t'<<age<<'\t'<<title<<'\t'<<sex
61                  <<'\t'<<score<<'\t'<<wage<<endl;
62          }
63      };
64      int main()
65      {
66         Teach_Assistant Assistant("张三",20,'M',"助教",86.5,2000.7);
67         Assistant.Show();
68         Assistant.Teacher::Show();
69         Assistant.Student::Show();
70         return 0;
71      }
```

程序的运行结果：

```
张三    20      助教    M       86.5    2000.7
张三    20      助教
张三    M       86.5
```

分析：经过改进，在派生类 Teach_Assistant 中只保留了虚基类 Person 中的数据成员 name 的一个副本，它的成员函数 Show( )在访问成员 name 时就可以不用作用域运算符来限定了。

在派生类 Teach_Assistant 的构造函数中（程序第 52～54 行），通过初始化表调用了它的所有基类（包括间接基类 Person）的构造函数来进行初始化，那么这些构造函数的调用顺序和次数是怎样的呢？读者可以通过在例 10-6 的 4 个类的构造函数中增加输出不同信息的语句来了解在使用虚基类的多继承中，各个构造函数的调用顺序和次数。

将类 Person 声明为虚基类后，在创建派生类 Teach_Assistant 的对象时，类 Teacher 和类 Student 构造函数的初始化表中的 Person(name0,sex0,age0)不会被执行（但必须有），类 Person 的初始化由类 Teach_Assistant 构造函数的初始化表中的 Person(name0, sex0,age0)完成，使派生类 Teach_Assistant 中从虚基类 Person 中继承过来的成员值唯一。在初始化表中无论 Person(name0,sex0,age0)的位置如何，都是首先被调用一次，再依次调用 Teacher(name0,sex0,age0,title0)和 Student(name0,sex0,age0,score0)。

第11章 多 态 性

多态性是面向对象程序设计的重要特征之一。C++语言以多种形式体现多态性，如函数重载（包括运算符重载）、虚函数。第 9 章介绍了函数重载和运算符重载，本章重点介绍基于虚函数的多态性。

11.1 多态性的概念

顾名思义，多态性是指一个事物有多种形态。在现实生活中，有大量多态性的例子。例如，当上课的铃声响起时，同学们坐到座位上，而老师则站上讲台；不同班级的同学，也会走进不同的教室。这里，对于“上课的铃声”这个相同的消息，不同的对象作出了不同的响应，即使他们都是“人”类的对象。

在 C++语言中，多态性的含义也是如此，即指不同类的对象在接收同样的消息时作出不同的响应。这里，“接收同样的消息”是指调用相同名称的成员函数，“作出不同的响应”是指函数实现的功能不同。

多态性在软件中早已存在。例如，在一般的高级语言中，通过“+”操作，既可以完成两个整数的相加，也可以完成两个实数的相加，这就表示高级语言是固有的多态性系统。

与传统的面向过程的程序设计语言（包括 C++的前身 C 语言）相比，C++语言不仅提供了固有的多态性，还提供了实现自定义多态性的手段。多态性可以极大简化程序的设计，使不同但又具有某种共同属性的对象不但能在一定程度上共享代码，而且能共享接口。这就大大提高了程序设计的一致性、灵活性和可维护性。

C++语言支持的多态性可以按其实现的时机分为编译时的多态性和运行时的多态性两类。编译时的多态性指同一类的不同对象或同一个对象在不同环境下调用名称相同的成员函数，所完成的功能不同。函数（包括类成员函数）的重载和运算符重载都属于这一类。这种确定重载具体对象的过程就是绑定（binding），即把一个标识符和一个存储地址联系在一起的过程；用面向对象的术语来讲，就是把一条消息和一个对象的方法相组合的过程。这种在编译连接阶段完成绑定工作的情况称为静态绑定，也称为静态联编。

静态绑定的优点是在访问方法时没有运行时间开销，函数的调用与函数定义的绑定在程序执行前进行。因此，一个成员函数的调用并不比普通函数的调用更费时。但是，静态绑定存在几个严重的限制，最主要的限制是，不经过重新编译程序将无法实现。

运行时的多态性是指同属于某一基类的不同派生类对象，在形式上调用从基类继承的同一成员函数时，实际调用了各自派生类的同名函数成员。运行时的多态性是通过继承和虚函数来实现的，在程序运行阶段完成绑定工作，称为动态绑定，又称为晚期绑定或后绑定。

动态绑定使绑定从一个调用改变为另一个调用。因此，如果一个类层次在调用之前发生变化，这个变化将反映在最终的绑定中。动态绑定无须重新编译程序就能实现。动态绑定的主要不足是运行时的时间开销稍大于静态绑定。但尽管如此，动态绑定在大部分面向对象的语言和系统中已实现，动态绑定提供的灵活性是一个面向对象的环境所期望的关键特征之一。

下面通过两个具体的实例加深对这两种多态性的理解。

第一个例子是关于学生上课的。将学生抽象成一个类后，可以具有许多成员函数。其中，“上课”成员函数表示学生上课的不同。当上音乐课时，学生会去音乐教室。当上体育课时，学生会换上运动服、穿上运动鞋到操场上课。类的伪代码如下。

```
class 学生
{   public:
          void 上课(体育课 a ) {去操场; }
          void 上课(音乐课 b ) {去音乐教室; }
          …
};
```

显然，这就是函数重载。在使用这些函数时，它们的参数都是在编码时设置好的，即当调用“学生”类的“上课”函数时，传入的参数是“体育课”或“音乐课”的对象，在编译时就已经确定，不会改变。因此，一个成员函数在编译代码时使用哪一个版本的函数，也可以确定。这种多态性就是编译时的多态性。

第二个例子是关于平面几何图形的。在对一个平面几何图形求面积时，由于不知道图形是矩形还是圆形，因此设计一个指示器指向不同的图形，以计算面积。这里，平面几何图形作为基类，拥有一个 area( )函数，即计算面积。矩形类和圆形类是平面几何图形的派生类，并各有一个基类 area( )函数的同名覆盖成员函数，类的伪代码如下。

```
class 平面几何图形
{   public:
         double area(){return 0.0;}
         …
};
class 矩形: public 平面几何图形
{   public:
         double area(){return 高*宽;}
         …
};
class 圆形: public 平面几何图形
{   public:
         double area(){return 圆周率*半径*半径;}
         …
```

```
};
```

在计算几何图形的面积时，直接调用平面几何图形类对象的 area( )函数。因为并不知道是矩形还是圆形，只知道是几何图形。但是，实际接收此消息的是平面几何图形的派生类对象，如果是矩形，则按“高×宽”计算面积；如果是圆形，则按“圆周率×半径×半径”计算面积。调用过程的伪代码如下。

```
int main()
{
        平面几何图形 *p;              //p 为平面几何图形类指针
        矩形 rect1;                   //定义矩形类对象
        圆形 circle1;                 //定义圆形类对象
        根据用户输入将矩形或圆形对象地址赋值给 p 指针，
        如用户输入 1,执行 p=&rect1;如用户输入 2,执行 p=&circle1;
        p->area();
        …
};
```

由于要对多种几何图形计算面积，因此为了方便处理，在主函数中定义了一个平面几何图形类对象的指针 p。按照设想：指针 p 根据实际情况指向矩形类或圆形类对象，语句 p->area( )调用的应该是 p 所指向的派生类对象的 area( )函数。按照这种设想，程序在编译阶段并不知道指针 p 将指向什么对象，所以在编译阶段就无法确定 p 将调用哪个类的 area( )函数。只有在运行阶段才能确定 p 的值，从而动态决定调用哪一个类的 area( )成员函数。这正是运行时多态性的典型形式。

但是，上面的程序段并不会按照设想运行。实际上，当执行上面的程序段时，无论指针 p 所指的对象是几何图形类还是其派生类，p->area( )都只能调用基类——平面几何图形类的 area( )函数，这是由派生类对象替代基类对象的原则所决定的。因此，为了学习运行时多态性的实现机制，首先需要了解派生类对象替代基类对象的原则。

11.2 派生类对象替代基类对象

派生类是从它的直接和间接基类继承而来的，保留了基类的所有成员。因此，在语法上，一个公有派生类的对象总是可以用来当作一个基类对象使用。反之却不可以，因为派生类在继承的基础上有所扩充，具有了基类所不具有的新的属性和特征。

具体来说，派生类对象替代基类对象常见的形式如下。

1）派生类对象可以赋值给基类对象。

2）派生类对象可以初始化基类对象的引用。

3）可以让基类对象的指针指向派生类对象，即将派生类对象的地址传递给基类指针。

下面的例子综合说明了这 3 种情况。

【例 11-1】 派生类对象替代基类对象。

```
1     #include<iostream>
2     using namespace std;
3     const double PI=3.14;
4     class Shape
5     {
6       public:
7          void area()
8          {
9            cout<<"area()of shape!"<<endl;
10         }
11    };
12    class Rectangle:public Shape
13    {
14      protected:
15         double height,width;
16      public:
17         Rectangle(double h=0,double w=0)
18         {
19            height=h;
20            width=w;
21         }
22         void area()
23         {
24           cout<<"area()of Rectangle:"<<height*width<<endl;
25         }
26    };
27    class Circle:public Shape
28    {
29      protected:
30         double radius;
31      public:
32         Circle(double r=0)
33         {
34           radius=r;
35         }
36         void area()
37         {
38           cout<<"area()of circle:"<<PI*radius*radius<<endl;
39         }
40     };
41    int main()
```

```
42    {
43        Shape shape,*p;
44        Rectangle rect(3.0,5.0);
45        Circle circle(10.0);
46        shape=rect;              //派生类对象 rect 赋值给基类对象 shape
47        shape.area();
48        p=&rect;                 //派生类对象 rect 的地址赋值给基类指针
49        p->area();
50        p=&circle;               //派生类对象 circle 的地址赋值给基类指针
51        p->area();
52        Shape &r=rect;           //派生类对象 rect 初始化基类对象的引用
53        r.area();
54        return 0;
55    }
```

程序的运行结果：

```
area()of shape!
area()of shape!
area()of shape!
area()of shape!
```

说明：主函数依次调用 area( )函数。派生类对象 rect 给基类对象 shape 赋值，而后通过 shape 调用 area 函数，得到第 1 行输出。令基类类型指针 p 分别指向派生类对象 rect 和 circle，然后通过 p 调用 area( )函数，得到第 2 行和第 3 行输出。派生类对象 rect 初始化基类引用 r 后，通过 r 调用 area( )函数，得到最后一行输出。

显而易见，3 种方式调用的都是基类 area( )函数。因而可以得到下面的结论：

无论是哪一种情形，派生类对象替代基类对象后，都只能当作基类对象来使用。无论派生类是否存在同名覆盖成员，通过基类对象、基类对象引用、基类对象指针所访问的成员都只能来自基类。

11.3 虚 函 数

虚函数是 C++语言实现动态多态性的机制，通过虚函数可以使基类和派生类中的同名函数具有不同的功能。

11.3.1 虚函数的定义

根据派生类替代基类对象的原则，可以用基类对象指针指向派生类对象，但只能访问基类的成员。为了实现多态性，即能够通过指向派生类对象的基类指针访问派生类中同名覆盖的成员函数，需要将基类的同名函数声明为虚函数。

虚函数是一个成员函数，该成员函数在基类内部声明并且被派生类重新定义。为了创建虚函数，应在基类中该函数声明的前面加上关键字 virtual。当继承包含虚函数的类时，派生类将重新定义该虚函数以符合自身的需要。从本质上讲，虚函数实现了“一个接口，多种方法”的理念，而这种理念是多态性的基础。基类内部的虚函数定义了该函数的接口形式，而在派生类中可对虚函数重新进行定义，创建一个具体的方法。

正常访问时，虚函数就像所有其他类型的类成员函数一样。但是，虚函数之所以能够支持运行时的多态性，是因为当基类指针指向包含虚函数的派生类对象时，C++语言会根据该指针所指的对象类型决定调用的虚函数版本。这一决定是在运行时作出的，因此当指针指向不同的对象时，就执行该虚函数的不同版本。这对于基类引用也同样适用。

虚函数的语法如下。

```
virtual 函数返回类型 函数名(参数表) { 函数体 }
```

也就是说，只需要简单地在基类同名函数前加上 virtual 关键字，就可以将成员函数声明为虚函数。下面将例 11-1 用虚函数来实现。

【例 11-2】 函数覆盖和虚函数。

```
1     #include<iostream>
2     using namespace std;
3     const double PI=3.14;
4     class Shape
5     {
6        public:
7           virtual void area()
8           {
9              cout<<"area()of shape!"<<endl;
10          }
11    };
12    class Rectangle:public Shape
13    {
14       protected:
15          double height,width;
16       public:
17          Rectangle(double h=0,double w=0)
18          {
19             height=h;
20             width=w;
21          }
22          virtual void area()
23          {
24             cout<<"area()of Rectangle:"<<height*width<<endl;
```

```
25        }
26    };
27    class Circle:public Shape
28    {
29      protected:
30         double radius;
31      public:
32         Circle(double r=0)
33         {
34            radius=r;
35         }
36         virtual void area()
37         {
38            cout<<"area()of circle:"<<PI*radius*radius<<endl;
39         }
40     };
41    int main()
42    {
43      Shape shape,*p;
44      Rectangle rect(3.0,5.0);
45      Circle circle(10.0);
46      shape=rect;           //派生类对象 rect 赋值给基类对象 shape
47      shape.area();
48      p=&rect;              //派生类对象 rect 的地址赋值给基类指针
49      p->area();
50      p=&circle;            //派生类对象 circle 的地址赋值给基类指针
51      p->area();
52      Shape &r=rect;        //派生类对象 rect 初始化基类对象的引用
53      r.area();
54      return 0;
55    }
```

程序的运行结果：

```
area()of shape!
area()of Rectangle:15
area()of circle:314
area()of Rectangle:15
```

说明：主函数分别调用 area( )函数，因为 shape 为基类的对象，所以输出基类的 area( )，得到第 1 行输出；基类指针 p 指向派生类对象，通过它们调用 area( )函数，这时系统需要选择是调用基类的 area( )函数，还是调用派生类的 area( )函数。在本程序中，

area( )函数的声明中加了关键字 virtual 成为虚函数，而 p 又是指向派生类对象的指针，因此调用派生类的 area( )函数，并且根据具体指向的是派生类对象 rect 还是 circle 决定执行哪个派生类的 area( )函数，得到了第 2、3 行的输出；基类引用 r 是对派生类对象 rect 的引用，得到第 4 行的输出。

如果更改派生类中重定义函数 area( )的返回值类型，编译运行，看会出现什么情况并解释其中的原因。

11.3.2 虚函数的使用限制

在成员函数声明的前面加上 virtual 修饰，即把该函数声明为虚函数。使用时应该注意两点：第一，virtual 只能用于类体中，不能用在类体外的虚函数的实现代码中；第二，虚函数不能是静态函数。

根据派生类对象替代基类对象的原则，一个基类指针（或引用）可以用于指向它的派生类对象。通过这样的指针（或引用）调用虚函数时，被调用的是该指针（或引用）实际指向的对象类的那个重定义版本。派生类对象也可以赋值给基类对象，但用基类对象调用的只能是基类的虚函数。在例 11-2 中，以派生类对象 rect 赋值给基类对象 shape 之后，语句 shape.area( )也可以正确执行，所调用的函数却是基类的 area( )函数。因此，在 C++语言中一定要用指针或引用来调用虚函数，才能保证多态性的成立。

但是，也需要注意，引用有其自身的特点，即引用一旦初始化后，就无法重新赋值。例如，在例 11-2 中将 main( )函数采用下面的语句：

```
Rectangle rect(3.0,5.0);
Circle circle(10.0);
Shape &r=rect;          //派生类对象 rect 初始化基类对象的引用
r.area();
r=circle;               //错误
r.area();
```

上面语句 r=circle;错误，因为 r 被初始化为 rect 的引用后，不能进行修改，所以采用引用实现多态性是不够灵活的，在一般的使用中都采用基类的指针来使用虚函数。

在派生类中可以重新定义从基类继承下来的虚函数，从而形成该函数在派生类中的专门版本。在派生类中也可以不重新定义虚函数，在这种情况下，继承下来的虚函数仍然保持其在基类中的定义，也即派生类和基类共用同一个函数版本。虚函数在派生类中被重新定义后，重定义的函数仍然是一个虚函数，可以在下一层次的派生类中再次被重定义。在例 11-2 中，可以将派生类 Rectangle 和 Circle 中的成员函数 area( )定义前的 virtual 去掉，得到相同的运行结果。因此，在派生类中重定义虚函数时，无论是否用 virtual 修饰都还是虚函数。当然，最好保留 virtual 修饰，以增强程序的可读性。

还有一点需要注意，虚函数重定义时，函数的名称、返回类型、参数类型、个数及顺序与基类虚函数必须完全一致。从表面上看，利用派生类对虚函数进行的重新定义类似于函数重载，但实际上并非如此。这是因为重新定义的虚函数原型必须完全符合基类中指定的原型，而重载一个函数时，不是参数个数不同，就是参数类型不同，二者之中必须至少有一个不同。C++语言正是通过这些差异才能够选出正确的重载函数版本，因此如果在重新定义虚函数时改变了它的原型，那么该函数只能被认为是由C++编译器重载的，其虚函数的特性也将丧失。如果修改例11-2中Circle类的area( )函数为

```
virtual void area(int r0) {cout<<"area()of circle:"<<PI*radius*
   radius<<endl;}
```

则此函数就变为一般函数重载，以下程序段：

```
Shape *p;
Circle circle(10.0);
p=&circle;          //派生类对象circle的地址赋值给基类指针
p->area();          //调用Shape类成员函数
```

最后一条语句调用的是基类Shape的成员函数area( )，输出“area() of shape!”。

另外，在例11-2中，如果把派生类Circle中重定义函数area( )的返回值类型改成double，则既不是函数重载，也不是虚函数，程序编译时就会报告错误。

通过虚函数所得到的好处是要付出开销的。每个派生类对象都含有一个指向虚函数表（virtual table或vtable）的指针，访问任何虚函数都是间接地通过这个指针进行的，因而比调用普通函数成员所花费的空间和时间要稍多。需要虚函数表，是因为调用虚函数的哪个版本只有在运行过程中才能确定（动态绑定），因而表中的内容——指向虚函数具体版本的指针，是在运行过程中填进去的。非虚函数的调用机制就简单得多：通过对象变量即可确定调用的是哪个版本，因此在编译时就可以确定（静态绑定）调用地址。

构造函数不能声明为虚函数。多态性是指对同一消息的不同反应，在对象产生之前或消亡之后，多态性都是没有意义的。构造函数只在对象产生之前调用一次，因此虚构造函数没有意义。析构函数的作用是在对象消亡之前进行的资源回收等收尾工作，因此定义虚析构函数是有意义的。

下面这个例子将进一步说明在C++语言中虚函数是如何实现多态性的。

【例11-3】 设计整数集合类IntSet，并派生出整数有序集合类IntOrderedSet，通过在派生类中重定义基类的虚函数，使这两个类的特性既有所不同，又能保持相同的接口。

分析：对于Inset类，只需保证添加到集合中的元素没有重复的元素就可以了。但对于IntOrderedSet类，还必须保证集合中的元素是按升序排列的，因此在IntOrderedSet类中重新定义了IntSet类中的虚函数Add。IntOrderedSet类中重新定义了IntSet类中的IsInSet( )和Remove( )这两个虚函数，因为对于有序集合，这两个操作可以采用更好的算法。函数Display( )显示一个集合的所有元素，它接收一个多态对象作为参数，实参可以是一个IntSet类对象，也可以是一个IntOrderedSet类对象。

```
1     #include<iostream>
2     #include<cstdlib>
3     using namespace std;
```

```
4    class IntSet
5    {
6      protected:
7         int *element;
8         int count;
9         int capacity;
10     public:
11        IntSet(int capacity0=100,int array0[]=NULL,int count0=0);
12        ~IntSet(){delete []element;}
13        int GetCount() {return count;}
14        int GetCapacity() {return capacity;}
15        bool IsEmpty() {return count==0;}
16        virtual bool IsInSet(int elem);
17        virtual void Add(int elem);
18        virtual void Remove(int elem);
19        int Get(int index);
20   };
21   IntSet::IntSet(int capacity0,int array0[],int count0)
22   {
23      count=count0;
24      capacity=capacity0;
25      element=new int[capacity];
26      if(array0==NULL) return ;
27      for(int i=0;i<count0;i++) Add(array0[i]);
28   }
29   bool IntSet::IsInSet(int elem)
30   {
31      for(int i=0;i<count;i++)
32         if(element[i]==elem) return true;
33      return false;
34   }
35   void IntSet::Add(int elem)
36   {
37      if(count>=capacity)
38      {
39         cout<<"Out of capacity!"<<endl;
40         exit(1);
41      }
42      if(!IsInSet(elem)) element[count++]=elem;
43   }
44   void IntSet::Remove(int elem)
```

```
45  {
46      if(count==0) return;
47      int i;
48      for(i=0;i<count;i++) if(element[i]==elem) break;
49      while(i<count){element[i]=element[i+1];i++;}
50      count--;
51  }
52  int IntSet::Get(int index)
53  {
54      if(index<0 || index>=count)
55      {
56          cout<<"Index out of bounds"<<endl;
57          exit(2);
58      }
59      return element[index];
60  }
61  class IntOrderedSet:public IntSet
62  {
63     public:
64          IntOrderedSet(int capacity0=100,int array[]=NULL,int
                count0=0);
65          virtual bool IsInSet(int elem);
66          virtual void Add(int elem);
67          virtual void Remove(int elem);
68  };
69  IntOrderedSet::IntOrderedSet(int capacity0,int array[],int
                count0):IntSet(capacity0)
70  {
71      if(array==NULL) return;
72      for(int i=0;i<count0;i++) Add(array[i]);
73  }
74  bool IntOrderedSet::IsInSet(int elem)
75  {
76      for(int i=0;i<count;i++)
77      {
78          if(element[i]==elem) return true;
79          if(elem<element[i]) break;
80      }
81      return false;
82  }
83  void IntOrderedSet::Add(int elem)
```

```
84   {
85       if(count>=capacity)
86       {
87           cout<<"Out of capacity!"<<endl;
88           exit(1);
89       }
90       if(IsInSet(elem)) return;
91       int i;
92       for(i=count;i>0;i--)
93       {
94           if(elem>=element[i-1]) break;
95           element[i]=element[i-1];
96       }
97       element[i]=elem;
98       count++;
99   }
100  void IntOrderedSet::Remove(int elem)
101  {
102      if(count==0) return;
103      int i;
104      for(i=0;i<count;i++)
105      {
106          if(elem<element[i]) return;
107          if(element[i]==elem) break;
108      }
109      while(i<count){element[i]=element[i+1];i++;}
110      count--;
111  }
112  void Display(IntSet &myset)
113  {
114      for(int i=0;i<myset.GetCount();i++)
115          cout<<myset.Get(i)<<" ";
116      cout<<endl;
117  }
118  int main()
119  {
120      int data[]={3,4,8,2,4,5};
121      IntSet myset(30,data,6);
122      IntOrderedSet ordered_set(30,data,6);
123      Display(myset);
124      Display(ordered_set);
```

```
125     return 0;
126   }
```

程序的运行结果：

```
3 4 8 2 5
2 3 4 5 8
```

说明：运行结果的第 1 行显示 IntSet 对象的所有元素，第 2 行显示 IntOrderedSet 对象的所有元素。

思考：

1）在主函数中创建 myset 和 ordered_set 这两个对象时，作为参数传过去的数据中包含了重复数据 4，但这两个对象中并不包含重复的元素。程序中是如何做到这一点的？

2）在 IntOrderedSet 类中重载 IsInSet( )和 Remove( )这两个函数时采用了更好的算法，但并不是最好的算法。可以继续改进这两个函数的算法（可以考虑采用折半查找）。

3）本例的两个集合类的构造函数都调用了虚函数 Add( )，但属于静态绑定。请修改本例程序，证实这一结论（提示：修改 IntOrderedSet 类的构造函数）。

11.3.3 虚析构函数

C++语言中虽然不能声明虚构造函数，但可以声明虚析构函数。虚析构函数与一般虚函数的不同之处在于：

1）重定义函数就是派生类的析构函数，不要求同名。

2）一个虚析构函数的版本被调用执行后，就要调用执行其基类版本，依此类推，直到调用执行了派生序列的最开始的那个虚析构函数版本为止。

一般来说，如果一个派生类包含对析构函数的专门声明（而不是采用默认的析构函数），而且该类对象有可能作为多态对象使用，则其基类的析构函数通常应当是一个虚析构函数。

下面举例说明，可能作为基类的类应该定义其析构函数，还要将该析构函数声明为虚函数。

【例 11-4】 虚析构函数。

```
1     #include<iostream>
2     using namespace std;
3     class Array
4     {
5       public:
6         Array(){cout<<"构造基类对象！"<<endl;}
7         virtual ~Array(){cout<<"析构基类对象！"<<endl;}
8     };
9     class IntArray:public Array
```

```
10  {
11    protected:
12      int size;
13      int *x;
14    public:
15      IntArray(int size0=100);
16      ~IntArray()
17      {
18        if(x!=NULL) delete[]x;
19        cout<<"析构派生类对象:size="<<size<<endl;
20      }
21  };
22  IntArray::IntArray(int size0)
23  {
24     x=NULL;
25     if((size=size0)>=0)
26     {
27        x=new int[size0];
28        for(int i=0;i<size;i++)
29           x[i]=0;
30     }
31     else
32        size=0;
33     cout<<"构造派生类对象:size="<<size<<endl;
34  }
35  int main()
36  {
37    Array *pArray=new Array;
38    delete pArray;
39    cout<<"基类,ok!\n"<<endl;
40    IntArray *pIntArray=new IntArray(8);
41    delete pIntArray;
42    cout<<"派生类,ok!\n"<<endl;
43    pArray=new IntArray(5);
44    delete pArray;
45    cout<<"请观察是否调用了派生类的析构函数.\n"<<endl;
46    return 0;
47  }
```

程序的运行结果:

```
构造基类对象!
```

```
析构基类对象!
基类,ok!

构造基类对象!
构造派生类对象:size=8
析构派生类对象:size=8
析构基类对象!
派生类,ok!

构造基类对象!
构造派生类对象:size=5
析构派生类对象:size=5
析构基类对象!
请观察是否调用了派生类的析构函数.
```

说明：用基类对象指针 pArray 指向动态创建的派生类对象，当使用完毕后直接删除 pArray 指向的派生类对象，这时由于析构函数是虚函数，将进行动态绑定，调用派生类的析构函数后再调用基类的析构函数。如果把基类的析构函数前的 virtual 关键字删掉（例 11-4 第 7 行），再次运行该程序，从运行结果上看，最后的派生类的析构函数未被调用，即在派生类对象中由 new 分配的动态内存空间未被释放掉，这样将造成严重的错误。

造成这种结果的根本原因是没有将基类的析构函数声明为虚函数。当使用基类的指针操作派生类对象时，对非虚函数仅操作基类部分，无法处理派生类新增的数据空间；而对于虚函数，则根据对象的类型操作对象的数据空间。

从这个例子也可以得到结论：如果某个类可能成为基类，最好将其析构函数声明为虚函数。

11.4 抽 象 类

在例 11-2 中，基类成员函数 area( )没有什么实际作用，可以不写。但是，在基类中不写这个 area( )函数，派生类中的 area( )函数就不能是虚函数了，将不能实现运行时的多态性。为了让 area( )函数能动态绑定，基类中的这个函数是必须的且应该声明为虚函数。只是基类中的 area( )函数“只占位置、不做事情”，这样的函数体可以舍去，让其成为一个纯粹的虚函数——纯虚函数。

纯虚函数是一种特殊的虚函数。在虚函数声明的函数首部后（分号前）写下记号“=0”后，该虚函数就是一个纯虚函数。纯虚函数的定义格式为

```
virtual 函数类型 函数名(参数表)=0;
```

纯虚函数没有函数体，当然也不需要定义，其作用只是“占个位置”，便于实现多

态性。

至少含有一个纯虚函数的类称为抽象类。抽象类的唯一作用就是用来被继承的。在派生类中可以覆盖定义基类的纯虚函数。抽象类的派生类也有可能仍然是抽象类（只要其中还有纯虚函数未被覆盖定义）。当一个类中没有纯虚函数时，这个类便成为具体类。

不能创建抽象类的对象，可以定义抽象类的指针变量指向由其派生的具体类的对象，可以声明抽象类的引用，声明引用时必须用其派生类的具体类对象进行初始化。

因此，可以将例 11-2 中 Shape 类的计算面积的函数 area( )声明为纯虚函数。这样一来，Shape 类就是一个抽象类，此时不能创建 Shape 类的对象，以及不存在抽象的图形。

【例 11-5】 抽象类。

```
1     #include<iostream>
2     using namespace std;
3     const double PI=3.14;
4     class Shape
5     {
6        public:
7           virtual double area()=0;
8     };
9     class Rectangle:public Shape
10    {
11       protected:
12          double height,width;
13       public:
14          Rectangle(double h=0,double w=0)
15          {
16            height=h;
17            width=w;
18          }
19          virtual double area()
20          {
21            return height*width;
22          }
23    };
24    class Circle:public Shape
25    {
26       protected:
27          double radius;
28       public:
29          Circle(double r=0)
```

```
30          {
31             radius = r;
32          }
33          virtual double area()
34          {
35            return PI*radius*radius;
36          }
37      };
38    int main()
39    {
40        //Shape shape; 错误,不能声明抽象类对象
41        Shape *p;              //正确,可以声明抽象类指针
42        Rectangle rect(3.0,5.0);
43        Circle circle(10.0);
44        p=&rect;               //派生类对象 rect 的地址赋值给基类指针
45        cout<<"area of Rectangle:"<<p->area()<<endl;
46        p=&circle;             //派生类对象 circle 的地址赋值给基类指针
47        cout<<"area of Circle:"<<p->area()<<endl;
48        Shape &r=rect;         //派生类对象 rect 初始化基类对象的引用
49        cout<<"area of Rectangle:"<<r.area()<<endl;
50        return 0;
51    }
```

程序的运行结果：

```
area of Rectangle:15
area of Circle:314
area of Rectangle:15
```

说明：由于声明了纯虚函数，因此基类 Shape 就成了抽象类。抽象类不能实例化（例 11-5 第 40 行），也就是不能用抽象类声明对象，但是，可以声明抽象类的指针或引用。通过指针和引用可以指向并访问派生类的对象，进而访问派生类的成员，实现运行过程中的多态。

此外，在派生类中实现一个纯虚函数后，即成为一般的虚函数，例如，例 11-5 中 Circle 和 Rectangle 中的 area( )就是一般虚函数。如果已抽象类的派生类没有实现来自基类的某个纯虚函数，则该函数在派生类中仍然为纯虚函数，从而使该派生类也成为抽象类。

第 12 章　输入/输出流

C++语言没有专门的输入/输出语句，但 C++编译系统提供了一个面向对象的输入/输出（I/O）流类库。流是输入/输出流类库的核心概念，它封装了各种复杂的底层输入/输出操作，向用户提供了简洁、易用的输入/输出接口。

12.1　输入/输出流的基本概念

输入/输出是数据传输的过程，数据如流水一样从一处流向另一处，C++语言形象地将此过程称为流。流表示信息从源端到目的端的流动。C++语言的输入/输出流是指由若干字节组成的字节序列，这些字节中的数据按顺序从一个对象传送到另一个对象。

在输入操作时，字节流从输入设备（如键盘、磁盘）流向内存；在输出操作中，字节流从内存流向输出设备（如屏幕、打印机、磁盘）。流中的内容可以是 ASCII 码字符，也可以是二进制形式的数据，输入/输出示意如图 12-1 所示。

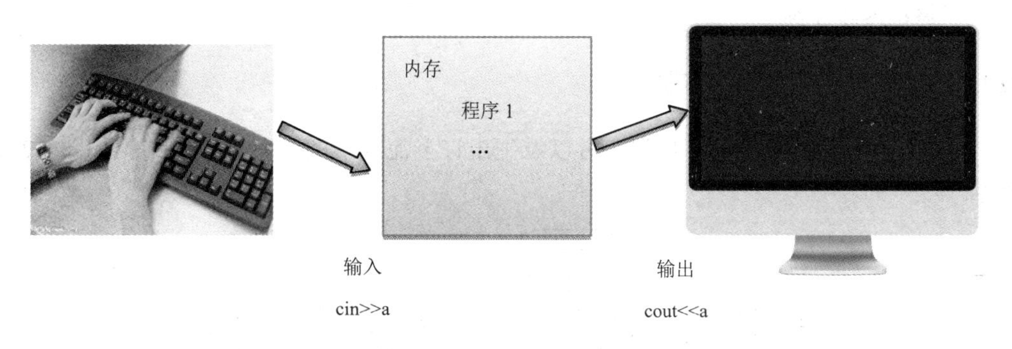

图 12-1　输入/输出示意图

实际上，在内存中为每一个数据流开辟了一个内存缓冲区，用来存放流中的数据。当用 cout 和插入运算符“<<”向显示器输出数据时，先将这些数据送到程序中的输入缓冲区保存，直到缓冲区满了或遇到 endl，就将缓冲区中的全部数据送到显示器显示出来。在输入时，从键盘输入的数据先放在键盘的缓冲区，当按 Enter 键时，键盘缓冲区中的数据输入程序中的缓冲区，形成 cin 流。总之，流是与内存缓冲区相对应的，或者说，缓冲区中的数据就是流。

12.1.1　流类库的头文件

C++流类库提供了丰富的输入/输出功能，其定义包含在多个不同的头文件中，下面介绍 4 种主要的流类库头文件。

<iostream>：包括许多用于处理大量输入/输出操作的类，其中类 istream 支持输入流操作，类 ostream 支持输出流操作，类 iostream 同时支持输入/输出操作。在头文件 iostream 中含有 4 个对象：cin、cout、cerr、clog，具体 4 个对象的说明如表 12-1 所示。同时，该头文件还提供了无格式输入/输出功能和格式化输入/输出功能，如要针对标准设备的输入/输出操作，必须包含此文件。

表 12-1　标准输入/输出流对象

对象名	所属类	设备名	说明
cin	istream	键盘	标准输入。有缓冲，可重定向
cout	ostream	显示器	标准输出。有缓冲，可重定向
cerr	ostream	显示器	常用于错误信息的标准输出。无缓冲，不可重定向
clog	ostream	显示器	常用于错误信息的标准输出。有缓冲，不可重定向

<sstream>：包括 istringstream、ostringstream、stringstream 的定义，当使用字符串流对象进行针对内存字符串空间的输入/输出操作时，必须包含此文件。

<fstream>：包括 ifstream、ofstream、fstream 的定义，要使用文件流对象进行针对磁盘文件输入/输出的操作时，需包含此文件。

<iomanip>：包括 setw、fixed 等操纵符的定义，要利用操纵符进行格式化输入/输出操作，需包含此文件。

12.1.2　输入/输出流类库的体系

ios 类作为流库中的一个基类，可以派生出许多流库中的类，其层次结构如图 12-2 所示。

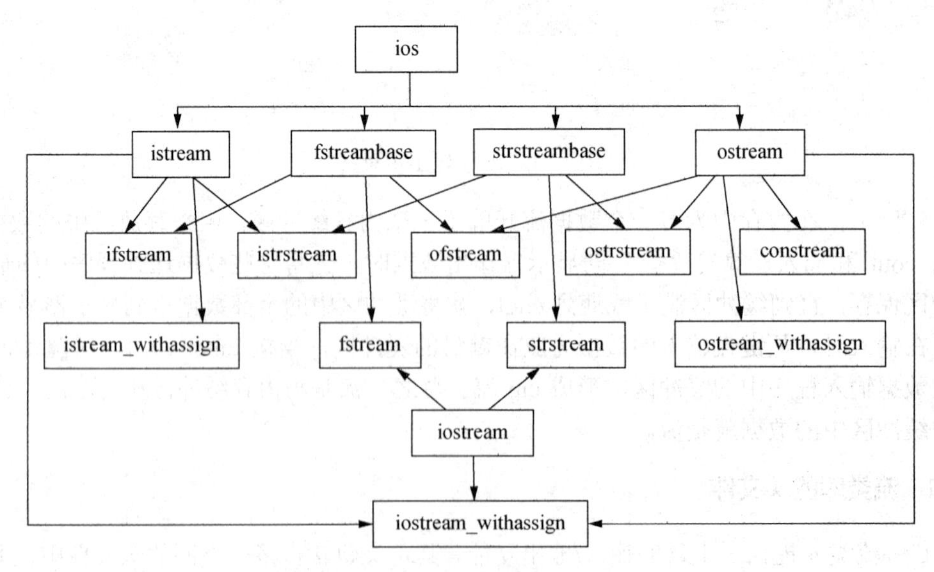

图 12-2　流类库层次结构图

ios 类有 4 个直接派生类，即输入流、输出流、文件流和串流，这 4 种流作为流库中的基本流类。在 C++语言中，以输入流、输出流、文件流和串流为基础，组合出多种实用的流，它们是输入/输出流、输入/输出文件流、输入/输出串流、屏幕输出流、输入文件流、输出文件流、输入串流和输出串流等。

在 istream、ostream 和 iostream 类的基础上分别重载赋值运算符“=”，就得到了 istream_withassign、ostream_withassign 和 iostream_withassign 类。

istream 类提供了对 streambuf 进行插入时的格式化或非格式化转换，并对所有系统预定义的类型重载输入运算符“>>”，它提供了流的大部分输入操作。ostream 类提供了对 streambuf 进行插入时的格式化或非格式化转换，并对所有系统预定义的类型重载输出运算符“<<”，它提供了流的大部分输入操作。

12.1.3　输入/输出流实例

1. 输出运算符“<<”

流输出用运算符“<<”完成，此运算符有两个操作数，左操作数为 ostream 类的对象，右操作数为一个预定义类型的变量。其形式为

```
cout<<输出项;
```

功能是将输出项（输出项可以是变量、常量、转义字符等）输出到标准输出设备（显示器）。

例如：

```
cout<<"C plus plus Programming! \n";
```

其功能是将字符串"C plus plus Programming! \n"输出到流对象 cout，而 cout 值标准输出流对象即显示器。

【例 12-1】 输出运算符“<<”的使用。

```
1     #include <iostream>
2     using namespace std;
3     int main()
4     {  char *str="hello!";
5        float a=10,*pa=&a;
6        int b=100,*pb=&b;
7        cout<<"str="<<str<<"a="<<a<<",b="<<b<<endl;
8        cout<<"&a="<<pa<<endl;
9        cout<<"&b="<<pb<<endl;
10       return 0;
11    }
```

程序的运行结果：

```
str=hello!,a=10,b=100
&a=0x28fef0
&b=0x28feec
&str=0x46e024
```

此输出运算符采用左结合方式，允许多个输出操作组合到一条语句中。在使用输出运算符“<<”进行输出操作时，不同类型的变量也可以组合在一条语句中。

例如，cout<<"str="<<str<<"a="<<a<<", b="<<b<<endl; 就是由整型、实型和字符型组合在一起的语句。编译器在检查时，根据出现在“<<”操作符右边的变量或常量的类型来决定调用哪个“<<”的重载版本。

2. 输入运算符“>>”

流输入的操作是通过运算符“>>”来完成的，它是一个二元运算符，有两个操作数，左操作数是 istream 类的一个对象，右操作数是系统预定义的任何数据类型的类型。其形式为

```
cin>>变量;
```

其功能是从标准输入流对象 cin（键盘）向变量送数据。输入运算符允许将多个输入变量组合在一个语句中。

例如：

```
cin>>a>>b;
```

【例 12-2】 输入运算符“>>”的使用。

```
1    #include <iostream>
2    using namespace std;
3    int main()
4    {  char str[20];
5       int a,b,c;
6       cout<<"Please input 3 integers:"<<endl;
7       cin>>a>>b>>c;
8       cout<<"Please input words:"<<endl;
9       cin>>str;
10      cout<<"a="<<a<<",b="<<b<<",c="<<c<<endl;
11      cout<<"The words are:"<<str<<endl;
12      return 0;
13   }
```

程序的运行结果：

```
Please input 3 integers:
1 2 3
```

```
Please input words:
Hello C++
a=1,b=2,c=3
The Words are Hello
```

输入数据时，数据之间要用空格分开。如例 12-2 中，输入的“"1 2 3"”，每个变量之间用空格分割，1 分割给了 a 变量，2 分割给了 b 变量，3 分割给了 c 变量。

输入字符串时，字符串中间不能有空格，如例 12-2 中，输入的“"Hello C++"”，"Hello" 的值给了 str 字符数组，"C++"字符串仍在缓冲区。同时，还要注意输入的数据类型要与变量类型匹配。

3. 输入函数 get( )与 getline( )

1）流成员函数 get( )有多种形式，下面列出其中 3 个。

```
char istream::get();                    //返回从输入流中获取的一个字符
istream& istream::get(char &c);         //从输入流中获取一个字符
istream& istream::get(char *str,int n,char delim='\n');
//从输入流中获取一个字符串
```

2）流成员函数 getline( )。

```
istream& istream::getline(char *str,int n,char delim='\n');
//从输入流中获取一个字符串
```

第 3 种形式的 get( )函数和 getline( )函数类似，其功能是从输入流中获取 n-1 个字符，或者在字符不足 n-1 个字符时遇到指定的终止字符 delim（终止字符默认值为换行符'\n'）或读取到文件的结束标记、流结束符后，按 C 字符串的格式（自动在字符串末尾添加结束标记'\0'）存入 str 为起始地址的内存中。

注意：

① 当用输入运算符“>>”输入数据时，位于输入流缓冲区中数据之前的空白符（' '、'\t'和'\n'）会被自动过滤掉，而数据后面的空白符仍然留在输入流缓冲区中。

② getline( )成员函数输入的数据为字符串时，其中可含空格字符' '、制表符'\t'和换行符'\n'等。

3）get( )与 get(char &c)的使用。

【例 12-3】 get( )与 get(char &c)的使用。

```
1     #include<iostream>
2     using namespace std;
3     int main()
4     {
5        char ch1,ch2;
6        cout<<"Input ch1 and ch2:"<<endl;
```

```
7       ch1=cin.get();
8       cin.get(ch2);
9       cout<<"ch1 is"<<ch1<<",ch2 is"<<ch2<<endl;
10      return 0;
11    }
```

程序的运行结果：

输入一：

```
Input ch1 and ch2:ab
ch1 is a,ch2 is b
```

输入二：

```
Input ch1 and ch2:a˽
ch1 is a,ch2 is˽
```

输入三：

```
Input ch1 and ch2:a↙
ch1 is a,ch2 is（回车符号）
```

4）cin、cin.get(name,size)的使用。

【例 12-4】 cin 输入字符串。

```
1     #include <iostream>
2     using namespace std;
3     int main()
4     {
5       int size=20;
6       char name[size];
7       char address[size];
8       cout<<"Enter name:"<<endl;
9       cin>>name;
10      cout<<"Enter address:"<<endl;
11      cin>>address;
12      cout<<"Your name is "<<name<<".Your address is"<<address
          <<endl;
13      return 0;
14    }
```

程序的运行结果：

```
Enter name:
Frank Moore
Enter address:
```

```
Your name is Frank.Your address is
```

该运行结果不是用户所需的结果，cin 的输入以空格等作为输入数据的结束。所以只读取了 Frank 给了 name，输入便结束，address 没有得到它需要的 Moore。可以采用 cin.get(name,size)方法获得所需的数据。

【例 12-5】 get( )输入字符串。

```
1     #include <iostream>
2     using namespace std;
3     int main()
4     {
5        const int size=20;
6        char name[size];
7        char address[size];
8        cout<<"Enter name:"<<endl;
9        cin.get(name,size);
10       cout<<"Enter address:"<<endl;
11       cin.get(address,size);
12       cout<<"Your name is"<<name<<".Your address is"<<address<<
            endl;
13       return 0;
14    }
```

程序的运行结果：

```
Enter name:
Frank␣Moore
Enter address:
Your name is Frank.Your address is
```

同样，运行结果不是用户所需要的结果。第二次直接读取的是换行符。可以做如下改进：在 cin.get(name,size);后面加一条语句 cin.get( );，该函数可以读取一个字符，将换行符读入。

【例 12-6】 例 12-5 的改进。

```
1     #include<iostream>
2     using namespace std;
3     int main()
4     {
5        const int size=20;
6        char name[size];
7        char address [size];
8        cout<<"Enter name:"<<endl;
```

```
9       cin.get(name,size);
10      cin.get();
11      cout<<"Enter address:"<<endl;
12      cin.get(address,size);
13      cout<<"Your name is "<<name<<".Your address is"<<address<<
          endl;
14      return 0;
15    }
```

程序的运行结果：

```
Enter name:
Frank␣Moore
Enter address:
New York
Your name is Frank␣Moore.Your address is New York
```

运行结果正确。

也可以将两个成员函数拼接起来，如 cin.get(name,size).get( )使用.get( )接收后面留下的换行符。

【例 12-7】 使用.get( )接收换行符。

```
1     #include<iostream>
2     using namespace std;
3     int main()
4     {
5       const int size=20;
6       char name[size];
7       char address [size];
8       cout<<"Enter name"<<endl;
9       cin.get(name,size).get();
10      cout<<"Enter address:"<<endl;
11      cin.get(address,size);
12      cout<<"Your name is"<<name<<".Your address is"<<address<<
          endl;
13      return 0;
14    }
```

程序的运行结果：

```
Enter name:
Frank␣Moore
Enter address:
New York
```

```
Your name is Frank␣Moore.Your address is New York
```

运行结果正确。

5）cin.getline(name,size)。

cin.getline( )函数与 cin.get( )函数类似，这两个函数都是读取一行输入，直到到达换行符。但也有区别，getline( )将丢弃换行符，而 get( )将换行符保留在输入序列中。

cin.getline(name,size)函数第一个参数表示数组名，传递的是字符串首地址，第二个参数是字符长度，包括最后一个空白符的长度，因此只能读取 size-1 个字符。

【例 12-8】 cin.getline( )函数的使用。

```
1     #include<iostream>
2     using namespace std;
3     int main()
4     {
5        const int size=20;
6        char name[size];
7        char address[size];
8        cout<<"Enter name"<<endl;
9        cin.getline(name,size);
10       cout<<"Enter address:"<<endl;
11       cin.getline(address,size);
12       cout<<"Your name is"<<name<<".Your address is"<<address<<
            endl;
13       return 0;
14    }
```

程序的运行结果：

```
Enter name:
Frank␣Moore
Enter address:
New York
Your name is Frank␣Moore.Your address is New York
```

运行结果正确。

12.1.4　重载“<<”和“>>”运算符

前面介绍的是系统预定义类型的输入和输出。用户自定义数据类型的输入和输出也可以像系统标准类型的输入和输出一样输入或输出相应内容。在 C++语言中采用重载运算符“<<”“>>”来实现用户自定义数据类型的输入与输出。

1. 重载“<<”和“>>”运算符形式

1）重载“<<”运算符定义格式：

```
ostream &operator<< (ostream&output,user_type&obj)
{
    output<<obj.item1;
    output<<obj.item2;
    output<<obj.item3;
    //…
    return out;
}
```

其中，user_type 为用户自定义数据类型；obj 为用户自定义类型的对象的引用；item1、item2 和 item3 为用户自定义类型中各个域分量。由于输入/输出常需要访问类的私有成员，因此重载运算符一般采用友元形式。

2）重载“>>”运算符定义格式：

```
istream &operator>>(istream&input,user_type&obj)
{
    input >>obj.item1;
    input >>obj.item2;
    //…
    return input;
}
```

其中，user_type 为用户自定义数据类型；obj 为用户自定义类型的对象的引用；item1、item2 为用户自定义类型中的各个域分量。

2. 重载实例

【例 12-9】 以友元方式重载复数类型 “<<”和“>>”运算符。

```
1     #include<iostream>
2     using namespace std;
3     class Complex
4     {
5        public:
6           Complex(double r=0.0,double i=0.0):real(r),imag(i){};
7           friend istream &operator>>(istream&input,Complex&c);
              //重载输入运算符
8           friend ostream &operator<<(ostream&out,const Complex&c);
9        private:
10          double real;
11          double imag;
12    } ;
13    istream &operator>>(istream&input,const Complex&c)
```

```
14    {
15        cout<<"Please input the real,image of the complex:\n";
16        input>>c.real>>c.imag;
17        return input;}
18    ostream &operator<<(ostream&out,const Complex&c)
19    {
20        out<<c.real;
21        if(c.imag>0)out<<"+";
22        if(c.imag!=0)out<<c.imag<<"i"<<endl;
23        return out;}
24    int main()
25    {
26        Complex c1(5,4),c2(3.6,2.8),c3;
27        cout<<"The value of c1 is:"<<c1;
28        cout<<"The value of c2 is:"<<c2;
29        cin>>c3;
30        out<<"The value of c3 is:"<<c3;
31        return 0;
32    }
```

程序的运行结果：

```
The value of c1 is:5+4i
The value of c2 is:3.6+2.8i
Please input the real,image of the complex:
1. 5  -2.5
The value of c3 is:1.5-2.5i
```

12.2　格式化输入/输出

12.1 节介绍了 C++语言的一般输入/输出操作，这种输入/输出的数据没有指定格式，它们按照默认的格式输入/输出。然而，有时程序员需要对数据格式进行控制，如规定浮点数的精度、设定要显示的整数的最大位数等。C++语言提供了两种进行格式控制的方法：一种是使用 ios 类中的有关格式控制的成员函数；另一种是使用操作符进行格式化控制。

12.2.1　用 ios 类成员函数进行格式化

1. 格式控制状态标志

格式控制状态标志如表 12-2 所示。

表 12-2 格式控制状态标志

标志位	二进制值	含义	输入/输出
skipws	0x0001	跳过输入中的空格符	输入
left	0x0002	输出数据按输出域左对齐	输出
right	0x0004	输出数据按输出域右对齐	输出
internal	0x0008	数据的符号左对齐，数据本身右对齐，符号和数据之间为填充符	输出
dec	0x0010	转换基数为十进制	输入/输出
oct	0x0020	转换基数为八进制	输入/输出
hex	0x0040	转换基数为十六进制	输入/输出
showbase	0x0080	输出的数值数据前面带有基数符号	输入/输出
uppercase	0x0200	用大写字母输出十六进制数值	输出
showpoint	0x0100	浮点数输出带有小数点	输出
showpos	0x0400	整数前面带有“+”符号	输出
scientific	0x0800	浮点数输出采用科学表示法	输出
fixed	0x1000	使用定点数形式表示浮点数	输出
unitbuf	0x2000	完成输入操作后立即刷新流缓冲区	输出
stdio	0x4000	完成输入操作后刷新系统的 stdout、stderr	输出

2. 用成员函数对状态标志进行设置

在 iostream 文件的 ios 类中定义了下列处理标志的一些成员函数，如表 12-3 所示。

表 12-3 格式控制成员函数

函数名	功能
long flags(void)	返回与流相关的当前标志
long flags(long)	返回与流相关的当前标志，并设置参数指定的新标志
long setf(long)	返回格式标志的当前值，并设置参数说明的标志
long setf(long,long)	返回格式标志的当前值，关闭第二个参数指定的标志，设置第一个参数说明的标志
long unsetf(long)	返回当前标志值，并清除参数设置的标志
int width(int)	返回当前域宽，并设置新值
char fill(char)	返回填充符，并设置参数指定的新字符
int precision(int)	返回显示的小数位，并重新设置参数指定的小数位数

3. 设置域宽、精度和填充字符

【例 12-10】 设置域宽、精度和填充字符。

```
1    #include<iostream>
2    using namespace std;
3    int main()
4    {double d1=123.45678,d2=123456.789;
```

```
5       cout.setf(ios::showpoint);           //设定浮点数输出带小数点
6       cout.setf(ios::fixed);               //使用定点形式
7       cout.precision(6);                   //设置精度,小数点后 6 位
8       cout.width(18);                      //设置数据宽度
9       cout.fill('*');                      //填充字符位*
10      cout<<endl<<endl;
11      cout.width(18);
12      cout<<d2<<endl<<endl;
13      cout.precision(2);
14      cout.fill('@');
15      cout.width(18);
16      cout<<d1<<endl;
17      cout.width(18);
18      cout<<d2<<endl;
19      return 0;
20  }
```

程序的运行结果：

```
********123.456780
*****123456.789000

@@@@@@@@@@@@123.46
@@@@@@@@@123456.79
```

12.2.2 用操作符进行格式化控制

改变格式变量比较简单的方法是使用特殊的、类似于函数的运算符，C++称为操作符。操作符以一个流引用作为其参数，并返回同一流的引用，因此，它可嵌入输入或输出操作的链中。C++语言中提供的操作符如表 12-4 所示，使用时需包含头文件 iomanip。

表 12-4　格式操作符

操作符	含义	输入/输出
ws	提取空格符	输入
ends	插入空格符	输出
endl	插入换行符	输出
flush	刷新与流相关的缓冲区	输出
dec	数值采用十进制表示	输入/输出
oct	数值采用八进制表示	输入/输出
hex	数值采用十六进制表示	输入/输出
setbase(int n)	设置数值转换基数为 n	输入/输出

续表

操作符	含义	输入/输出
resetiosflags(long f)	清除参数所指定的标志位	输出
setiosflags(long f)	设置参数所指定的标志位	输出
setfill(int c)	设置填充字符	输出
setprecision(int n)	设置浮点数输出精度	输出
setw(int n)	设置输出数据项的域宽	输出

【例 12-11】 使用操纵符对输出进行控制。

```
1     #include<iostream>
2     #include<iomanip>
3     using namespace std;
4     int main()
5     {  double d1=123456.789;
6        int a=1234;
7        cout<<setprecision(6)<<123.45678<<endl;
8        cout<<setw(8)<<a<<endl;
9        cout<<setprecision(9);
10       cout<<setiosflags(ios::scientific);
11       cout<<d1<<endl;
12       cout.setf(ios::showbase);
13       cout<<hex<<a<<endl;
14       return 0;
15    }
```

程序的运行结果：

```
123.457
    1234
1.234567890e+005
0x4d2
```

12.3 文 件 流

以前所用到的输入和输出都是以终端为对象，即从键盘输入数据，运行结果输出到显示器。从操作系统的角度看，每一个与主机相连的输入/输出设备都被看作一个文件。例如，终端键盘是输入文件，显示屏和打印机是输出文件。

除了以终端为对象进行输出/输出外，还经常用磁盘作为输入/输出对象，磁盘文件既可以作为输入文件，又可以作为输出文件。

程序的输入是指从输入文件将数据传送为程序。程序的输出是指从程序将数据传送给输出文件。文件处理示意图如图 12-3 所示。

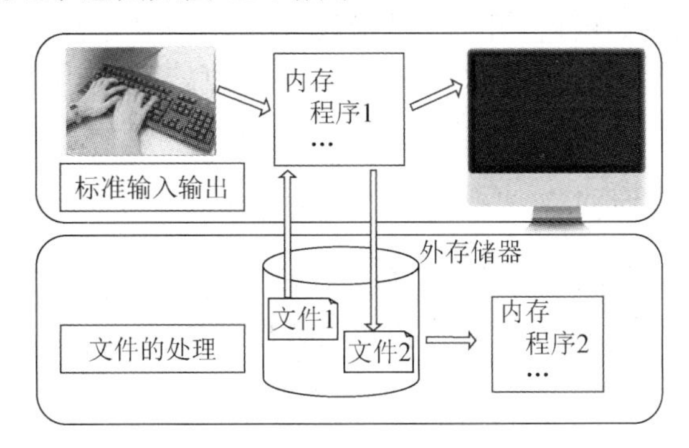

图 12-3　文件处理示意图

1. 磁盘文件及可以视为文件的外部设备

作为外部存储器的磁盘、光盘、闪存盘等，能够脱机保存信息，具有持久性。若需要把数据保存起来，以便下次使用，就必须把数据存储到这样的外部存储器中。磁盘是一种典型的外部存储器，下面均以磁盘作为各种外部存储器的代称。

在磁盘文件上保存的信息是按文件的形式组织的，每个文件都有一个文件名，并且保存在一个确定的文件夹中。另外，操作系统把其他类型的一些外部设备也以文件的方式进行操作，视作特殊的文件。例如，把由键盘和显示器组成的终端看作输入/输出文件，当向它输出信息时就是输出到显示器，当从它输入信息时就是从键盘输入。当我们称一个文件为磁盘文件时，是为了强调它是一个存储在磁盘中的文件，而不是某种视作特殊文件的外部设备。

2. 文本文件和二进制文件

将内存中的数据输出到外部设备，在格式上有两种选择，即转换成文本输出或原样输出。例如，对于短整型 34567，在转换成文本输出时将被转换成字符串"34567"，占 5 字节；而原样输出时保持数据在内存中的格式不变，按二进制形式的短整型输出，占 2 字节。前一种格式称为文本文件，后一种格式称为二进制文件。

文本文件可以是磁盘文件，也可以是键盘、显示器、打印机等称为字符设备的外部设备。因此，适用于文本文件的操作同样适用于键盘、显示器、打印机等设备，适用于 cin、cout 等预定义流对象的操作同样适用于文本文件。可以使用文本编辑器查看、输入、修改文本文件。

二进制文件只能是磁盘文件，用文本编辑器无法查看其实际内容，只有了解文件结构，应用程序才能正确识别文件中的数据。

3. 输入文件、输出文件和输入/输出文件

对文件的访问操作包括输入和输出两种类型的操作。如果一个文件是为了输入操作

而打开的，是指数据从内存输入文件，是对内存的一个读操作。该文件称为输入文件。如果一个文件是为输出操作而打开的，是指数据从文件输出到内存，是对内存的一个写操作。该文件称为输出文件。有的文件打开后既需要做输入操作又需要做输出操作，称为输入/输出文件。

12.3.1 文件流类及文件流对象

文件流是以外存文件为输入/输出对象的数据流。输出文件流是从内存流向外存文件的数据，输入文件流是从外存文件流向内存的数据。每一个文件流都有一个内存缓冲区与之对应。在C++语言的输入/输出类库中定义了ifstream、ofstream和fstream文件类，专门用于对磁盘文件的输入/输出操作。

1. 文件流类

ifstream 类用来支持磁盘文件的输入，ofstream 类用来支持向磁盘文件的输出，fstream类用来支持对磁盘文件的输入/输出。

2. 文件流对象

要以磁盘文件为对象进行输入/输出，必须定义一个文件流类的对象，通过文件流对象将数据从内存输出到磁盘文件，或通过文件流对象从磁盘文件将数据输入内存。

在C++语言中进行文件操作的一般步骤如下。

1）为要进行操作的文件定义一个流。

2）建立（或打开）文件。如果文件不存在，则建立该文件。如果磁盘上已经存在该文件，则打开它。

3）进行读写操作。在建立（或打开）的文件上执行所要求的输入或输出操作。一般来说，在内存和外部设备的数据传输中，由内存到外部设备称为输出或写，而由外部设备到内存称为输入或读。

4）关闭文件。当不需要进行其他输入/输出操作时，应把已打开的文件关闭。

文件操作步骤及函数示意图如图12-4所示。

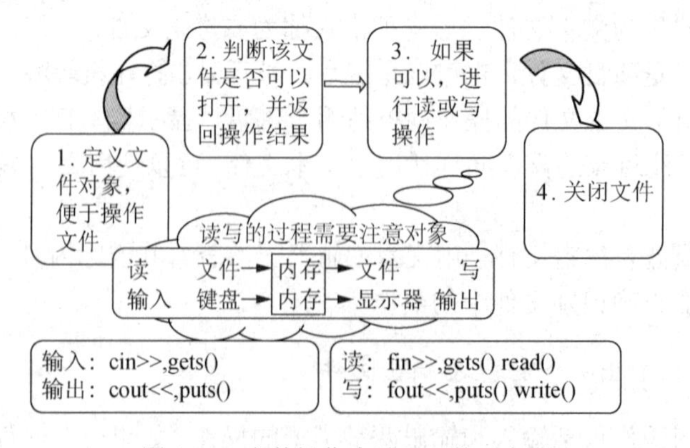

图12-4 文件操作步骤及函数示意图

12.3.2　文件的打开和关闭

打开文件是一种形象的说法，打开文件是指在文件读写之前做必要的准备工作。按照图 12-4 所示的步骤对文件进行操作，首先需要建立文件流、定义文件对象，并将该文件对象关联到磁盘文件中的物理文件。具体包含下面两点：

1）建立文件流定义文件对象，为文件对象和指定的磁盘文件建立关联，以便使用文件流流向指定的磁盘文件。

2）指定文件的工作方式，如该文件是作为输入文件、输出文件还是输入/输出文件，该文件是二进制文件还是文本文件等。

1. 文件的打开

文件的打开可以通过两种不同的方法实现。

1）调用文件流的成员函数 open，实现对文件的读写操作。

例如：

```
ofstream outfile;                 //定义 ofstream 类(输出文件流类)对象 outfile
outfile.open("f.dat",ios::out);//使文件流对象 outfile 与 f.dat 文件建立关联
```

outfile.open("f.dat",ios::out);是调用输出文件流的成员函数 open 打开磁盘文件 f.dat，并指定它为输出文件，文件流对象 outfile 将向磁盘文件 f.dat 输出数据。ios::out 是输入/输出模式的一种，表示以输出方式打开一个文件。

调用成员函数 open 的一般形式为

```
文件流对象.open(磁盘文件名,输入/输出方式);
```

其中：

① 磁盘文件名，可以包括路径，如“D:\file\f.dat”。如果不带路径名，则默认是程序所在的当前目录下的文件。

② 输入/输出方式，可以是 ios::out、ios::in 等，更多的方式如表 12-5 所示。

表 12-5　输入/输出方式

方式	作用
ios::in	以输入（读）方式打开文件
ios::out	以输出（写）方式打开文件（这是默认打开方式），如果已有此名称的文件，则将其原有内容全部清除
ios::app	以输出（写）方式打开文件，写入的数据添加到文件末尾
ios::ate	打开一个已有文件，文件的指针指向文件末尾
ios::trunc	打开一个文件，如果文件已经存在，则删除其中全部数据；如果文件不存在，则建立新文件。如已指定了方式 ios::out，而未指定 ios::in、ios::app、ios::ate，则同时默认此方式
ios::binary	以二进制方式打开一个文件。如不指定此方式，则默认为是 ASCII 码方式
ios::in |ios::out	以输入/输出方式打开文件，可以对文件进行读写操作

续表

方式	作用
ios::in| ios::binary	以输入方式打开一个二进制文件
ios::out| ios::binary	以输出方式打开一个二进制文件

2）在定义文件流对象时指定参数，实现对文件的读写操作。

例如：

```
ostream outfile("f.dat",ios::out);
```

使用该方法是在声明文件流类时定义了带参数的构造函数，其中包含打开磁盘文件的功能。因此，可以在定义文件流对象时指定参数，调用文件流类的构造函数来实现打开文件的功能。

以上两种文件打开方式，一般多使用第 2 种方法。因为其比较方便，作用与 open 函数相同。

关于文件的使用有以下 3 点说明：

① 每一个打开的文件都有一个文件指针，该指针的初始位置由输入/输出方式指定，每次读写都从文件指针的当前位置开始。每读入 1 字节，指针就后移 1 字节。当文件指针移到最后时，就会遇到文件结束符 EOF（文件结束符也占用 1 字节，其值为-1），此时流对象的成员函数 eof( )的值为非 0，表示文件结束。

② 可以用“位或”运算符“|”对输入/输入方式进行组合，如表 12-5 中最后 3 行所示。

③ 如果“打开”操作失败，open 函数的返回值为 0（假）；如果以调用构造函数的方式打开文件，则流对象的值为 0。可以据此测试打开是否成功。例如：

```
if(outfile.open("f.dat",ios::app)==0)
    cout<<"open error!" ;
```

或

```
ostream outfile("f.dat",ios::out);
if(!outfile)
    cout<<"open error!" ;
```

2. 文件的关闭

在对已打开的磁盘文件的读写操作完成后，应关闭该文件。关闭文件用成员函数 close。例如：

```
outfile.close();                //将输出文件流对象所关联的磁盘文件关闭
```

关闭实际上是解除该磁盘文件与文件流对象的关联。

此时，可以将文件流对象与其他磁盘文件建立关联，通过文件流对象对新的文件进行输入或输出。例如：

```
outfile.open("f1.dat",ios::app);
```

此时，文件流对象 outfile 与新的文件 f1.dat 建立关联，并指定了对文件的工作方式。

12.3.3　文本文件的读与写

和文件建立联系，打开文件后便可以对文件进行读写操作，如图 12-5 所示。将数据从内存输出到外存储器或磁盘文件的过程就是对文件的一个写过程。数据从外存储器到内存的一个过程是对文件的一个读过程，如图 12-5 所示。

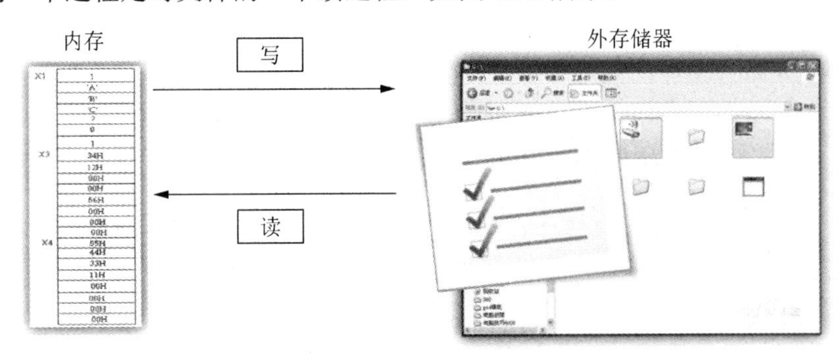

图 12-5　文件读写示意图

1. 用插入操作符“<<”和提取操作符“>>”读/写文本文件

文本文件的读和写较为容易，使用插入操作符“<<”和提取操作符“>>”就可以对文件进行读写，形象地标示了数据的流动方向。

【例 12-12】 将数据写入文件，再将文件中的数据读出。

```
1     #include<iostream>
2     #include<fstream>
3     using namespace std;
4     int main()
5     {  ofstream outf;                    //定义对象
6        outf.open("f1.txt");             //打开文件写（默认为文本文件）
7        outf<<12<<endl;                  //将整数 12 写入文件
8        outf<<34.56<<endl;               //将浮点数 34.56 写入文件
9        outf<<'a'<<endl;                 //将字符'a'写入文件
10       outf.close();                    //关闭文件
11       ifstream inf;                    //定义对象
12       inf.open("f1.txt");              //打开文件读（默认为文本文件）
13       int a;                           //定义变量
14       float b;
15       char c;
```

```
16      inf>>a>>b>>c;                     //将文件中的数据读入变量 a、b 和 c 中
17      cout<<a<<' '<<b<<' '<<c<<endl;//将 a、b 和 c 的值输出到屏幕
18      inf.close();
19      return 0;
20    }
```

程序的运行结果：

```
12  34.56  a
```

【例 12-13】 创建文本文件，将文本写入文件。

```
1     #include<iostream>
2     #include<fstream>
3     using namespace std;
4     int main()
5     {  ofstream outf;
6        outf.open("f2.txt",ios::out);     //打开文件写（默认为文本文件）
7        if(!outf)                          //创建文件成功,返回非 0
8        {
9           cout<<"open file error!"<<endl;
10          return 0;
11       }
12       outf<<"hello C++!\n";
13       outf<<"I love programming!\n";
14       outf.close();
15       return 0;
16    }
```

程序的运行结果：

在程序当前目录会生成 f2.txt 文件，在 f2.txt 文件中有以下内容。

```
hello C++!
I love programming!
```

2. 检测文件尾部

在文件的输入/输出操作中，如读入一个文件，可能需要检测是否读到文件的尾部。这个检测可用 eof( )函数实现。该函数的原型为

```
int eof();
```

到达文件尾部时，返回非 0，否则返回 0。

例如，有 ifstream inf("f.txt");，为了判断是否读到了文件的尾部，可以采用语句 if(!inf.eof( ))或 if(inf.eof( )==0)，如果 inf.eof( )==0，或此条件等价于!inf.eof( )为 true，即

文件没有到达末尾，可以对文件继续进行读操作。

3. 使用 getline( )、get( )和 put( )函数读写文本文件

【例 12-14】 用 getline( )函数一次读一行文本文件。

```
1     #include<iostream>
2     #include<fstream>
3     using namespace std;
4     int main()
5     {  ifstream inf;
6        inf.open("f2.txt",ios::out);
7        if(!inf)
8        {
9          cout<<"open file error!"<<endl;
10         return 0;
11       }
12       char s[50];
13       while(!inf.eof())                      //文件结束,eof()返回非 0
14       {
15         inf.getline(s,sizeof(s));           //读一行
16         cout<<s<<endl;
17       }
18       inf.close();
19       return 0;
20    }
```

程序的运行结果：

```
hello C++!
I love programming!
```

【例 12-15】 用 put( )和 get( )函数读写文件。

```
1     #include<iostream>
2     #include<fstream>
3     #include<cstring>
4     using namespace std;
5     int main()
6     {  fstream inf,outf;
7        outf.open("f4.txt",ios::out);
8        if(!outf)
9        {
10         cout<<"open file error!"<<endl;
```

```
11          return 0;
12        }
13        char s[]="I love C++ programming!";
14        for(int i=0;i<=strlen(s);i++)
15         outf.put(s[i]);                          //一个字符一个字符地写入文件
16        outf.close();
17        inf.open("f4.txt",ios::in);
18        if(!inf)
19        {
20          cout<<"open file error!"<<endl;
21          return 0;
22        }
23        char ch;
24        while(inf.get(ch))                        //从文件一个字符一个地读入 ch
25          cout<<ch;                               //输出 ch
26        cout<<endl;
27        inf.close();
28        return 0;
29    }
```

程序的运行结果：

```
I love programming!
```

12.3.4 二进制文件的读与写

在 12.3.3 节介绍了对文本文件进行读写操作的内容，其方法对二进制文件同样适用。对二进制数据，还可以使用 C++语言流类的成员函数 read( )进行读操作，使用 write( )函数对二进制数据进行写操作。其函数原型如下。

```
ifstream &read(unsigned char *buf,int num)
ofstream &write(unsigned char *buf,int num )
```

函数 read( )的功能是，从流中读取 num 字节数据并存放到指针 buf 所指的缓冲区中。函数返回该流，当到达文件尾时，该流变为 0。

函数 write( )的功能是，将 buf 所指向的缓冲区的 num 字节的数据写入流中并返回该流。一般可用被读写的数据的存储区地址作为读写缓冲区的指针 buf。

读写函数的字节数可以由 sizeof( )得到。

【例 12-16】 用 read( )和 write( )函数读写二进制文件。

```
1     #include<iostream>
2     #include<fstream>
3     using namespace std;
```

```
4    int main()
5    {  float a[10]={0,1,2,3,4,5,6,7,8,9};
6       fstream inf,outf;
7       outf.open("f5.txt",ios::out|ios::binary);
8       if(!outf)
9       {
10         cout<<"open file error!"<<endl;
11         return 0;
12      }
13      for(int i=0;i<=9;i++)
14         outf.write((char*)&a[i],sizeof(a[i]));
15      outf.close();
16      inf.open("f5.txt",ios::in|ios::binary);
17      if(!inf)
18      {
19         cout<<"open file error!"<<endl;
20         return 0;
21      }
22      for(int i=0;i<=9;i++)
23      {
24         inf.read((char*)&a[i],sizeof(a[i]));
25         cout<<a[i]<<' ';
26      }
27      inf.close();
28      return 0;
29   }
```

程序的运行结果：

```
0 1 2 3 4 5 6 7 8 9
```

说明：(char *)&a[i]是将 a[i]转换为字符数组地址。如果是字符数组，则可以省略(char *)。

12.3.5　文件的随机访问

当读取 1 字节后，文件指针自动指向下一个位置；当读取 2 字节后，文件指针自动指向第 3 个位置……。文件指针的概念是随机访问的基础。

在 C++语言的输入/输出系统中，对应一个文件，有两个指针。一个是读指针，它说明输入操作在文件中的位置。另一个是写指针，它说明下次写操作的位置。每次执行读或写操作，相应的指针自动增加到下一个读写位置。

在输入/输出中有两个函数用于设置访问文件的指针位置，它们是流类的成员函数

seekg( )和 seekp( )（其中 g 为 get 之意，p 为 put 之意）。函数 seekg( )对应于读指针（从文件输入内存），函数 seekp( )对应于写指针（从内存输出到文件）。使用函数 seekg( )和 seekp( )就可以任意改变上述指针的位置，从而实现非顺序地（即随机地）操作文件中的数据。这两个函数的形式如下。

```
seekg(long pos)
seekg(long off,dir)
seekp(long pos)
seekp(long off,dir)
```

（1）函数 seekg(pos)和函数 seekp(pos)

函数 seekg(pos)的功能是，将文件的读指针从文件头开始移动到 pos 字节的位移量。参数 pos 为 long 型整数。

函数 seekp(pos)的功能是，将文件的写指针从文件头开始移动到 pos 字节的位移量。

（2）函数 seekg(off, pos)和函数 seekp(long off, pos)

参数 pos 是文件指针移动的起始位置，off 是指针相对偏移量。这两个函数的功能分别是将读指针和写指针从 pos 位置移动 off 字节的位移量。参数 pos 只能取以下 3 个值之一。

ios::beg：从文件头开始移动。

ios::cur：从文件当前位置开始移动。

ios::end：从文件尾开始移动。

例如：

```
fstream outf("f.txt");
outf.seekp(10,ios::beg);
```

其表示将写指针从文件头向后移动 10 字节。

（3）函数 tellg( )和函数 tellp( )

函数 tellg( )和函数 tellp( )的功能是返回文件读/写指针的当前位置，其中 tellg( )用于输入文件，tellg( )用于输出文件。可以使用输入流对象 in 输出当前读指针的位置。例如：

```
cout<<in.tellg();
```

【例 12-17】 移动文件指针，随机读写文件。

```
1     #include <iostream>
2     #include <fstream>
3     using namespace std;
4     int main()
5     {  fstream outf;                              //以读写方式对文件操作
6        outf.open("f2.txt",ios::out|ios::in);
7        if(!outf)
```

```
8        {
9            cout<<"open file error!"<<endl;
10           return 0;
11       }
12       char c1='$';
13       outf.seekp(5,ios::beg);               //移动文件指针到指定的写位置
14       outf.put(c1);                         //写入数据
15       char c2='@';
16       outf.seekp(13,ios::beg);              //移动文件指针到指定的写位置
17       outf.put(c2);                         //写入数据
18       outf.close();
19       return 0;
20   }
```

程序运行前 f2.txt 中内容为

```
hello C++!
I love programming!
```

程序运行后 f2.txt 中内容为

```
hello$C++!
I@love programming!
```

第3部分

程序设计算法基础

第 13 章　简单数据结构及算法

13.1　查　　找

查找也称为检索，是根据给定的某个值，在表中确定一个关键字等于给定值的记录或数据元素。若在查找集合中找到了与给定值相匹配的记录，则称查找成功；否则，称查找失败。

13.1.1　查找的基本概念

查找有内查找和外查找之分。若整个查找过程全部在内存中进行，则称之为内查找；若在查找过程中还需要访问外存储器，则称之为外查找。本章仅介绍内查找。

在查找过程中不涉及插入和删除操作的查找称为静态查找，涉及插入和删除操作的查找称为动态查找。静态查找适用于查找集合一经生成，便只对其进行查找，而不进行插入和删除操作，或经过一段时间的查找之后，集中地进行插入和删除等修改操作；动态查找适用于查找与插入和删除操作在同一个阶段进行。例如，当查找成功时，要删除查找到的记录；当查找失败时，要插入被查找的记录。

查找算法时间性可以通过关键码的比较次数来度量。比较次数与下面因素有关。

1）算法。

2）问题规模。

3）待查关键码在查找集合中的位置。

4）查找频率。

查找频率与算法无关，取决于具体应用。通常假设查找频率 p_i 是已知的。同一查找集合、同一查找算法，关键码的比较次数只与问题规模相关。因此，查找算法的时间复杂度是问题规模 n 和待查关键码在查找集合中的位置 k 的函数，记为 $T(n,k)$。

平均查找长度（ASL）：查找算法进行的关键码的比较次数的数学期望值，其计算公式为

$$\mathrm{ASL}=\sum_{i=1}^{n} p_i c_i$$

式中：n 为问题规模，即查找集合中的记录个数；p_i 为查找第 i 条记录的概率；c_i 为查找第 i 条记录所需的关键码的比较次数。

结论：c_i 取决于算法；p_i 与算法无关，取决于具体应用。如果 p_i 是已知的，则平均查找长度只是问题规模的函数。

13.1.2 顺序查找

基本思想：从表的一端开始，顺序扫描线性表，依次将扫描到的结点关键字和待找的值 k 相比较，若相等，则查找成功；若整个表扫描完毕，仍未找到关键字等于 k 的元素，则查找失败。顺序查找既适用于顺序表，又适用于链表。

【例 13-1】 查找 k=24，如图 13-1 所示。

0	1	2	3	4	5	6	7	8	9
10	12	15	24	6	12	35	40	98	55
↑i	↑i	↑i	↑i						

图 13-1　顺序查找

顺序查找的函数实现如下。

```
1     int SqSearch(int elem[ ],int n,int key)
2     //数组 elem[0]~elem[n-1]存放查找集合
3     {
4        int i;
5        for (i=0;i<n && elem[i]!=key;i++);
6        if(i<n)
7            return i;
8        else
9            return -1;
10    }
```

设表中每个元素的查找概率相等，均为 $p_i=\dfrac{1}{n}$，则有

$$\mathrm{ASL}=\sum_{i=0}^{n-1}p_i c_i=\frac{1}{n}\sum_{i=0}^{n-1}i=\frac{1}{n}\frac{n(n+1)}{2}=\frac{n+1}{2}$$

顺序查找的缺点：平均查找长度较大，特别是当待查找集合中元素较多时，查找效率较低。

顺序查找的优点：

1）算法简单而且使用面广。

2）对表中记录的存储没有任何要求，顺序存储和链接存储均可。

3）对表中记录的有序性没有要求，无论记录是否按关键码有序均可。

13.1.3 折半查找

折半查找也称为二分查找，要求表中元素必须按关键字有序（升序或降序）。

基本思想：设表长为 n，low、high 和 mid 分别指向待查元素所在区间的下界、上界和中点，k 为给定值。

初始时，令 low=0，high=n−1，mid=(low+high)/2 让 k 与 mid 指向的记录比较：

1）若 k==r[mid].key，查找成功。

2）若 k<r[mid].key，则 high=mid−1。

3）若 k>r[mid].key，则 low=mid+1。

重复上述操作，直至 low>high 时，查找失败，如图 13-2 所示。

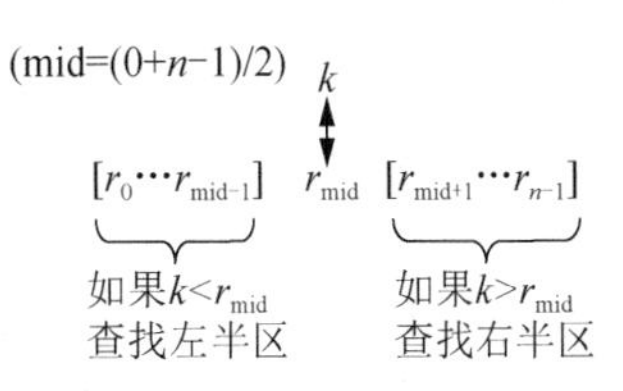

图 13-2 折半查找

【例 13-2】 分别查找值为 14、19 的记录，过程如图 13-3 和图 13-4 所示。

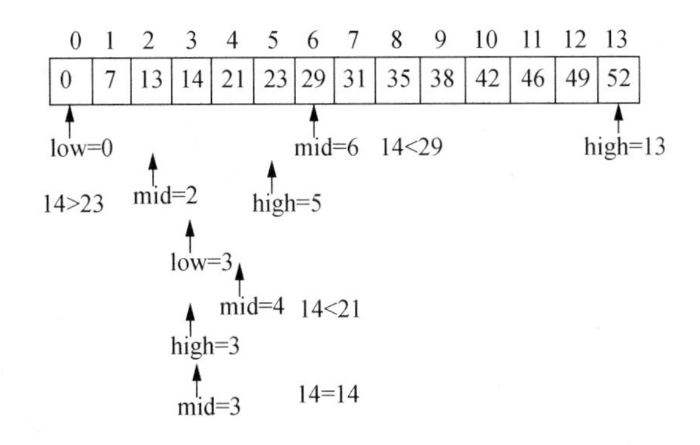

图 13-3 折半查找数字 14

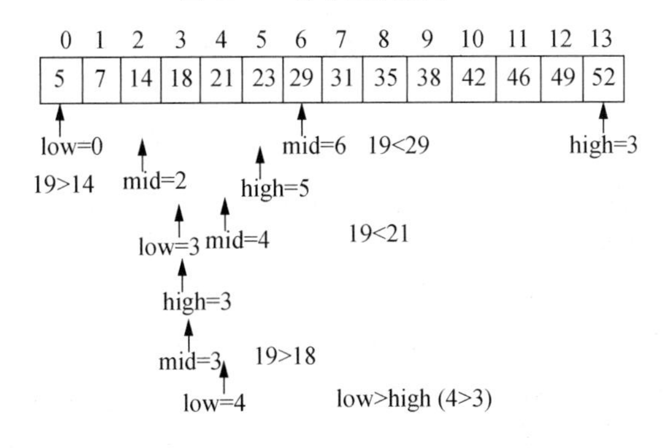

图 13-4 折半查找数字 19

折半查找的函数实现如下。

```
1    int BinSearch (int elem[ ],int n,int key)
2    //数组 elem[0]~elem[n-1]存放查找集合
3    {
4      int low=0;high=n-1;
5      while (low<=high)
6      {
7        int mid=(low+high)/2;
8        if (key==elem[mid])
```

```
9              return mid;
10           else if(keyM<=elem[mid])
11              high=mid-1;
12           else
13              low=mid+1;
14        }
15        return -1;
16    }
```

设表中每个元素被查找的概率相同，即 $p_i=\frac{1}{n}$，则 14 个元素用折半查找的 ASL=(1×1+2×2+3×4+4×7)/14，需要 1 次就能完成查找的元素有 1 个，是 6 号元素；需要 2 次就能完成查找的元素有 2 个，分别是 2 号、10 号元素；需要 3 次就能完成查找的元素有 4 个，分别是 0 号、4 号、8 号、12 号元素；需要 4 次就能完成查找的元素有 7 个，分别是 1 号、3 号、5 号、7 号、9 号、11 号、13 号元素。

折半查找的缺点：

1）必须采用顺序存储结构。

2）必须是有序序列。

折半查找的优点：查找速度快，适用于大规模数据，是非常高效的查找算法。

13.2 排　　序

由于前面的折半查找使用的前提条件是有序序列，因此下面介绍几种简单的排序方法。本书后面都以递增排序为例进行讲解，递减排序是类似的，读者可以试着自己编写。

排序算法主要有两个基本操作。

1）比较：关键码之间的比较。

2）移动：记录从一个位置移动到另一个位置。

在排序过程中还需要一些额外的辅助存储空间。辅助存储空间是指在数据规模一定的条件下，除了存放待排序记录占用的存储空间之外，执行算法所需要的其他存储空间。

13.2.1 冒泡排序

冒泡排序的主要操作是交换，主要思想：在待排序列中选两条记录，将它们的关键码相比较，如果反序（即排列顺序与排序后的次序正好相反），则交换它们的存储位置。

排序过程如下。将第 1 条记录的关键字与第 2 条记录的关键字进行比较，若为逆序 elem[0].key>elem[1].key，则交换；然后比较第 2 条记录与第 3 条记录；依此类推，直至第 n−1 条记录和第 n 条记录比较为止。经过第 1 趟冒泡排序，结果关键字最大的记录被安置在最后一条记录上。

对前 n-1 条记录进行第 2 趟冒泡排序，结果使关键字次大的记录被安置在第 n-1 条记录位置重复上述过程，直到“在一趟排序过程中没有进行过交换记录的操作”为止。冒泡排序过程示例如图 13-5 所示。

冒泡排序需解决的关键问题 1：如何确定冒泡排序的范围，使已经位于最终位置的记录不参与下一趟排序？

解决方法：通过内循环的循环变量的范围来控制。

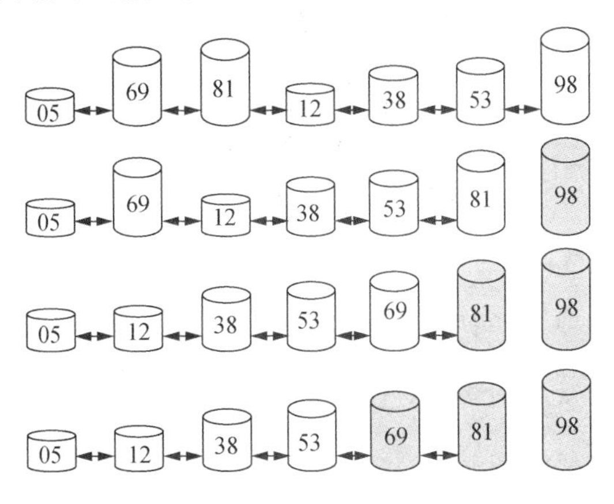

图 13-5　冒泡排序过程示例

```
1     void BubbleSort(ElemType elem[],int n)
2     //操作结果:在数组 elem 中用冒泡排序进行排序
3     //这里的 ElemType 可以换成在具体程序中的相应类型
4     {
5         for (int i=n-1;i>0;i--)
6         {     //第 i 趟冒泡排序
7             for (int j=0;j<i;j++)
8             {//比较 elem[j]与 elem[j+1]
9                 if (elem[j]>elem[j+1])
10                { //如出现逆序,则交换 elem[j]和 elem[j+1]
11                    Swap(elem[j],elem[j+1]);
12                    // Swap 函数的功能是交换 2 个参数的值,可自主实现
13                }
14            }
15        }
16    }
```

冒泡排序需解决的关键问题 2：如何提前判别冒泡排序的结束？

在前面的例子中可以看到，冒泡排序还没有结束的时候，有可能已经提前排好序了。能否提前结束整个循环，这里对程序加以改进。

```
1    void BubbleSort(ElemType elem[],int n)
2    //这里的 ElemType 可以换成在具体程序中的相应类型
3    {
4        for (int i=n-1;i>0;i--)
5        {    //第 i 趟冒泡排序
6            int flag=0;
7            for (int j=0;j<i;j++)
8            {if (elem[j]>elem[j+1])
9                {
10                   Swap(elem[j],elem[j+1]);
11                   // Swap 函数的功能是交换 2 个参数的值,可自主实现
12                   flag=1;
13               }
14           }
15           if(!flag) break;
16       }
17   }
```

如何继续改进冒泡排序?

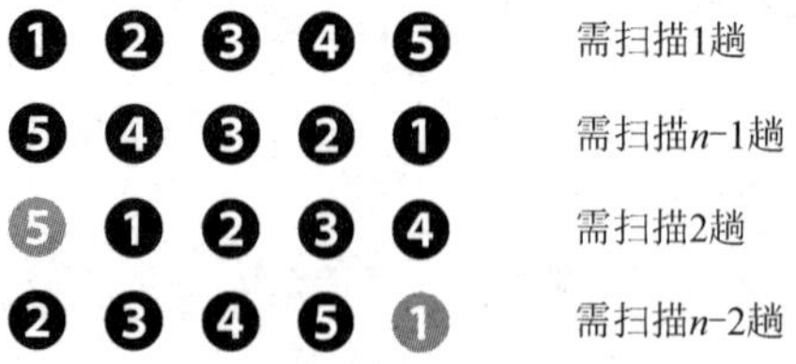

❶ ❷ ❸ ❹ ❺ 需扫描1趟

❺ ❹ ❸ ❷ ❶ 需扫描n−1趟

❺ ❶ ❷ ❸ ❹ 需扫描2趟

❷ ❸ ❹ ❺ ❶ 需扫描n−2趟

图 13-6　冒泡排序示意图

下面根据初始时的数据，给出了冒泡排序需要进行的趟数（图 13-6），这里可以观察到第 3、4 种情况中，虽然都只有一个数字是无序的，但是需要的趟数差别很大，这种不对称的原因是什么？能否加以改进？这里可以考虑用不同方向交替进行冒泡法排序，在排序过程中交替改变扫描方向，即双向冒泡排序。例如，第奇数趟从左向右排序，大的到右边；第偶数趟从右向左排序，小的到左边。这时第 4 种情况就只需要 3 趟即可完成排序。

```
1    void BubbleSort(ElemType elem[],int n)
2    //这里的 ElemType 可以换成在具体程序中的相应类型
3    {
4        int flag,low=0,high=n-1,i;
5        while(low<high)
6        {    flag=0;
7            for(i=low;i<high;i++)          //正向冒泡
8                if(elem[i]>elem[i+1])
9                {
10                   Swap(elem[i],elem[i+1]);
11                   //Swap 函数的功能是交换 2 个参数的值,可自主实现
```

```
12                  flag=1;
13              }
14          if(!flag) break;
15          high--;
16          for(i=high;i>low;i--)          //反向冒泡
17              if( elem[i]<elem[i-1])
18              {
19                  Swap(elem[i],elem[i-1]);
20                  //Swap 函数的功能是交换 2 个参数的值,可自主实现
21              }
22          low ++;
23      }
24  }
```

13.2.2　选择排序

选择排序的主要操作是选择，主要思想：每趟排序在当前待排序序列中选出关键码最小的记录，与对应位置的记录交换。

首先通过 n-1 次关键字比较，从 n 条记录中找出关键字最小的记录，将它与第 1 条记录交换。再通过 n-2 次比较，从剩余的 n-1 条记录中找出关键字次小的记录，将它与第 2 条记录交换。重复上述操作，共进行 n-1 趟排序后，排序结束。

简单选择排序示例如下。

第 1 趟：从范围 1～6 中找到最小值 8，然后与第 1 位的 21 交换，如图 13-7（a）所示。

第 2 趟：从范围 2～6 中找到最小值 16，然后与第 2 位的 25 交换，如图 13-7（b）所示。

第 3 趟：从范围 3～6 中找到最小值 21，然后与第 3 位的 49 交换，如图 13-7（c）所示。

第 4 趟：从范围 4～6 中找到最小值 25，然后与第 4 位的 28 交换，如图 13-7（d）所示。

第 5 趟：从范围 5～6 中找到最小值 28，然后与第 5 位的 28 交换，如图 13-7（e）所示。

6 个数经过 5 趟后就可以得到一个递增序列。

选择排序需解决的关键问题 1：如何在无序区中选出关键码最小的记录？

解决方法：设置一个整型变量 lowIndex，用于记录在一趟比较的过程中关键码最小的记录位置。

选择排序需解决的关键问题 2：如何确定最小记录的最终位置？

解决方法：第 i 趟简单选择排序的待排序区间是 elem[i]～elem[n-1]，则 elem[i]是该趟排序区的第 1 条记录，所以将 lowIndex 所记载的关键码最小的记录与 elem[i]交换。

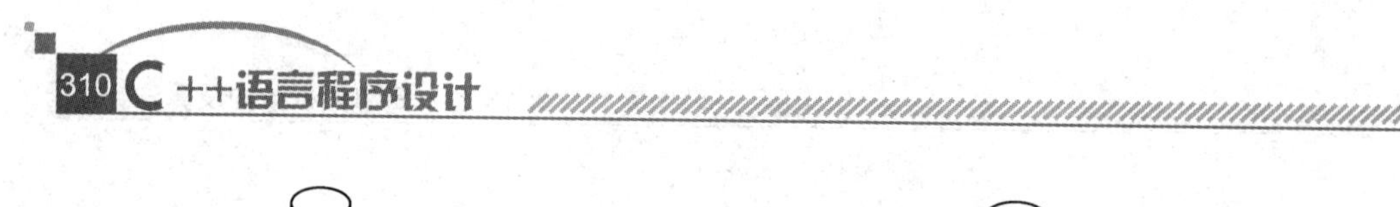

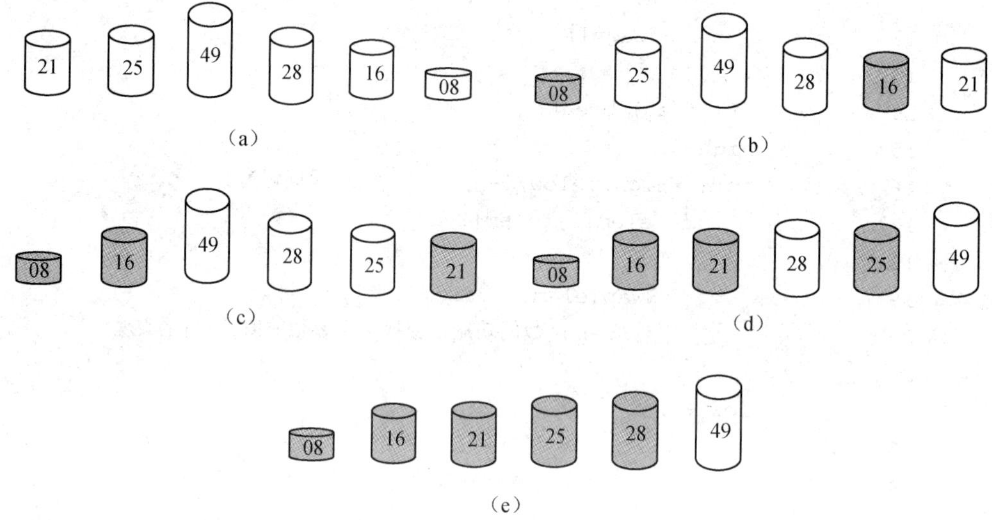

图 13-7　选择排序

```
1     void SimpleSelectionSort(ElemType elem[], int n)
2     //这里的 ElemType 可以换成在具体程序中的相应类型
3     {
4         for (int i=0;i<n-1;i++)
5         {    //第 i 趟简单选择排序
6             int lowIndex=i;
7             for (int j=i+1;j<n;j++)
8             {
9                 if (elem[j]<elem[lowIndex])
10                {
11                    lowIndex=j;
12                }
13            }
14            Swap(elem[i],elem[lowIndex]);
15            //Swap 函数的功能是交换 2 个参数的值,可自主实现
16        }
17    }
```

13.2.3　直接插入排序

直接插入排序的基本思想（图 13-8）：在插入第 i（i>1）条记录时，前面的 i-1 条记录已经排好序。将整个序列分为两部分：有序部分和无序部分。实现“一趟插入排序”可分 3 步进行：

1）在 elem[0,⋯,i-1]中查找 elem[i]的插入位置，elem[0,⋯,j]<=elem[i]<elem[j+

1,⋯,i−1]。

2）将 elem[j+1,⋯,i−1]中的所有记录均后移一个位置。

3）将 elem[i]插入（复制）到 elem[j+1]的位置上。

整个排序过程为 n−1 趟插入，即先将序列中第 1 条记录看作一个有序子序列，然后从第 2 条记录开始，逐个进行插入，直至整个序列有序。

以 6 个数为例，直接插入排序的完整过程如图 13-9 所示。

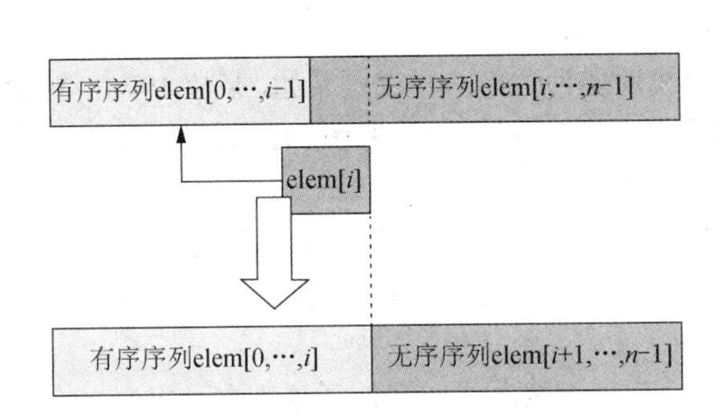

图 13-8　直接插入排序基本思想

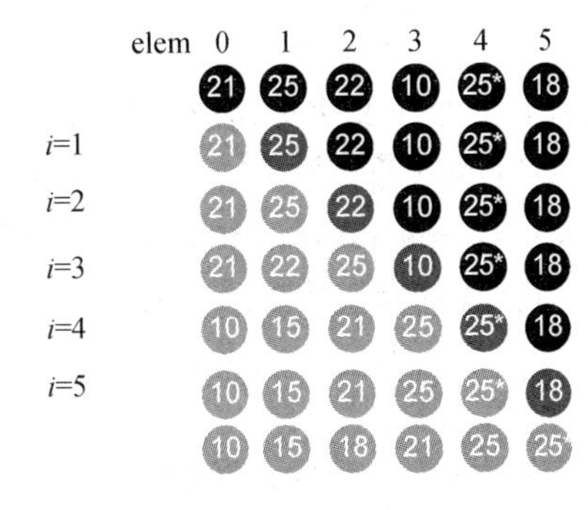

图 13-9　直接插入排序的完整过程

```
1     template <class ElemType>
2     void StraightInsertSort(ElemType elem[], int n)
3     // 操作结果:对数组 elem 做直接插入排序
4     {
5         for (int i=1;i<n;i++)
6         {   //第 i 趟直接插入排序
7             ElemType e=elem[i];         //暂存 elem[i]
8             int j;                      //临时变量
9             for (j=i-1;j>=0&&e<elem[j];j--)
10            {   //将比 e 大的记录都后移
11                elem[j+1]=elem[j];      //后移
12            }
13            elem[j+1]=e;                //j+1 为插入位置
14        }
15    }
```

直接插入排序的优点：直接插入排序算法简单、容易实现，适用于待排序记录基本有序或待排序记录较小的情况。

直接插入排序的缺点：当待排序的记录个数较多时，大量的比较和移动操作使直接插入排序算法的效率降低。应注意，在插入第 i（i>1）条记录时，前面的 i−1 条记录已经排好序，则在寻找插入位置时，当记录个数较多时可以用折半查找来代替顺序查找，从而大幅减少比较次数。

13.3 线性表概述

线性表的定义：由 n（$n\geq 0$）个数据元素（结点）a_1，a_2，…，a_n 组成的有限序列。其中，数据元素的个数 n 定义为表的长度。当 $n=0$ 时称为空表，常常将非空的线性表（$n>0$）记作：

$$(a_1,a_2,\cdots,a_n)$$

例如，26 个英文字母组成的字母表对应的线性表为(A,B,C,…,Z)。又如，某校 1978～1983 年各种型号的计算机拥有量的变化情况对应的线性表为(6,17,28,50,92,188)。设 A=($a_1,a_2,\cdots,a_{i-1},a_i,a_{i+1},\cdots,a_n$)是一线性表，则有

1）线性表的数据元素可以是各种各样的，但同一线性表中的元素必须是同一类型的。

2）在表中 a_{i-1} 位于 a_i 前，a_i 位于 a_{i+1} 前，称 a_{i-1} 是 a_i 的直接前驱，a_{i+1} 是 a_i 的直接后继。

3）在线性表中，除第一个元素和最后一个元素之外，其他元素都有且仅有一个直接前驱和一个直接后继，具有这种结构特征的数据结构称为线性结构。

4）线性表中元素的个数 n 称为线性表的长度，$n=0$ 时称为空表。

5）a_i 是线性表的第 i 个元素，称 i 为数据元素 a_i 的序号，每一个元素在线性表中的位置仅取决于它的序号。

线性表相关类的实现通常有以下 8 个基本操作。为表示各种状态信息，定义枚举类型 StatusCode 供使用，具体声明为

```
//自定义类型
enum StatusCode {
SUCCESS,FAIL,UNDER_FLOW,OVER_FLOW,RANGE_ERROR,DUPLICATE_ERROR,
    NOT_PRESENT,ENTRY_INSERTED,ENTRY_FOUND,VISITED,UNVISITED
};
```

1. int Length( ) const

初始条件：线性表已存在。
操作结果：返回线性表元素个数。

2. bool Empty( ) const

初始条件：线性表已存在。
操作结果：如线性表为空，则返回 true，否则返回 false。

3. void Clear( )

初始条件：线性表已存在。

操作结果：清空线性表。

4. void Traverse(void (*visit)(const ElemType &)) const

初始条件：线性表已存在。
操作结果：依次对线性表的每个元素调用函数(*visit)。

5. StatusCode GetElem(int position, ElemType &e) const

初始条件：线性表已存在，1≤position≤Length( )。
操作结果：用 e 返回第 position 个元素的值。

6. StatusCode SetElem(int position, const ElemType &e)

初始条件：线性表已存在，1≤position≤Length( )。
操作结果：将线性表的第 position 个位置的元素赋值为 e。

7. StatusCode Delete(int position, ElemType &e)

初始条件：线性表已存在，1≤position≤Length( )。
操作结果：删除线性表的第 position 个位置的元素，并用 e 返回其值，长度减 1。

8. StatusCode Insert(int position, const ElemType &e)

初始条件：线性表已存在，1≤position≤Length( )+1。
操作结果：在线性表的第 position 个位置前插入元素 e，长度加 1。
为了存储线性表，至少要保存两类信息：
1）线性表中的数据元素。
2）线性表中数据元素的顺序关系。
线性表按存储分类可以分为两大类：
1）顺序表。顺序表即线性表的顺序表示，就是用一组地址连续的内存单元依次存放线性表的数据元素。在 C++语言中可以利用一维数组描述顺序表的存储结构。
2）链表。用一组任意存储单元存储线性表的数据元素即构成了链表。在链表中，利用指针实现了用不相邻的存储单元存放逻辑上相邻的元素，每个数据元素 a_i，除存储本身信息外，还需存储其直接后继的信息。每个链表的数据元素需要包含两个信息，可以通过构造结构体来实现。
数据域：元素本身信息。
指针域：指示直接后继的存储位置。
顺序表与链表有以下区别：
1）存取方式。顺序表可以随机存取，也可以顺序存取；链表是顺序存取的。
2）插入/删除时移动元素的个数。顺序表平均需要移动近一半元素；链表不需要移动元素，只需要修改指针。

13.4　链表的实现

【例 13-3】 单链表(ZHAO,QIAN,SUN,LI,ZHOU,WU, ZHENG,WANG)，链表的内存存储情况如图 13-10 所示，从 31 号内存地址出发，可以依次根据每个数据元素的指针域数据找到它的下一个元素所在的存储地址，从而找到所有数据元素。

存储地址	数据域	指针域
1	LI	43
7	QIAN	13
13	SUN	1
19	WANG	NULL
25	WU	37
31	ZHAO	7
37	ZHENG	19
43	ZHOU	25

图 13-10　链表的内存存储情况

链表的逻辑示意图如图 13-11 所示。

定义：结点中只含一个指针域的链表称为单链表。

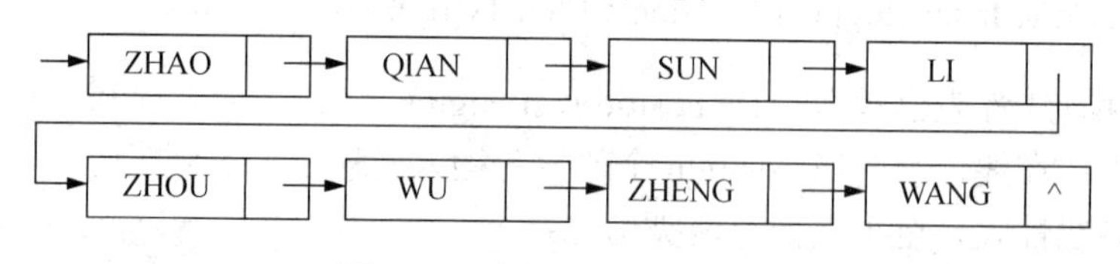

图 13-11　链表的逻辑示意图

13.4.1　结点类的实现

一个结点由数据域和指向链表中下一项的指针组成，如图 13-12 所示。指针是将表中单个结点维系在一起的纽带。链表由若干个结点组成，其第 1 个结点称为头结点，是一个由指针 head 指向的结点，将结点从表头至表尾串在一起。识别表尾结点的方法是，其指针域的值为 NUUL，可以将链表当作一个滑道，其头部为入口，在 NULL 处为出口，可以通过按指针访问下一个结点的方法遍历结点。在表中不含结点的情况下（即表为空表），头指针 head->next==NULL。

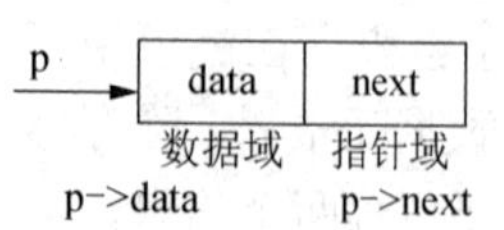

图 13-12　结点的构造

(*p)表示 p 所指向的结点，则有

```
(*p).data<=>p->data  //表示 p 指向结点的数据域
(*p).next<=>p->next  //表示 p 指向结点的指针域
```

数据结构中，在单链表的首元结点之前附设一个类型相同的结点，称为头结点。头结点的数据域可以不存储任何信息，头结点的指针域存储指向首元结点的指针（即第一个元素结点的存储位置）。头结点指针域为空，则表示线性表为空。设置头结点的好处有以下几点。

1）防止单链表是空的。当链表为空时，带头结点的头指针就指向头结点。如果链表为空，且单链表没有带头结点，那么它的头指针就为 NULL。

2）方便单链表的特殊操作，如插入在表头或删除第一个结点。这样就保持了单链表操作的统一性。

3）单链表加上头结点之后，无论单链表是否为空，头指针都始终指向头结点，因此统一了空表和非空表的处理，方便了单链表的操作，减少了程序的复杂性和出现错误的机会。

4）对单链表的多数操作应明确对哪个结点及该结点的前驱。不带头结点的链表对首元结点、中间结点分别处理等，带头结点的链表因为有头结点，首元结点、中间结点的操作相同，从而减少分支，使算法变得简单，流程清晰。对单链表进行插入、删除操作时，如果在首元结点之前插入或删除的是首元结点，不带头结点的单链表需改变头指针的值，在 C 算法的函数形参表中头指针一般使用指针的指针（在 C++中使用引用&）；而带头结点的单链表不需改变头指针的值，函数参数表中头结点使用指针变量即可。带头结点的链表如图 13-13 所示。

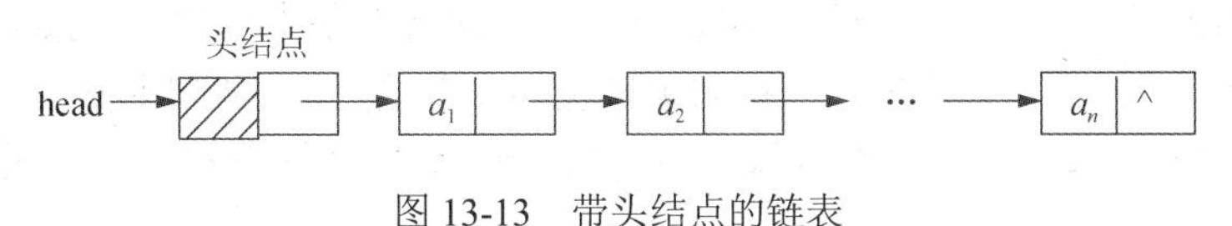

图 13-13　带头结点的链表

后面具体类的实现过程增加了类模板的相关知识。类模板将类的数据成员和成员函数设计得更完整、灵活，且类模板更易于复用。在单链表的类模板定义中，增加了表头结点。结点类的实现如下。

```
1     //结点类
2     template <class ElemType>
3     class Node
4     {
5     //数据成员:
6         ElemType data;                //数据域
7         Node<ElemType>*next;          //指针域
8     //构造函数:
9         Node();                       //无参数的构造函数
10        Node(ElemType item,Node<ElemType>*link=NULL);
11        //已知数数据元素值和指针建立结构
12    };
13    //结点类的实现部分
14    template<class ElemType>
```

```
15    Node<ElemType>::Node()
16    //操作结果：构造指针域为空的结点
17    {
18        next=NULL;
19    }
20    template<class ElemType>
21    Node<ElemType>::Node(ElemType item,Node<ElemType>*link)
22    //操作结果：构造一个数据域为item和指针域为link的结点
23    {
24        data=item;
25        next=link;
26    }
```

13.4.2 单链表类的实现

单链表有 3 个常用的基本操作，分别是查找、插入和删除。本节介绍单链表的 3 个常用操作，并通过实例介绍单链表类的实现。

1. 查找

查找分为两种：根据序号查找和根据数据值查找。两者的基本思想是一致的，都是根据已给的表头指针，按由前向后的次序访问单链表的各个结点，只不过判断的依据不同，一个以序号为判断依据，另一个以数据域的值为判断依据。链表的查找操作如图 13-14 所示。

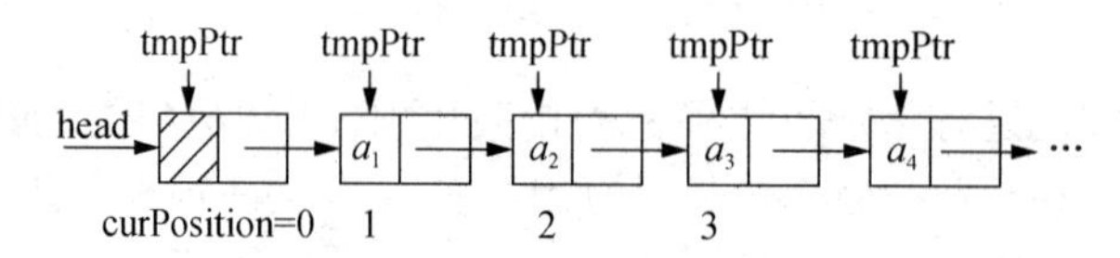

图 13-14　链表的查找操作

（1）根据序号查找

基本思想：从头结点出发，找到下一个结点，判断该结点是否存在，如不存在，则返回空；如存在，则判断其下标是否是需要查找的位置，如果相等则返回该结点的指针，否则继续向后查找重复前面的操作。

```
1    Node *GetElemPtr(LinkList L,int position)
2    {   Node *tmpPtr=L;
3        int curPosition=0;
4        while(tmpPtr!=NULL && curPosition<position)
5        {   tmpPtr=tmpPtr->next;
6            curPosition++;
7        }
8        if(tmpPtr!=NULL && curPosition==position)
```

```
9         {return tmpPtr;}     //查找成功
10        else
11        {return NULL;}       //查找失败
12    }
```

（2）根据值查找

基本思想：从头结点出发，找到下一个结点，判断该结点是否存在，如不存在，则返回空；如存在则将结点值和给定值做比较，如果相等则返回该结点的指针；否则，继续向后查找重复前面的操作。

```
1     Node *Locate(LinkList L,ElemType key)
2     {
3         Node *p=L->next;
4         while(p!=NULL)
5         {
6             if(p->data!=key)
7                 p=p->next;
8             else break;
9         }
10        return p;
11    }
```

2. 插入

在单链表中第 i（$1 \leqslant i \leqslant$ Length( )+1）个结点之前插入一个数据域为 e 的结点，可通过 3 个基本操作实现插入操作：

1）在单链表上找到插入位置的前一个结点，即找到第 i-1 个结点。

2）生成一个以 e 为值的新结点。

3）将新结点插入单链表中。

【例 13-4】 在序号 i=3 的位置插入值为 e 的新结点。

分析：

1）在单链表上找到插入位置的前一个结点，即找到第 2 个结点。

2）生成一个以 e 为值的新结点。

3）具体将新结点插入单链表中的插入过程分为 2 步：①新生成的 e 结点的 next 指向 a_3 所在的结点；②a_2 所在的结点的 next 指向新生成的 e 结点，如图 13-15 所示。

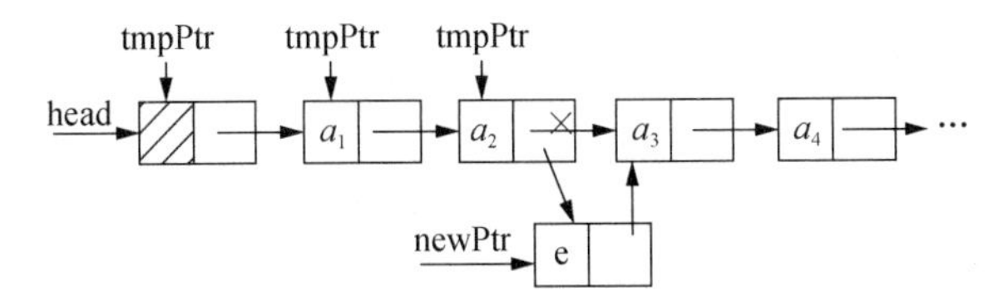

图 13-15　链表的插入操作

```
1    StatusCode Insert(int position,const ElemType&e)
2    //StatusCode是前面定义的枚举类型
3    {   if(position<1|| position>Length()+1)
4        {   //position范围错
5            return RANGE_ERROR;}                          //位置不合法
6        else
7        {   //position合法
8            Node *tmpPtr;
9            tmpPtr=GetElemPtr(position-1);
10           //在单链表上找到插入位置的前一个结点
11           Node *newPtr;
12           newPtr=new Node(e,tmpPtr->next)
13           //生成结点e和插入过程的步骤1
14           tmpPtr->next=newPtr;                          //插入过程的步骤2
15           return SUCCESS;
16       }
17   }
```

3. 删除

在单链表中删除单链表中第 i（$1\leq i\leq$Length( )）个位置的元素。通过两个基本操作实现删除操作：

1）在单链表上找到待删除位置的前一个结点，即找到第 i-1 个结点。

2）从单链表上删除该结点。

【例 13-5】 删除序号 i=3 位置上的结点。

分析：

1）在单链表上找到待删除位置的前一个结点，即找到第 2 个结点。

2）让 2 号结点的 next 指向 3 号结点的 next，删除 3 号结点，如图 13-16 所示。

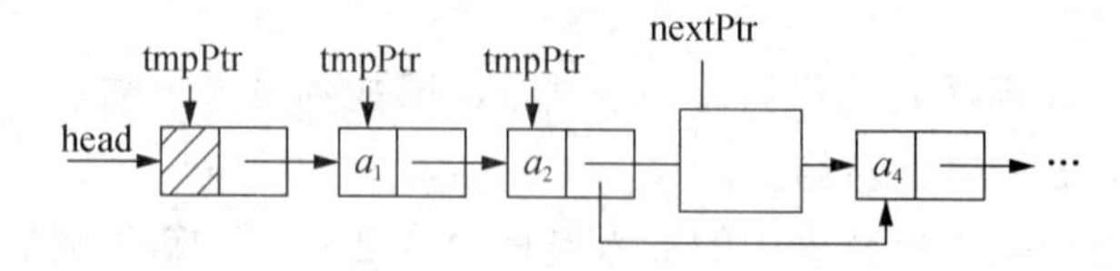

图 13-16 链表的删除操作

```
1    StatusCode Delete(int position,ElemType&e)
2    {
3        if (position<1 || position>Length())
4        {   //position范围错
5            return RANGE_ERROR;}
```

```
6        else
7        {    //position 合法
8             Node *tmpPtr;
9             tmpPtr=GetElemPtr(position-1);
10            Node *nextPtr=tmpPtr->next;
11            tmpPtr->next=nextPtr->next;
12            e=nextPtr->data;
13            delete nextPtr;
14            return SUCCESS;
15       }
16   }
```

4. 单链表类的实现实例

下面以具体程序说明单链表类的实现。

```
1    //前面要加上刚实现的结点类,#include<node.h>
2    //加上类模板、枚举类型和需要用到的一些函数后,完整的代码如下
3    //自定义类型
4    enum StatusCode {SUCCESS,FAIL,UNDER_FLOW,
5        VER_FLOW,RANGE_ERROR,DUPLICATE_ERROR,NOT_PRESENT,
6        ENTRY_INSERTED,ENTRY_FOUND,ISITED,UNVISITED};
7    #include<string>                    //标准串和操作
8    #include<iostream>                  //标准流操作
9    using namespace std;                //标准库包含在命名空间 std 中
10   template<class ElemType >
11   void Swap(ElemType&e1,ElemType&e2)
12   //操作结果:交换 e1,e2 之值
13   {
14       ElemType temp;                  //临时变量
15       //循环赋值实现交换 e1,e2
16       temp=e1;e1=e2;e2=temp;
17   }
18   template<class ElemType>
19   void Display(ElemType elem[],int n)
20   //操作结果:显示数组 elem 的各数据元素值
21   {
22       for (int i=0;i<n;i++)
23       {    //显示数组 elem
24            cout<<elem[i]<<"  ";
25       }
26       cout<<endl;
```

```
27    }
28    template<class ElemType>
29    void Write(const ElemType&e)
30    //操作结果：显示数据元素
31    {
32        cout<<e<<"  ";
33    }
34    //单链表类
35    template<class ElemType>
36    class LinkList
37    {
38      protected:
39    //链表实现的数据成员:
40        Node<ElemType>*head;           //头结点指针
41        mutable int curPosition;       //当前位置的序号
42        mutable Node<ElemType>*curPtr; //指向当前位置的指针
43        int count;                     //元素个数
44        //辅助函数
45        Node<ElemType>*GetElemPtr(int position)const;
46        //返回指向第 position 个结点的指针
47        void Init();                   //初始化线性表
48      public:
49        //抽象数据类型方法声明及重载编译系统默认方法声明:
50        LinkList();                    //无参数的构造函数
51        virtual ~LinkList();           //析构函数
52        int Length()const;             //求线性表长度
53        bool Empty()const;             //判断线性表是否为空
54        void Clear();                  //将线性表清空
55        void Traverse(void(*Visit)(const ElemType&))const;
         //遍历线性表
56        int GetCurPosition()const;  //返回当前位置
57        StatusCode GetElem(int position,ElemType&e)const;
58        //求指定位置的元素
59        StatusCode SetElem(int position,const ElemType&e);
60        //设置指定位置的元素值
61        StatusCode Delete(int position,ElemType&e);//删除元素
62        StatusCode Insert(int position,const ElemType&e);//插入元素
63        LinkList(const LinkList<ElemType>&copy);//复制构造函数
64        LinkList<ElemType> &operator=(const LinkList<ElemType>
             &copy);
65        //赋值语句重载
```

```
66    };
67    //链表类的实现部分
68    template<class ElemType>
69    Node<ElemType> *LinkList<ElemType>::GetElemPtr(int position)
         const
70    //操作结果: 返回指向第 position 个结点的指针
71    {
72        if (curPosition>position)
73        {   //当前位置在所查找位置之后,只能从表头开始操作
74            curPosition=0;
75            curPtr=head;
76        }
77        for (;curPosition<position;curPosition++)
78            curPtr=curPtr->next;    //查找位置 position
79        return curPtr;
80    }
81    template<class ElemType>
82    void LinkList<ElemType>::Init()
83    //操作结果:初始化线性表
84    {
85        head=new Node<ElemType>;      //构造头指针
86        curPtr=head;curPosition=0;  //初始化当前位置
87        count=0;                      //初始化元素个数
88    }
89    template <class ElemType>
90    LinkList<ElemType>::LinkList()
91    //操作结果:构造一个空链表
92    {
93        Init();
94    }
95    template<class ElemType>
96    LinkList<ElemType>::~LinkList()
97    //操作结果:销毁线性表
98    {
99        Clear();                      //清空线性表
100       delete head;                  //释放头结点所指空间
101   }
102   template<class ElemType>
103   int LinkList<ElemType>::Length()const
104   //操作结果:返回线性表元素个数
105   {
```

```
106     return count;
107 }
108 template<class ElemType>
109 bool LinkList<ElemType>::Empty() const
110 //操作结果:如线性表为空,则返回 true,否则返回 false
111 {
112     return head->next==NULL;
113 }
114 template<class ElemType>
115 void LinkList<ElemType>::Clear()
116 //操作结果:清空线性表
117 {
118     ElemType tmpElem;             //临时元素值
119     while (Length()>0)
120     {   //表性表非空,则删除第 1 个元素
121         Delete(1,tmpElem);
122     }
123 }
124 template<class ElemType>
125 void LinkList<ElemType>::Traverse(void (*Visit)(const
        ElemType&))const
126 //操作结果:依次对线性表的每个元素调用函数(*visit)
127 {
128     for(Node<ElemType>*tmpPtr=head->next;tmpPtr!=NULL;
129       tmpPtr=tmpPtr->next)
130     {   //用 tmpPtr 依次指向每个元素
131         (*Visit)(tmpPtr->data);//对线性表的每个元素调用函数(*visit)
132     }
133 }
134 template<class ElemType>
135 int LinkList<ElemType>::GetCurPosition()const
136 //操作结果:返回当前位置
137 {
138     return curPosition;
139 }
140 template<class ElemType>
141 StatusCode LinkList<ElemType>::GetElem(int position,
      ElemType&e) const
142 //操作结果:当线性表存在第 position 个元素时,用 e 返回其值,函数返回
143 //ENTRY_FOUND,否则函数返回 NOT_PRESENT
144 {
```

```
145        if (position<1 || position>Length())
146        {    //position 范围错
147            return NOT_PRESENT;         //元素不存在
148        }
149        else
150        {    //position 合法
151            Node<ElemType>*tmpPtr;
152            tmpPtr=GetElemPtr(position);
                                              //取出指向第 position 个结点的指针
153            e=tmpPtr->data;               //用 e 返回第 position 个元素的值
154            return ENTRY_FOUND;
155        }
156    }
157    template<class ElemType>
158    StatusCode LinkList<ElemType>::SetElem(int position,const
           ElemType&e)
159    // 操作结果:将线性表的第 position 个位置的元素赋值为 e,
160    //position 的取值范围为 1≤position≤Length(),
161    //position 合法时函数返回 SUCCESS,否则函数返回 RANGE_ERROR
162    {
163        if(position<1 || position>Length())
164        {    //position 范围错
165            return RANGE_ERROR;
166        }
167        else
168        {    //position 合法
169            Node<ElemType>*tmpPtr;
170            tmpPtr=GetElemPtr(position);
                                              //取出指向第 position 个结点的指针
171            tmpPtr->data=e;               //设置第 position 个元素的值
172            return SUCCESS;
173        }
174    }
175    template<class ElemType>
176    StatusCode LinkList<ElemType>::Delete(int position,ElemType&e)
177    //操作结果:删除线性表的第 position 个位置的元素, 并用 e 返回其值
178    //position 的取值范围为 1≤position≤Length(),
179    //position 合法时函数返回 SUCCESS,否则函数返回 RANGE_ERROR
180    {
181        if(position<1 || position>Length())
182        {    //position 范围错
183            return RANGE_ERROR;
```

```
184        }
185        else
186        {    //position 合法
187            Node<ElemType>*tmpPtr;
188            tmpPtr=GetElemPtr(position-1);
189            //取出指向第 position-1 个结点的指针
190           Node<ElemType> *nextPtr=tmpPtr->next;
                                                //nextPtr 为 tmpPtr 的后继
191            tmpPtr->next=nextPtr->next;      //删除结点
192            e=nextPtr->data;
193            //用 e 返回被删结点元素值
194            if(position==Length())
195            {    //删除尾结点,当前结点变为头结点
196                curPosition=0;               //设置当前位置的序号
197                curPtr = head;               //设置指向当前位置的指针
198            }
199            else
200            {    //删除非尾结点,当前结点变为第 position 个结点
201                curPosition=position;        //设置当前位置的序号
202                curPtr=tmpPtr->next;         //设置指向当前位置的指针
203            }
204            count--;                         //删除成功后元素个数减 1
205            delete nextPtr;                  //释放被删结点
206            return SUCCESS;
207        }
208    }
209    template<class ElemType>
210    StatusCode LinkList<ElemType>::Insert(int position,const
          ElemType&e)
211    //操作结果:在线性表的第 position 个位置前插入元素 e
212    //position 的取值范围为 1≤position≤Length()+1
213    //position 合法时返回 SUCCESS,否则函数返回 RANGE_ERROR
214    {
215        if(position<1 || position>Length()+1)
216        {    //position 范围错
217            return RANGE_ERROR;              //位置不合法
218        }
219        else
220        {    //position 合法
221            Node<ElemType>*tmpPtr;
222            tmpPtr=GetElemPtr(position-1);
```

```
223             //取出指向第 position-1 个结点的指针
224             Node<ElemType>*newPtr;
225             newPtr=new Node<ElemType>(e,tmpPtr->next);//生成新结点
226             tmpPtr->next=newPtr;           //将 tmpPtr 插入到链表中
227             curPosition=position;          //设置当前位置的序号
228             curPtr=newPtr;                 //设置指向当前位置的指针
229             count++;                       //插入成功后元素个数加 1
230             return SUCCESS;
231         }
232     }
233     template<class ElemType>
234     LinkList<ElemType>::LinkList(const LinkList<ElemType>&copy)
235     //操作结果：由线性表 copy 构造新线性表——复制构造函数
236     {
237         int copyLength=copy.Length();    //copy 的长度
238         ElemType e;
239         Init();                          //初始化线性表
240         for(int curPosition=1;curPosition<=copyLength;
                curPosition++)
241         {   //复制数据元素
242             copy.GetElem(curPosition,e);//取出第 curPosition 个元素
243             Insert(Length()+1, e);       //将 e 插入当前线性表
244         }
245     }
246     template<class ElemType>
247     LinkList<ElemType>&LinkList<ElemType>::operator=(const
248         LinkList<ElemType> &copy)
249     //操作结果：将线性表 copy 赋值给当前线性表——赋值语句重载
250     {
251         if(&copy!=this)
252         {
253             int copyLength=copy.Length();//copy 的长度
254             ElemType e;
255             Clear();                          //清空当前线性表
256             for(int curPosition=1;curPosition<=copyLength;
                    curPosition++)
257             {   //复制数据元素
258                 copy.GetElem(curPosition,e);//取出第 curPosition 个元素
259                 Insert(Length()+1,e);        //将 e 插入当前线性表
260             }
261         }
```

```
262        return *this;
263    }
```

【例 13-6】 具体的一个链表应用实例。

```
1    //将前面讲到的结点类和链表类的相关内容加到前面
2    int main(void)
3    {
4        char c='0';
5        LinkList<double>la,lb;
6        double e;
7        int position;
8        while (c!='7')
9        {
10           cout<<endl<<"1. 生成单链表.";
11           cout<<endl<<"2. 显示单链表.";
12           cout<<endl<<"3. 检索元素.";
13           cout<<endl<<"4. 设置元素值.";
14           cout<<endl<<"5. 删除元素.";
15           cout<<endl<<"6. 插入元素.";
16           cout<<endl<<"7. 退出.";
17           cout<<endl<<"选择功能(1~7):";
18           cin>>c;
19           switch (c)
20           {
21               case '1':
22                   cout<<endl<<"输入 e(e=0 时退出):";
23                   cin>>e;
24                   while(e!=0)
25                   {
26                       la.Insert(la.Length()+1,e);
27                       cin>>e;
28                   }
29                   break;
30               case '2':
31                   lb=la;
32                   lb.Traverse(Write<double>);
33                   break;
34               case '3':
35                   cout<<endl<<"输入元素位置:";
36                   cin>>position;
37                   if(la.GetElem(position,e)==NOT_PRESENT)
```

```
38                          cout<<"元素不存储."<<endl;
39                      else
40                          cout<<"元素:"<<e<<endl;
41                      break;
42                  case '4':
43                      cout<<endl<<"输入位置:";
44                      cin>>position;
45                      cout<<endl<<"输入元素值:";
46                      cin>>e;
47                      if(la.SetElem(position,e)==RANGE_ERROR)
48                          cout<<"位置范围错."<<endl;
49                      else
50                          cout<<"设置成功."<<endl;
51                      break;
52                  case '5':
53                      cout<<endl<<"输入位置:";
54                      cin>>position;
55                      if(la.Delete(position,e)==RANGE_ERROR)
56                          cout<<"位置范围错."<<endl;
57                      else
58                          cout<<"被删除元素值:"<<e<<endl;
59                      break;
60                  case '6':
61                      cout<<endl<<"输入位置:";
62                      cin>>position;
63                      cout<<endl<<"输入元素值:";
64                      cin>>e;
65                      if(la.Insert(position,e)==RANGE_ERROR)
66                          cout<<"位置范围错."<<endl;
67                      else
68                          cout<<"成功:"<<e<<endl;
69                      break;
70              }
71          }
72          system("PAUSE");                //调用库函数 system()
73          return 0;                       //返回值 0,返回操作系统
74      }
```

13.4.3 链表的应用实例

【例 13-7】 合并递增有序单链表 la 和 lb 到空单链表 lc 中去（图 13-17）。

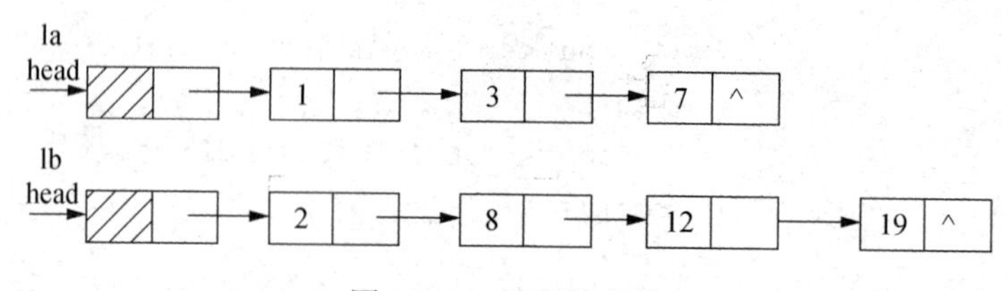

图 13-17　链表的合并

基本思想：设置两个指针分别指向单链表 la 和 lb 的第一个结点，并比较其大小，将较小的元素从原有链表中删除，指针指向其下一个结点，并将刚删除的结点插入单链表 lc 作为其最后一个结点。如果 la 或 lb 其中一个链表为空，如 la 为空，则将 lb 的剩余结点插入 lc 的后面，反之亦然。

```
1     template<class ElemType>
2     void MergeList(const LinkList<ElemType>&la,const LinkList
          <ElemType>&lb,SimpleLinkList<ElemType>&lc)
3
4     {
5         ElemType aItem,bItem;                 //la 和 lb 中当前数据元素
6         int aLength=la.Length(),bLength=lb.Length();//la 和 lb 的长度
7         int aPosition=1,bPosition=1;          //la 和 lb 的当前元素序号
8         lc.Clear();                           //清空 lc
9         while (aPosition<=aLength && bPosition<=bLength)
10        {   //取出 la 和 lb 中数据元素进行归并
11            la.GetElem(aPosition,aItem);
12            lb.GetElem(bPosition,bItem);
13            if (aItem<bItem)
14            {   //归并 aItem
15                lc.Insert(lc.Length()+1,aItem);
16                aPosition++;
17            }
18            else
19            {   //归并 bItem
20                lc.Insert(lc.Length()+1,bItem);
21                bPosition++;
22            }
23        }
24        while(aPosition<=aLength)
25        {   //归并 la 中剩余数据元素
26            la.GetElem(aPosition,aItem);
27            lc.Insert(lc.Length()+1,aItem);
28            aPosition++;
29        }
```

```
30        while(bPosition<=bLength )
31        {    //归并 lb 中剩余数据元素
32            lb.GetElem(bPosition,bItem);
33            lc.Insert(lc.Length()+1,bItem);
34            bPosition++;
35        }
36    }
```

【例 13-8】 实现多项式加法算法：将多项式 Hb 加到 Ha 上，Ha=Ha+Hb。利用带头结点的单链表存储多项式，Ha 和 Hb 分别是两个多项式链表的头指针，如图 13-18 所示。

提示：这里的结点类和前面实现的略有区别，需要增加一个数据域，也就是结点类由 3 部分组成，即 coef 系数域、exp 指数域和 next 指针域。

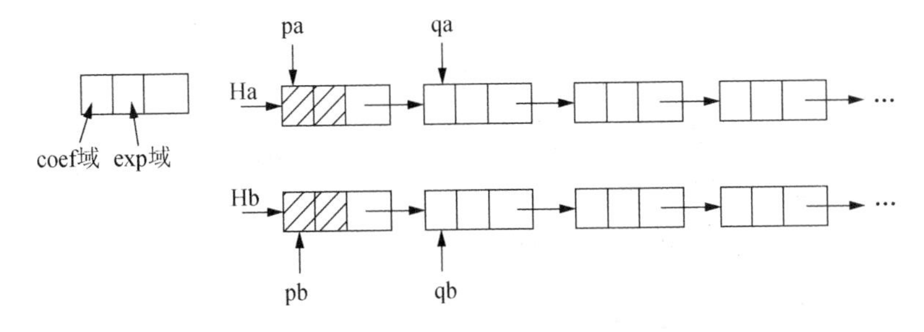

图 13-18　用链表实现多项式加法

基本思想：定义指针 qa 和 qb 分别指向 Ha 和 Hb 的当前结点，pa 和 pb 分别指向 Ha 和 Hb 当前结点的前一个结点，始终保持 qa、pa 及 qb、pb 的先后关系，这是链表操作过程中经常用到的思想。

在多项式相加时，分为以下 3 种情况：

1）Ha 的指数小，则 qa、pa 指向下一个结点。

2）Hb 的指数小，则将 qb 结点从 Hb 删除，并插入 qa 结点的前面。

3）Ha 与 Hb 的指数相等，此时有两种情况。

① 系数相加不等于 0，则 qa->coef=qa->coef+qb->coef。

② 系数相加不等于 0，则将 qa、qb 结点删除，重新设置 qa、qb 对应的下一个结点。

```
1    //修改结点类的实现这里省略,读者可以自己尝试完成
2    void Addpolyn(LinkList&Ha,LinkList&Hb)
3    {
4        Node *pa,*pb,*qa,*qb;
5        pa=Ha;
6        pb=Hb;
7        qa=pa->next;
8        qb=pb->next;
9        //设置 qa,pa 及 qb,pb 的先后关系
```

```
10        while( (qa!=NULL) && (qb!=NULL))
11        {   a=qa->exp;b=qb->exp;
12            switch(cmp(a,b))
13            {
14  /*cmp 函数的功能是比较 a,b 的大小,如果 a 小于 b 则返回-1,如果 a 与 b 相等则返回
15  0,如果 a 大于 b 则返回 1*/
16            case -1:          //多项式 Ha 当前结点的指数值小
17                pa=qa;
18                qa=qa->next;
19                break;
20            case 0:           //两者值相等
21                sum=qa->coef+qb->coef;
22                if(sum!=0.0)
23                {qa->coef=sum;pa=qa;}
24                else
25                {pa->next=qa->next;free(qa);}
26                qa=pa->next;
27                Pb->next=qb->next;
28                free(qb);
29                qb=pb->next;
30                break;
31            case 1:           //多项式 Hb 当前结点的指数值小
32                pb->next=qb->next;
33                qb->next=qa;
34                pa->next=qb;
35                pa=qb;
36                qb=pb->next;
37                break;
38            }                 //switch end
39        } //while end
40        if(qb!=NULL)    pa->next=qb;
41        free(pb);             //释放 Hb 的头结点
42  }
```

参 考 文 献

陈家骏，郑滔，2015．程序设计教程：用 C++语言编程[M]．3 版．北京：机械工业出版社．

陈越，何钦铭，2012．数据结构[M]．北京：高等教育出版社．

方超昆，2009．C++程序设计教程[M]．北京：北京邮电大学出版社．

龚沛曾，杨志强，2009．C/C++语言程序设计教程[M]．北京：高等教育出版社．

李青，周美莲，2008．C++程序设计实用教程[M]．北京：清华大学出版社．

刘璟，周玉龙，2004．高级语言 C++程序设计[M]．2 版．北京：高等教育出版社．

罗建军，朱丹军，顾刚，等，2007．C++程序设计教程[M]．2 版．北京：高等教育出版社．

钱能，2005．C++程序设计教程[M]．2 版．北京：清华大学出版社．

苏小红，王宇颖，孙志岗，2015．C 语言程序设计[M]．3 版．北京：高等教育出版社．

严蔚敏，李冬梅，吴伟民，2015．数据结构：C 语言[M]．2 版．北京：人民邮电出版社．

张文波，2010．Visual C++程序设计[M]．北京：清华大学出版社．

郑丽，董渊，张瑞丰，2003．C++语言程序设计[M]．3 版．北京：清华大学出版社．

郑莉，李宁，2010．C++教程[M]．北京：人民邮电出版社．

Sartaj Sahni，2000．数据结构、算法与应用：C++语言描述[M]．汪诗林，孙晓东，译．北京：机械工业出版社．